高等职业教育土木建筑类专业新形态教材

# 结构设计原理习题指导
## （第3版）

主　编　于　辉　崔　岩
副主编　申　建　郭　梅　姚晓荣　钱雪松
参　编　王东杰　慕　平　陈　晴　王　雁
　　　　苗　田　陈　军　王野尘
主　审　刘寒冰

北京理工大学出版社
BEIJING INSTITUTE OF TECHNOLOGY PRESS

## 内 容 提 要

本书根据高职高专交通土建类相关专业的结构设计原理课程的教学要求及基于多年的课程改革与实践编写，是根据相关国家标准和交通运输部颁布的现行交通行业标准与设计规范，针对公路桥涵有关钢筋混凝土结构、预应力混凝土结构、圬工结构的材料及各结构的基本构成及其施工、设计时必要的计算验算等相关问题编写的习题指导书。本书中每个项目的每个章节都配备考核内容及答案，并针对每个项目附有项目成果示例。为了综合考核学生学习效果，在书后还配备了三套模拟试题。

本书可作为高职高专院校道路桥梁工程技术、建设工程监理、建筑工程技术、市政工程技术、铁道工程技术等交通土建类相关专业的习题指导教材，也可供从事交通土建工程设计与施工的相关技术人员参考。

**版权专有　侵权必究**

### 图书在版编目（CIP）数据

结构设计原理习题指导 / 于辉，崔岩主编. —3版. —北京：北京理工大学出版社，2020.7
ISBN 978-7-5682-8666-4

Ⅰ.①结… Ⅱ.①于… ②崔… Ⅲ.①结构设计—高等职业教育—习题集 Ⅳ.①TU318-44

中国版本图书馆CIP数据核字（2020）第117503号

---

| | |
|---|---|
| 出版发行 / 北京理工大学出版社有限责任公司 | |
| 社　　址 / 北京市海淀区中关村南大街5号 | |
| 邮　　编 / 100081 | |
| 电　　话 / （010）68914775（总编室） | |
| 　　　　　（010）82562903（教材售后服务热线） | |
| 　　　　　（010）68948351（其他图书服务热线） | |
| 网　　址 / http://www.bitpress.com.cn | |
| 经　　销 / 全国各地新华书店 | |
| 印　　刷 / 北京紫瑞利印刷有限公司 | |
| 开　　本 / 787毫米×1092毫米　1/16 | 责任编辑 / 江　立　崔　岩 |
| 印　　张 / 13 | 文案编辑 / 江　立 |
| 字　　数 / 299千字 | 责任校对 / 周瑞红 |
| 版　　次 / 2020年7月第3版　2020年7月第1次印刷 | 责任印制 / 边心超 |
| 定　　价 / 35.00元 | |

图书出现印装质量问题，请拨打售后服务热线，本社负责调换

# 第3版前言

本书出版九年来，随着《公路桥涵设计通用规范》（JTG D60—2015）、《公路钢筋混凝土及预应力混凝土桥涵设计规范》（JTG 3362—2018）等规范的相继颁布实施，钢筋混凝土桥梁的设计有了较大改变，同时，编者还收到了许多读者和教师对于该书使用的反馈意见，因此，我们对本书重新进行了修订。本次修订主要更换、增补前版中的错漏部分，并融入学科的最新研究成果及最新颁布的规范规定，把这些新标准、新规范的内容及时在教材中体现。

本次修订后，本书主要具有以下特点：

（1）主要针对高职高专道路与桥梁技术、道路养护与管理、公路工程监理、工程造价等交通土建类专业编写，使本书针对的专业符合《高等职业学校专业教学标准（2018年）》要求，与教学改革接轨。

（2）以最新颁布的《公路桥涵设计通用规范》（JTG D60—2015）、《公路钢筋混凝土及预应力混凝土桥涵设计规范》（JTG 3362—2018）等规范为主要编写依据，更能满足工程实践需要。

（3）根据公路工程生产应用型人才今后的发展方向，结合注册监理工程师、注册建造师、注册造价工程师等考试大纲要求修订，增强了实用性。

（4）紧扣《结构设计原理（第3版）》教材的主要内容，覆盖了《结构设计原理（第3版）》所要求掌握的全部知识点，并着力突出了重点内容，同时编写了大量的考核内容，可帮助学生在较短的时间内进行系统的复习。

（5）把全书分为钢筋混凝土结构、预应力混凝土结构和圬工结构三个教学项目，各项目的每个章节都配备考核内容及答案，并针对每个项目附有项目成果示例。为了综合考核学生学习效果，在书后还配备了三套模拟试题。

本书编写人员有吉林交通职业技术学院于辉、崔岩、申建、郭梅、姚晓荣、王东杰、慕平、陈晴、王雁、苗田，吉林建筑大学钱雪松，吉林市交通运输局陈军，吉林省交通工程造价管理站王野尘。本书由于辉、崔岩担任主编，由申建、郭梅、姚晓荣、钱雪松担任副主编。具体分工如下：于辉编写总说明、项目一中第一章至第六章的考核内容及答案；崔岩编写钢筋混凝土结构、预应力混凝土结构和圬工结构三个教学项目的成果示例及第八章的考核内容和答案；申建、郭梅编写第十章的考核内容和答案及模拟试题和答案；钱雪松、姚晓荣编写第十一章的考核内容和答案；王东杰、慕平、陈晴、王雁、苗田编写第七章、项目三的考核内容和答案；陈军、王野尘编写第九章、第十二章的考核内容和答案。全书由于辉、崔岩统稿，由吉林大学刘寒冰主审，在再版过程中得到了兄弟院校的帮助和支持，参考了相关作者的论著和资料，在此一并表示感谢。

由于编者水平有限，编写时间仓促，书中难免存在不足和欠妥之处，恳请广大读者批评指正。

编　者

# 第2版前言

《结构设计原理习题指导》自2010年8月出版以来，在全国交通高职院校相关专业教学中得到了广泛应用。编者根据读者这四年的使用信息反馈，进行再版修订。

本次再版主要更换原书错漏部分，用目前施工中最新的知识、技术、工艺、新案例替换已经过时的内容；以理论够用，加强实践内容，能力培养为主线进行修订。本习题指导书紧扣《结构设计原理（第2版）》教材的主要内容，覆盖了《结构设计原理（第2版）》所要求掌握的全部知识点，着力突出了钢筋混凝土结构、预应力混凝土结构和圬工结构三个教学项目中的重点内容，并在每个学习情境都配备考核内容及考核内容答案，每个项目都附以项目成果示例。为了综合考核学生学习效果，在书后配备三套模拟试题，重点加强实践技能训练，以满足培养高素质应用型人才的要求，为今后的工作打下扎实的基础。

本书由吉林交通职业技术学院于辉、崔岩担任主编；吉林交通职业技术学院申建、郭梅、慕平、钱雪松担任副主编；吉林交通职业技术学院王东杰、朱春凤、姜仁安、陈晴，吉林省交通基本建设质量监督站谢守军、高祎、张宏斌、李春风参与了本书部分章节的编写。具体分工如下：于辉编写总说明，项目一中子项目一、子项目二的学习情境一的考核内容及答案；崔岩编写子项目一、子项目二、项目二的项目成果示例；申建、慕平编写项目二的考核内容及答案；郭梅、王东杰编写项目一中子项目二的学习情境二及学习情境三的考核内容及答案；钱雪松、朱春凤、姜仁安、陈晴、谢守军、高祎、张宏斌、李春风编写项目三考核内容和答案及模拟试题和答案。全书由于辉、崔岩统稿，由吉林大学刘寒冰教授主审。在再版过程中得到了兄弟院校的帮助和支持，在此对本书参考的相关的论著和资料的编者一并表示感谢。

由于编者水平有限，本书难免有不足和欠妥之处，恳请广大读者批评指正。

编 者

# 第1版前言

本习题指导书以最新颁布的《公路桥涵设计通用规范》(JTG D60—2004)、《公路圬工桥涵设计规范》(JTG D61—2005)、《公路钢筋混凝土及预应力混凝土桥涵设计规范》(JTG D62—2004)、《公路桥涵地基与基础设计规范》(JTG D63—2007)、《公路桥涵施工技术规范》(JTJ 041—2000)等为主要依据,根据北京理工大学出版社出版的《结构设计原理》教材的主要内容来进行编写。

本习题指导书紧扣《结构设计原理》的主要内容,覆盖了其中要求掌握的全部知识点,并突出了重点内容,同时编写了大量的考核内容,帮助学生在较短的时间内进行系统的复习。

本习题指导书把全书分为钢筋混凝土结构、预应力混凝土结构和圬工结构三个教学项目。各项目的每个学习情境都配备考核内容及考核内容答案,并且每个项目都附以项目成果示例。为了综合考核学生学习效果,在书后配备了三套综合模拟试题。

参与本书编写的人员有吉林交通职业技术学院的于辉、崔岩、申建、郭梅、王东杰、慕平、姜仁安、徐静涛、刘凤敏、张月、崔惠德、赵金云。本书由于辉、崔岩主编,申建、郭梅副主编。具体分工如下:于辉编写总说明、项目一中子项目一、子项目二的学习情境一的考核内容及答案;崔岩编写子项目一、子项目二、项目二的项目成果示例;申建编写项目二的考核内容及答案;郭梅编写项目一中子项目二的学习情境二及学习情境三的考核内容及答案;王东杰、慕平、姜仁安编写模拟试题及答案;徐静涛、刘凤敏、张月、崔惠德、赵金云编写项目三考核内容及答案,全书由于辉、崔岩统稿,由吉林大学刘寒冰教授主审,在此对本书参考的相关论著和资料的编者一并表示谢意。

由于编者水平有限,时间仓促,本习题指导书中难免出现不足和欠妥之处,恳请广大读者批评指正。

编 者

# 本课程各项目的教学描述

| 项目一　钢筋混凝土结构 | **项目综述**：以实际工程项目钢筋混凝土受弯构件为载体，使学生通过训练具备钢筋混凝土受弯构件施工现场和室内实验、计算、验算工作的基本知识和技能，并能灵活运用所学专业知识解决有关钢筋混凝土受弯构件工程的实际问题，培养学生吃苦耐劳的职业品质和敬业精神。 |
|---|---|

**总体目标**：结合合理的工作过程、工作条件和环境条件，使学生完成钢筋混凝土结构基础知识、钢筋混凝土受弯构件设计及验算的学习，掌握钢筋混凝土受弯构件预制施工过程。由于钢筋混凝土受弯构件在结构工程中是常见的基本结构，所以掌握钢筋混凝土受弯构件设计及施工过程具有非常重要的意义，因此学生应该具备灵活运用基础知识解决钢筋混凝土受弯构件工程实际应用问题的能力。

**知识目标**：钢筋混凝土结构的基本概念、钢筋混凝土受弯构件的设计与验算及钢筋混凝土受弯构件的施工工艺。

**能力目标**：掌握受弯构件焊接钢筋骨架的构造要求和钢筋加工工艺，具备设计施工时一些必要的计算与验算能力。

**素质目标**：工作认真负责，有协作精神、良好的劳动纪律，养成科学使用仪器设备的职业素养及认真做事的工作态度。

| 专业内容： | 宏观教学方法： |
|---|---|
| （1）钢筋混凝土结构的基本概念及材料的物理力学性能，要求学生明确钢筋和混凝土材料的力学性能、变形特点和加工要求。<br>（2）结构按极限状态法设计的原则：会运用现行桥梁设计规范。<br>（3）钢筋混凝土受弯构件的设计与验算：单筋矩形截面受弯构件构造及设计、双筋矩形截面受弯构件构造及设计、单筋T形截面受弯构件构造及设计、受弯构件在施工阶段的应力验算、受弯构件的变形验算、受弯构件的裂缝宽度验算。<br>（4）钢筋混凝土梁的预制：掌握钢筋混凝土梁的施工工艺，解读钢筋混凝土受弯构件的施工图。 | 项目教学法结合案例教学、边讲边练、现场教学和顶岗实践。<br>**微观教学方法：**<br>讲授法：基本理论的讲解建议采用多媒体或常规教学的讲授法。<br>案例教学法：钢筋混凝土受弯构件的施工与预制建议用此方法。<br>六步教学法：适用于每个教学情境。<br>基于施工过程的现场教学法：整个项目建议以钢筋混凝土受弯构件的设计、验算、施工整个工作过程作为引导。<br>边讲边练教学法：试验的教学环节建议使用此种方法。<br>**教学组织：**<br>校内：理论知识集中授课；技能训练分组教学，总工负责技术，组长负责组织。<br>企业顶岗：在现场工程师指导下参与钢筋混凝土受弯构件中混凝土的浇筑、钢筋的绑扎等实际工作。 |

| 媒介：以教科书、黑板、课件、桥梁模型、视频教学、照片和投影等为基本媒体；案例教学以表格、计算器、视频教学为媒体；项目实训以实验仪器设备、行业规范、行业标准、实训场地为现场教学媒体。 | 参与者需要的知识：建筑材料基础知识、力学基本知识、土工基础知识、工程识图基本知识。<br>参与者需要的技能：计算技能、绘图技能、实验仪器操作与使用、组织设计、团队协作、职业道德。 | 教师需要的能力：具有扎实的专业理论基础和丰富的实践经验；恰当运用各种教学方法，具备熟练应用行动导向的教学方法的能力，实现理论实践一体化的组织教学能力；掌握实际工程项目资料，准备好教案、活页教材、实训场地和仪器设备；带领学生学习钢筋混凝土受弯构件的结构基础知识和基本技能，调动学生的积极性，能够引导、启发、咨询、评价、表扬学生，激发学生专业兴趣。 |
|---|---|---|

| | |
|---|---|
| **项目二　预应力混凝土结构** | **项目综述**：预应力混凝土结构同普通钢筋混凝土结构相比，预应力的施加能提高构件的抗裂度和刚度，极大地推迟了构件裂缝的出现，增加了结构的耐久性，节省材料，减小自重。通过本项目的学习、训练，学生既能掌握预应力的理论知识和现场工作的基本知识和技能，又能灵活运用所学专业知识解决工程中出现的实际问题。 |
| | **总体目标**：掌握预应力的含义，结构施加预应力的目的，预应力混凝土结构的基本原理，预应力混凝土结构的特点，预应力混凝土结构的分类，预应力施加的方法和所使用的设备，预应力混凝土结构使用的材料。掌握预应力结构构造的基本原理及预应力结构施工工艺，预应力混凝土受弯构件的计算、验算公式及应用。建立相应知识储备并能灵活运用此知识解决工程中遇到的实际问题。<br>**知识目标**：掌握预应力混凝土结构的基本概念、特点；预应力混凝土结构预应力的施加方法和设备；预应力混凝土结构常用材料；预应力混凝土受弯构件的基本构造、计算方法、施工工艺。<br>**能力目标**：掌握预应力混凝土结构的施工工艺及施工方法，具备预应力混凝土结构的计算能力。<br>**素质目标**：主动学习的意识，发现问题、解决问题的能力，协作意识的提高，理论与实践相联系的探索精神，以及认真做事的工作态度。 |

| 专业内容： | 宏观教学方法： |
|---|---|
| （1）预应力的含义，对结构施加预应力的目的。<br>（2）预应力混凝土结构的基本原理，预应力混凝土结构的特点，预应力混凝土结构的分类。<br>（3）预应力施加的方法和所使用的设备。<br>（4）预应力混凝土结构使用的材料。<br>（5）预应力混凝土受弯构件的基本构造。<br>（6）预应力混凝土受弯构件按承载能力极限状态设计与计算。<br>（7）预应力混凝土受弯构件按正常使用极限状态设计与计算。<br>（8）预应力混凝土构件在施工阶段和使用阶段的特点及预应力损失的种类及估算。<br>（9）预应力混凝土构件的施工。 | 项目教学法结合案例教学、边讲边练、现场教学和顶岗实践。<br>**微观教学方法：**<br>讲授法：基本理论的讲解建议采用多媒体或常规教学的讲授法。<br>案例教学法：预应力混凝土构件的施工与预制建议用此方法。<br>六步教学法：适用于每个教学情境。<br>**教学组织：**<br>校内：理论知识集中授课；技能训练分组教学，总工负责技术，组长负责组织。<br>企业顶岗：在现场工程师指导下，参与预应力混凝土结构张拉、锚固预制、预应力及非预应力钢筋的绑扎等实际工作。 |

| 媒介：以教科书、黑板、课件、桥梁模型、视频教学、照片和投影等为基本媒体；案例教学以表格、计算器、视频教学为媒体；项目实训以实验仪器设备、行业规范、行业标准、实训场地为现场教学媒体。 | 参与者需要的知识：建筑材料基础知识、力学基本知识、土工基础知识、工程识图基本知识。<br>参与者需要的技能：计算技能、绘图技能、试验仪器操作与使用、组织设计、团队协作、职业道德。 | 教师需要的能力：具有扎实的专业理论基础和丰富的实践经验；恰当运用各种教学方法，具备熟练应用行动导向的教学方法的能力，实现理论实践一体化的组织教学能力；掌握实际工程项目资料，准备好教案、活页教材、实训场地和仪器设备；带领学生学习预应力混凝土结构基础知识和基本技能，调动学生的积极性，能够引导、启发、咨询、评价、表扬学生，激发学生专业兴趣。 |
|---|---|---|

| 项目三 圬工结构 | | 项目综述：本部分以实际工程项目圬工桥梁为载体，使学生了解圬工结构现场工作需要的基本技能，并能灵活运用所学专业知识解决工程实际问题。另外，在教学过程中为加强对重点内容的学习效果，可配合多媒体教学。 |
|---|---|---|
| **总体目标**：掌握砖、石及混凝土结构的施工工艺和施工方法，以及砖、石及混凝土结构的优缺点和组成材料的性能，并掌握砌体的强度及变形性能。通过设计安排合理的设计工作过程、工作环境条件，使学生掌握砖、石及混凝土结构的施工工艺和砖、石及混凝土结构的计算及相应的构造原理。<br>**知识目标**：砖、石及混凝土结构的基本概念、材料及施工工艺；砖、石及混凝土构件计算的原则及公式运用。<br>**能力目标**：具备灵活运用解决实际问题的能力。会圬工结构的施工工艺和施工方法。<br>**素质目标**：工作认真负责，有协作精神，良好的劳动纪律，养成科学严谨的工作态度和作风。 | | |
| **专业内容**：<br>（1）圬工结构的特点。<br>（2）圬工结构材料的种类。<br>（3）砌体的强度与变形。<br>（4）砖、石及混凝土构件的强度计算。<br>（5）掌握砖、石及混凝土构件计算的原则及公式。<br>（6）轴心受压构件正截面强度计算。<br>（7）偏心受压构件正截面强度计算。<br>（8）圬工结构施工工艺及方法。 | **宏观教学方法**：<br>项目教学法结合案例教学及路桥综合实习、边讲边练、现场教学和顶岗实践。<br>**微观教学方法**：<br>讲授法：基本理论的讲解建议采用多媒体或常规教学的讲授法。<br>案例教学法：圬工结构的施工建议用此方法。<br>六步教学法：适用于每个教学情境。<br>**教学组织**：<br>校内：理论知识集中授课；技能训练分组教学，总工负责技术，组长负责组织。<br>企业顶岗：在现场工程师指导下参与圬工结构放样、砌筑等实际工作。 | |
| **媒介**：以教科书、黑板、课件、模型、视频教学、施工现场照片等为基本媒体；案例教学以表格、计算器、视频教学为媒体；项目实训以实验仪器设备、行业规范、行业标准、实训场地为现场教学媒体。 | **参与者需要的知识**：建筑材料基础知识、力学基本知识、土工基础知识、工程识图基本知识。<br>**参与者需要的技能**：计算技能、识图技能、试验仪器操作与使用、组织及团队协作能力。 | **教师需要的能力**：具有扎实的专业理论基础和丰富的实践工作经验；恰当运用各种教学方法，具备熟练应用行动导向的教学方法的能力，实现理论实践一体化的组织教学能力；熟悉并掌握圬工结构项目施工过程及其要点。带领学生学习圬工结构基础知识和动手技能，调动学生的积极性，能够引导、启发、咨询、评价、表扬学生，激发学生专业兴趣。 |

# 目 录

**总说明** ·············································· 1
  A  总说明考核内容 ······························· 1
  B  总说明考核答案 ······························· 2

## 项目一  钢筋混凝土结构 ························ 4

### 第一章  钢筋混凝土结构的基本知识 ········ 4
  A  钢筋混凝土结构的基本知识考核内容 ····· 4
  B  钢筋混凝土结构的基本知识考核答案 ····· 9

### 第二章  钢筋混凝土结构设计的基本原理 ·················································· 13
  A  钢筋混凝土结构设计的基本原理考核内容 ········································ 14
  B  钢筋混凝土结构设计的基本原理考核答案 ········································ 16

### 第三章  钢筋混凝土受弯构件构造及正截面承载力计算 ····················· 19
  A  钢筋混凝土受弯构件构造及正截面承载力计算考核内容 ················· 20
  B  钢筋混凝土受弯构件构造及正截面承载力计算考核答案 ················· 25

### 第四章  钢筋混凝土受弯构件斜截面承载力的计算 ····························· 41
  A  钢筋混凝土受弯构件斜截面承载力的计算考核内容 ························· 42
  B  钢筋混凝土受弯构件斜截面承载力的计算考核答案 ························· 45

### 第五章  钢筋混凝土受弯构件的应力、裂缝和变形计算 ····················· 48
  A  钢筋混凝土受弯构件的应力、裂缝和变形计算考核内容 ················· 48
  B  钢筋混凝土受弯构件的应力、裂缝和变形计算考核答案 ················· 50

### 第六章  钢筋混凝土梁的施工预制 ········ 57
  A  钢筋混凝土梁的施工预制考核内容 ····· 57
  B  钢筋混凝土梁的施工预制考核答案 ····· 60
  钢筋混凝土受弯构件项目示例 ··············· 61

### 第七章  轴心受压构件的构造要求及计算 ·········································· 75
  A  轴心受压构件的构造要求及计算考核内容 ········································ 76
  B  轴心受压构件的构造要求及计算考核答案 ········································ 78

### 第八章  偏心受压构件 ······················· 84
  A  偏心受压构件考核内容 ······················· 84
  B  偏心受压构件考核答案 ······················· 87

### 第九章  钻孔灌注桩施工 ················· 101
  A  钻孔灌注桩施工考核内容 ················· 101
  B  钻孔灌注桩施工考核答案 ················· 103
  钢筋混凝土受压构件项目示例 ············· 107

## 项目二  预应力混凝土结构 ················· 112

### 第十章  预应力混凝土结构的基本概念及材料 ······································· 112

A 预应力混凝土结构的基本概念及材料
考核内容 …………………………… 112
B 预应力混凝土结构的基本概念及材料
考核答案 …………………………… 114

### 第十一章 预应力混凝土简支梁设计 …… 117
A 预应力混凝土简支梁设计考核内容 …… 117
B 预应力混凝土简支梁设计考核答案 …… 122

### 第十二章 预应力混凝土梁的施工工艺 …… 133
A 预应力混凝土梁的施工工艺考核内容 … 133
B 预应力混凝土梁的施工工艺考核答案 … 135
预应力混凝土结构项目示例 ……………… 138

## 项目三 圬工结构 ……………………… 168
A 圬工结构考核内容 ……………………… 168
B 圬工结构考核答案 ……………………… 170
圬工结构项目示例 ………………………… 176

## 《结构设计原理（第3版）》模拟试题 … 181
《结构设计原理（第3版）》模拟试题
A卷 …………………………………… 181
《结构设计原理（第3版）》模拟试题
B卷 …………………………………… 183
《结构设计原理（第3版）》模拟试题
C卷 …………………………………… 186
《结构设计原理（第3版）》模拟试题
A卷答案 ……………………………… 188
《结构设计原理（第3版）》模拟试题
B卷答案 ……………………………… 190
《结构设计原理（第3版）》模拟试题
C卷答案 ……………………………… 192

## 参考文献 ………………………………… 196

# 总 说 明

**学习要点：**

结构设计原理是土木工程相关专业必修的专业课程，是一门实践性很强，与土木工程现行规范、规程等有关联的专业基础课。通过本课程的学习，学生能掌握结构的基本理论和基本知识，为继续学习其他专业课程，以及在土木工程领域继续学习打下坚实的基础。

该部分主要对本书进行了整体的概述，介绍了结构的主要分类及特点、本课程所讲述的主要内容及学好本课程需要注意的问题，使学生对本书整体有大致的了解。

1. 了解结构的概念及分类。结构从应用领域可分为建筑结构、桥梁结构、水电结构和其他特种结构等；按所使用的建筑材料种类可分为钢筋混凝土结构、预应力混凝土结构、钢结构、木结构、圬工砌体结构以及组合结构等；按主要受力特点可分为受压构件、受弯构件、受拉构件和受扭构件等最典型的基本构件。

2. 掌握钢筋混凝土结构、预应力混凝土结构、钢结构、圬工结构的特点及适用范围。

3. 学习本课程应注意的问题。知道结构设计原理理论课程内容按岗位能力分解为对应的钢筋混凝土结构、预应力混凝土结构、圬工结构等教学项目。要想学好结构设计原理，必须加强试验、实践性学习并注意扩大知识面。另外，要了解构件和结构设计是一个综合性问题，自己要有意识地逐步培养工程思维模式。

4. 了解混凝土结构的发展与应用概况及目前世界上结构发展总趋势。

## A 总说明考核内容

**一、填空题**

1. 结构从应用领域可以分为（　　）、（　　）、（　　）和其他特种结构等。
2. 钢结构一般是由钢厂轧制的型钢或钢板通过（　　）或（　　）等连接组成的结构。
3. 各种桥梁结构都是由（　　）、（　　）、（　　）、（　　）、拱等基本构件所组成。
4. 构件按主要受力特点可以分为（　　）、（　　）、（　　）和（　　）等最典型的基本构件。
5. 在构件受荷载以前预先对混凝土（　　）区施加（　　）的结构称为"预应力混凝土结构"。
6. 圬工结构是由胶结材料将（　　）、（　　）、（　　）等块材按规则砌筑而成的整体结构。

7. 在土木工程中由（　　）筑成，能承受荷载而起（　　）作用的构架称为结构。

8. 钢筋混凝土结构由（　　）和（　　）两种不同材料所组成。

## 二、判断题

1. 混凝土材料具有较高的抗拉强度和较低的抗压强度。（　　）
2. 矿渣水泥抗碱侵蚀的能力很强，可在有碱腐蚀的环境中使用。（　　）
3. 钢筋混凝土现已成为建筑、道路、桥梁、机场、码头和核电站等工程中应用最广的工程材料。（　　）
4. 预应力混凝土结构可以用普通钢筋和低强度等级的混凝土来修建。（　　）
5. 圬工结构自重较大，施工时常用装配式施工方法。（　　）
6. 钢结构的钢材强度高，构件所需的尺寸较小，所以是自重较轻的结构。（　　）
7. 设计中许多数据可能有多种选择方案，因此设计结果不是唯一的。（　　）
8. 圬工结构多用于大跨径的梁桥、斜拉桥中。（　　）

## 三、问答题

1. 结构按所使用的建筑材料分为哪些类型？
2. 钢筋混凝土结构的特点有哪些？
3. 预应力钢筋混凝土结构的特点有哪些？
4. 学习"结构设计原理"课程应注意哪些问题？

# B　总说明考核答案

## 一、填空题

1. 建筑结构　桥梁结构　水电结构
2. 焊接　螺栓
3. 桥面板　横梁　主梁　桥梁的墩台
4. 受压构件　受弯构件　受拉构件　受扭构件
5. 受拉　压应力
6. 砖　天然石料　混凝土预制块
7. 建筑材料　骨架
8. 钢筋　混凝土

## 二、判断题

1. ×　2. √　3. √　4. ×　5. ×　6. √　7. √　8. ×

## 三、问答题

1. 答：从结构所使用的建筑材料种类分，可分为钢筋混凝土结构、预应力混凝土结构、钢结构、木结构、圬工砌体结构以及组合结构等。

2. 答：钢筋混凝土结构的优点：强度高，耐久性好，耐火性好，整体性好，容易取材，可模性好。

钢筋混凝土结构的缺点：结构自重大，抗裂性能差，浇筑混凝土时需要大量的模板，户外浇筑混凝土时受季节及天气条件限制，隔热、隔声性能也较差。

3. 答：预应力钢筋混凝土结构的优点：

(1)延缓裂缝的产生和发展。

(2)使用高强高性能混凝土、高强钢筋以减小结构截面尺寸，减轻结构自重，增大跨越能力。

(3)预应力技术还可以作为装配钢筋混凝土结构的一种可靠的手段。

预应力钢筋混凝土结构的缺点：

(1)预应力混凝土材料的单价高，施工工序多且复杂，造价高。

(2)要求有经验、熟练的技术人员和技术工人施工。

(3)要求较多的严格的现场技术监督和检查。

4. 答：学习本课程应注意的问题：

(1)本课程是一门综合性较强的应用学科。

(2)本课程的内容、符号、计算公式、构造规定多，学习时要贯彻"少而精"的原则，突出重点内容的学习。

(3)加强试验、实践性学习并注意扩大知识面。在学习过程中逐步熟悉和正确运用我国颁布的一些设计规范和规程。

(4)逐步培养工程思维模式。设计中许多数据可能有多种选择方案，因此设计结果不是唯一的。综合考虑使用、材料、造价、施工等各项指标的可行性，才能确定一个较为合适的设计结果。

# 项目一

# 钢筋混凝土结构

## 第一章 钢筋混凝土结构的基本知识

**学习要点：**

本章介绍了钢筋混凝土结构的基本概念以及工程结构中常用的钢材和混凝土材料的物理力学性能和强度的取值。掌握钢筋与混凝土相互作用的基本原理，是掌握后续的有关钢筋混凝土结构承载能力、变形、裂缝宽度等设计、计算及施工的基础。

1. 掌握钢筋混凝土的概念，素混凝土简支梁、钢筋混凝土简支梁及钢筋混凝土受压柱的受力特点，知道钢筋与混凝土共同工作的原理。

2. 掌握混凝土立方强度、轴心抗压强度、轴心抗拉强度、混凝土的受力变形（包括一次短期加荷时的变形、多次重复加荷时的变形和长期荷载作用下的变形）、体积变形的基本概念及基本规律；理解单轴和复合受力状态下混凝土的强度和变形性能；能进行混凝土的变形模量的正确取值；知道混凝土的材料强度有标准值和设计值之分，标准值为具有 95% 保证率的材料强度取值，设计值则由标准值除以材料的分项系数 1.45 而得到。

3. 掌握钢筋的级别和品种；理解钢筋应力-应变曲线特征，知道钢筋的材料强度的标准值和设计值，掌握钢筋的弹性模量、屈服应力、极限应力及其相应的应变值；掌握钢筋的接头、弯钩、弯折、冷加工及塑性性能。

4. 掌握混凝土与钢筋之间的粘结性能，粘结应力与钢筋应力之间的关系。深入理解混凝土与钢筋相互作用的工作原理。

## A 钢筋混凝土结构的基本知识考核内容

### 一、填空题

1. 钢筋混凝土结构是由（　　）和（　　）两种受力性能不同的材料共同组成的结构。工程中，（　　）主要承受压力，（　　）主要承受拉力。

2. 软钢与硬钢的最大区别（从力学性能上看）是有无（　　）。

3. 普通混凝土是由（　　）、（　　）、石材料用水拌和硬化后形成的人工石材，是（　　）。

4. 《公路工程水泥及水泥混凝土试验规程》规定混凝土强度等级应按( )确定。
5. 测试混凝土的轴心抗拉强度有( )和( )两种方法。
6. 混凝土变形有两类,一类是( ),另一类是( )。
7. 收缩是混凝土在不受外力情况下自身体积变化产生的变形,是由混凝土在凝结硬化过程中的( )和( )两部分作用所引起的。
8. 在钢筋混凝土结构中,我国目前通用的普通钢筋,按化学成分的不同,可分为( )和( )两类。
9. 按加工方法不同,钢筋可分为( )、( )、( )、热处理钢筋和钢丝五大类。
10. 钢筋的力学性能是指钢筋的( )和( )性能。
11. 混凝土在三向受压的情况下,随侧向压应力的增加,大大地提高了混凝土的( ),并使混凝土的( )接近理想的弹塑体。
12. 螺旋肋钢丝是以( )或( )为母材,经( )减径后,在其表面形成二面或三面有月牙肋的钢筋。
13. 有明显屈服点的钢筋单向拉伸的应力-应变曲线由( )阶段、( )阶段、( )阶段和( )阶段组成。
14. 反映钢筋的塑性性能的基本指标是钢筋的( )和( )。
15. 工程上若只控制( )称为单控,若同时控制( )和( )称为双控,一般情况下应尽量采用( )。
16. 钢筋的连接可分为( )、( )和( )。
17. 钢筋焊接接头的方式有( )、( )、电渣压力焊、气压焊等。
18. 光圆钢筋的粘结力主要来自混凝土材料的( )和( ),而变形钢筋的粘结力主要来自( )。

二、选择题

1. 在《公路钢筋混凝土及预应力混凝土桥涵设计规范》(以下简称《桥规》)(JTG 3362—2018)中,所提到的混凝土强度等级是指( )。
   A. 混凝土的轴心抗压强度　　　　　B. 混凝土的立方体强度
   C. 混凝土的抗拉强度　　　　　　　D. 复合应力下的混凝土强度

2. 混凝土抗拉强度是抗压强度的( )倍。
   A. 8~18　　　　B. 1/18~1/8　　　　C. 2~3　　　　D. 1/3~1/2

3. 评定混凝土立方体强度采用的标准试件尺寸应为( )。
   A. 150 mm×150 mm×150 mm　　　　B. 150 mm×150 mm×300 mm
   C. 100 mm×100 mm×100 mm　　　　D. 200 mm×200 mm×200 mm

4. 混凝土各种强度标准值之间的关系是( )。
   A. $f_{ck} > f_{cu,k} > f_t$　　　　B. $f_{cu,k} > f_t > f_{ck}$
   C. $f_{cu,k} > f_{ck} > f_t$　　　　D. $f_t > f_{ck} > f_{cu,k}$

5. 公路桥涵受力构件的混凝土强度等级中,属于高强度混凝土的是( )。
   A. C50~C80　　B. C40~C70　　C. C40 以上　　D. C30 以上

6. 由不同强度的混凝土的 σ-ε 关系曲线比较可知,下列说法中错误的是( )。
   A. 混凝土强度等级高,其峰值应变 $\varepsilon_0$ 增加不多
   B. 上升段曲线相似
   C. 强度等级低,下降段平缓,应力下降慢
   D. 强度等级高的混凝土,受压时的延性比强度等级低的混凝土好

7. 为减小混凝土徐变对结构的影响,以下措施正确的是( )。
   A. 提早对结构施加荷载
   B. 采用高等级水泥,增加水泥用量
   C. 加大水胶比
   D. 提高混凝土的密实度和养护湿度

8. 在混凝土轴心受压的应力-应变曲线上,讨原点作该曲线的切线,其斜率即混凝土的( )。
   A. 原点模量
   B. 割线模量
   C. 切线模量
   D. 剪切模量

9. 在常温下使钢材产生塑性变形,从而提高( ),这个过程称为冷加工强化处理或冷作硬化。
   A. 屈服强度
   B. 抗拉强度
   C. 塑性韧性
   D. 冷弯性能

10. 对于无明显流幅的钢筋,其强度标准值取值的依据是( )。
    A. 90%极限强度
    B. 20%极限强度
    C. 极限抗拉强度
    D. 残余应变为 0.2%时的应力

11. 在以下关于混凝土性质的论述中,错误的是( )。
    A. 横向钢筋可以限制混凝土内部裂缝的发展,提高粘结强度
    B. 混凝土水胶比越大、水泥用量越多,收缩和徐变越大
    C. 混凝土的线性膨胀系数和钢筋的相近
    D. 混凝土强度等级越高,要求受拉钢筋的锚固长度越小

12. 下列结构受力不属于疲劳现象的是( )。
    A. 钢筋混凝土吊车梁受到重复荷载的作用
    B. 钢筋混凝土桥梁受到车辆振动的影响
    C. 港口海岸的混凝土结构受到波浪冲击而损伤
    D. 混凝土的徐变

13. 有关减少混凝土收缩裂缝的措施,下列说法正确的是( )。
    A. 在浇筑混凝土时增设纵向水平防收缩钢筋
    B. 在混凝土配比中增加水泥用量
    C. 采用高等级水泥
    D. 采用弹性模量小的集料

14. 冷拉和冷拔的区别在于( )。
    A. 冷拉能提高钢筋的抗拉强度,冷拔不能
    B. 冷拔能提高钢筋的抗拉强度,冷拉不能
    C. 冷拉能提高钢筋的抗压强度,冷拔不能
    D. 冷拔能提高钢筋的抗压强度,冷拉不能

15. 在下列钢筋中，具有明显屈服点的是( )。
    A. 热轧钢筋　　　B. 碳素钢丝　　　C. 钢绞线　　　D. 热处理钢筋

16. 当采用 HRB400 级钢筋时，混凝土强度等级不应低于( )。
    A. C50　　　B. C40　　　C. C30　　　D. C25

17. 钢筋混凝土结构对钢筋性能的要求不包括( )。
    A. 屈强比
    B. 塑性
    C. 与混凝土的粘结力
    D. 耐火性

18. 有关钢筋伸长率，下列说法错误的是( )。
    A. 是指钢筋试件上标距为 $10d$ 或 $5d$ ($d$ 为钢筋试件直径)范围内的极限伸长率
    B. 伸长率大，钢筋的塑性性能好
    C. 钢筋的强度越低，伸长率越低
    D. 钢筋的弯曲性能好，构件破坏时不致发生脆断

19. 在常温下，时效硬化需要在( )小时左右完成。
    A. 20　　　B. 2　　　C. 15　　　D. 25

20. 有关受拉钢筋绑扎接头的搭接长度，下列说法正确的是( )。
    A. 当混凝土在凝固过程中受力钢筋易受扰动时，其搭接长度不必增加
    B. 在任何情况下，纵向受拉钢筋的搭接长度不应小于 200 mm
    C. 绑扎钢筋的直径不宜大于 28 cm
    D. 受压钢筋绑扎接头的搭接长度应取受拉钢筋绑扎接头搭接长度的 80%

21. 碳素结构钢中含碳量增加时，对钢材的强度、塑性、韧性和可焊性的影响是( )。
    A. 强度增加，塑性、韧性降低，可焊性提高
    B. 强度增加，塑性、韧性、可焊性都提高
    C. 强度增加，塑性、韧性、可焊性都降低
    D. 强度、塑性、韧性、可焊性都降低

22. 低碳钢标准试件在一次拉伸试验中，应力由零增加到比例极限，弹性模量很大，变形很小，则此阶段为( )阶段。
    A. 弹性　　　B. 弹塑性　　　C. 塑性　　　D. 强化

23. 牌号为 HRB400 表示该钢筋为( )。
    A. 细晶粒热轧钢筋，其屈服强度特征值为 400 MPa
    B. 细晶粒热轧钢筋，其标准强度为 400 MPa
    C. 普通热轧带肋钢筋，其屈服强度特征值为 400 MPa
    D. 普通热轧带肋钢筋，其标准强度为 400 MPa

24. 在实际工程中，混凝土的变形模量应用最多的是( )。
    A. 原点模量　　　B. 割线模量　　　C. 切线模量　　　D. 剪切模量

25. 钢筋接头采用对焊时，受拉钢筋焊接接头的截面面积在同一构件截面内不得超过钢筋总截面面积的( )。
    A. 10%　　　B. 25%　　　C. 35%　　　D. 50%

26. 钢筋混凝土对钢筋性能的要求，不能保证硬钢的质量的是（　　）
    A. 检验极限强度　　　　　　　　B. 屈服强度
    C. 冷弯性能　　　　　　　　　　D. 伸长率

### 三、判断题

1. 在轴心受压的钢筋混凝土柱中配置钢筋协助混凝土承受压力，能提高混凝土柱的承载能力和变形能力。（　　）
2. 在实际工程中，受力构件一般均处于单向受力状态。（　　）
3. 劈裂试验是测试混凝土的轴心抗拉强度的方法之一。（　　）
4. 一般认为劈裂试验垫条宽度不小于立方试件边长或圆柱体试件直径的1/15。（　　）
5. 混凝土的强度是设计混凝土结构的重要依据，它直接影响结构的安全性和耐久性。（　　）
6. 钢筋混凝土构件仅适用于以受压为主的结构。（　　）
7. 徐变的发生对结构内力重分布有利，可以减小各种外界因素对超静定结构的不利影响，降低附加应力。（　　）
8. 对不同强度等级的混凝土，在应变相同的条件下，强度越高，切线模量越小。（　　）
9. 混凝土在一向受拉、另一向受压的双向应力状态下，其抗压和抗拉强度都会提高。（　　）
10. 热轧钢筋经冷拉后，抗拉强度提高，但变形能力不变。（　　）
11. 刻痕钢丝是将钢筋拉拔后校直，经中温回火消除应力并稳定化处理的钢丝。（　　）
12. 根据国家标准中的规定确定钢丝、钢绞线的极限抗拉强度，其保证率不低于95%。（　　）
13. 钢筋的弹性模量是一项稳定的材料常数，强度高的钢筋弹性模量也高。（　　）
14. 钢筋接头采用帮条电弧焊时，帮条应至少采用与主筋同级别的钢筋。（　　）
15. 为了防止承受拉力的光圆钢筋在混凝土内滑动，需把钢筋两端做成直角弯钩。（　　）
16. 钢筋埋入长度越长，拔出力越大，尾部的粘结力越大。（　　）
17. 《冷轧带肋钢筋混凝土结构技术规程》(JTG 95—2011)规定，以纵向受拉钢筋的锚固长度作为钢筋的基本锚固长度$l_a$。（　　）
18. 钢筋伸长率越大，塑性性能越差，破坏时有明显的拉断预兆。（　　）
19. 直接测试混凝土轴心抗拉强度试验所采用的试件的尺寸为100 mm×100 mm×500 mm。（　　）

### 四、名词解释

1. 混凝土立方强度
2. 混凝土轴心抗压强度
3. 钢筋伸长率
4. 徐变
5. 混凝土收缩
6. 疲劳强度

## 五、问答题

1. 钢筋和混凝土两种力学性能不同的材料，能结合在一起有效地共同工作的原因是什么？
2. 在素混凝土结构中配置一定形式和数量的钢筋后，结构性能将会发生怎样的变化？
3. 影响混凝土立方体抗压强度的主要因素有哪些？
4. 简述混凝土在三向受压情况下强度和变形的特点。
5. 简述如何用劈裂试验测定混凝土的轴心抗拉强度。
6. 混凝土单轴受压的应力-应变曲线有何特点？
7. 软钢的拉伸应力-应变关系曲线有何特点？
8. 钢筋的接头有哪几类？
9. 混凝土的收缩和徐变与哪些因素有关？
10. 影响混凝土粘结强度的因素有哪些？
11. 混凝土的变形模量有哪几种表示方法？
12. 简述钢筋冷加工的方法。

## 六、计算题

某一钢筋混凝土简支 T 形梁，混凝土强度等级为 C30，其纵向受拉钢筋为带肋钢筋 HRB400 级，直径为 25 mm，若想把某两根主钢筋在梁中截断，其基本锚固长度为多少？

# B 钢筋混凝土结构的基本知识考核答案

## 一、填空题

1. 钢筋　混凝土　混凝土　钢筋
2. 屈服台阶
3. 水泥　砂　多相复合材料
4. 立方体抗压强度标准值 $f_{cu,k}$
5. 混凝土直接受拉试验　劈裂试验
6. 受力变形　体积变形
7. 凝缩　干缩
8. 碳素结构钢　普通低合金钢
9. 热轧钢筋　冷拉钢筋　冷轧带肋钢筋
10. 强度　变形
11. 纵向抗压强度　变形性能
12. 普通低碳钢　低合金钢热轧的圆盘条　冷轧
13. 弹性　屈服　强化　颈缩
14. 伸长率　冷弯性能
15. 应变　应变　张拉应力　双控
16. 焊接接头　绑扎搭接　机械连接

17. 闪光接触对焊　电弧焊

18. 胶结力　摩阻力　机械咬合作用

## 二、选择题

1．B　　2．B　　3．A　　4．C　　5．A　　6．D　　7．D　　8．A　　9．A

10．D　11．D　12．D　13．A　14．D　15．A　16．C　17．D　18．C

19．A　20．C　21．C　22．A　23．C　24．A　25．D　26．B

## 三、判断题

1．√　　2．×　　3．√　　4．×　　5．√　　6．×　　7．√　　8．√　　9．×

10．×　11．√　12．√　13．√　14．√　15．√　16．√　17．√　18．×

19．√

## 四、名词解释

1．混凝土立方强度：以边长为150 mm的立方体，在(20±2)℃的温度和相对湿度在95%以上的潮湿空气中养护28天，依照标准试验方法测得的具有95%保证率的抗压强度作为混凝土的强度等级。

2．混凝土轴心抗压强度：以150 mm×150 mm×300 mm的棱柱体试件在标准的条件下，依照标准试验方法测得的具有95%保证率的抗压强度为混凝土轴心抗压强度标准值。

3．钢筋伸长率：钢筋试件拉断后的伸长值与原长的比值称为伸长率。

4．徐变：混凝土构件或材料在不变荷载或应力的长期作用下，其变形或应变随时间而不断增长，这种现象称为混凝土的徐变。

5．混凝土收缩：混凝土凝结硬化时，在空气中体积收缩的现象，是由混凝土在凝结硬化过程中的化学反应产生的"凝缩"和混凝土自由水分的蒸发所产生的"干缩"所引起的。

6．疲劳强度：把能使棱柱体试件承受200万次以上反复荷载而发生破坏的应力值称为混凝土的疲劳强度。

## 五、问答题

1．答：(1)粘结力使两者可靠地结合成整体，在荷载的作用下能共同工作，协调变形。

(2)钢筋和混凝土的温度线膨胀系数较为接近，即不会产生较大的内应力。

(3)钢筋被混凝土包裹，免遭锈蚀。

2．答：(1)素混凝土梁在外加集中力和梁的自身重力作用下，梁截面的上部受压，下部受拉。由于混凝土的抗拉性能较差，只要梁的跨中附近截面的受拉边缘混凝土一开裂，梁就会突然断裂，属于脆性破坏类型。

(2)在截面受拉区域配置适量的钢筋构成钢筋混凝土梁。钢筋主要承受梁中性轴以下受拉区的拉力，混凝土主要承受中性轴以上受压区的压力。由于钢筋的抗拉能力和混凝土的抗压能力都很强，即使受拉区的混凝土开裂，拉力由钢筋来承受，梁还能继续承受相当大的荷载，直到受拉钢筋达到屈服强度，构件被破坏，属塑性破坏。

3．答：(1)混凝土的内因对混凝土的立方强度起主要作用。水泥强度越高，水胶比越小，集料的性质越好，立方强度就越大。

(2)试验方法对立方体抗压强度的影响，规定的标准试验方法是不加润滑剂。

(3)加载速度对立方体强度的影响：加载速度越快，测得的强度越高。

(4)龄期对立方体强度的影响：混凝土的立方体抗压强度随着成型后混凝土的龄期逐渐增长，增长速度开始较快，后来逐渐缓慢。

(5)尺寸效应：立方体尺寸越小，则试验测出的抗压强度越高。

4. 答：混凝土在三向受压的情况下，由于受到侧向压力的约束作用，最大主压应力轴的抗压强度有较大程度的增长。其最大主压应力方向的抗压强度取决于侧向压应力的约束程度，随侧向压应力的增加，微裂缝的发展受到了极大的限制，提高了混凝土纵向抗压强度，并使混凝土的变形性能接近理想的弹塑性体，有效约束混凝土的侧向变形，使混凝土的抗压强度、延性(耐受变形的能力)有相应的提高。

5. 答：(1)在立方体或圆柱体上加垫条。

(2)在垫条上施加一条压力线荷载，这样试件中间垂直截面除加力点附近很小的范围外，均有均匀分布的水平拉应力。

(3)当拉应力达到混凝土的抗拉强度时，试件被劈成两半。

(4)劈裂抗拉强度可按下式计算：

$$f_{t,s} = \frac{2P}{\pi d l}$$

式中　$P$——破坏荷载；

　　　$d$——圆柱直径或立方体边长；

　　　$l$——试件的长度。

通常认为混凝土的轴心抗拉强度与劈裂强度基本相同。

6. 答：(1)弹性阶段 $OA$ 段($\sigma \leqslant 0.3 f_c$)：应力较小，应变不大，混凝土的变形为弹性变形，应力-应变关系接近直线。

(2)裂缝出现及开展阶段 $AB$ 段($\sigma = 0.3 f_c \sim 0.8 f_c$)：为微曲线段，应变的增长稍比应力快，混凝土处于裂缝稳定扩展阶段。

(3)裂缝急剧开展到破坏阶段 $BC$ 段($\sigma = 0.8 f_c \sim 1.0 f_c$)：应变增长明显比应力增长快，混凝土处于裂缝快速不稳定发展阶段，其中 $C$ 点即混凝土极限抗压强度，与之对应的应变 $\varepsilon_0 \approx 0.002$，为峰值应变。

(4)下降段，裂缝贯穿阶段 $CD$ 段：应力快速下降，应变仍在增长，混凝土中裂缝迅速发展且贯通，出现了主裂缝，内部结构破坏严重。

(5)下降段 $DE$ 段：应力下降变慢，应变较快增长，混凝土内部结构处于磨合和调整阶段，主裂缝宽度进一步增大，最后只依赖集料间的咬合力和摩擦力来承受荷载。

(6)收敛段 $EF$ 段：此时试件中的主裂缝宽度快速增大而完全破坏了混凝土内部结构。对无侧向约束的混凝土，收敛段 $EF$ 已失去结构意义。

7. 答：曲线由四个阶段组成：弹性阶段、屈服阶段、强化阶段和颈缩阶段。

(1)弹性阶段：在 $a$ 点以前的阶段称为弹性阶段，$a$ 点称为比例极限点。在 $a$ 点以前，钢筋的应力随应变成比例增长，即钢筋的应力-应变关系为线性关系。

(2)屈服阶段：应变增长速度大于应力增长速度，应力增长较小的幅度后达到 $b$ 点，钢筋开始屈服。随后应力稍有降低达到 $c$ 点，钢筋进入流幅阶段或屈服台阶，屈服点对应的应力作为有明显流幅钢筋的屈服强度。

(3)强化阶段：过 $c$ 点以后为强化阶段，应力又继续上升，说明钢筋的抗拉能力又有所提高。随着曲线上升到最高点 $d$，相应的应力称为钢筋的极限强度。

(4)颈缩阶段：试件薄弱处的截面将会突然显著缩小，发生局部颈缩，变形迅速增加，应力随之下降，达到 $e$ 点时试件被拉断。

8. 答：钢筋的接头可分为三类：即焊接接头、绑扎接头及机械连接接头。钢筋的接头宜优先考虑焊接接头和机械连接接头，只有当没有焊接条件或施工有困难时才采用绑扎接头。

(1)焊接接头包括闪光接触对焊、电弧焊、电渣压力焊、气压焊等。

(2)绑扎接头是将两根钢筋搭接一定长度并用铁丝绑扎，通过钢筋与混凝土的粘结力传递内力。

(3)机械连接接头是通过连接件的机械咬合作用或钢筋端面的承压作用，将一根钢筋中的力传递至另一根钢筋的连接方法。它包括挤压套筒接头和镦粗直螺纹接头。

9. 答：影响徐变的主要因素有内在因素、环境因素和应力因素。

(1)内在因素：水泥含量少、水胶比小、集料弹性模量大、集料含量多，那么徐变小。

(2)环境因素：养护时温度高、湿度大、水泥水化作用充分，徐变就小，构件的体表比越大，徐变越小。

(3)应力因素：当混凝土应力 $\sigma_c \leqslant 0.5 f_c$ 时，徐变与应力成正比，为线性徐变。当混凝土应力 $\sigma_c = (0.5 \sim 0.8) f_c$ 时，徐变变形比应力增长要快，称为非线性徐变。当应力 $\sigma_c > 0.8 f_c$ 时，徐变的发展是非收敛的，最终将导致混凝土破坏。

影响混凝土收缩的主要因素有：

(1)水泥的用量：水泥越多，收缩越大；水胶比越大，收缩越大。

(2)集料的性质：集料的弹性模量大，收缩小。

(3)养护条件：在结硬过程中，周围温度、湿度越大，收缩越小。

(4)混凝土制作方法：混凝土越密实，收缩越小。

(5)使用环境：使用环境温度、湿度大时，收缩小。

(6)构件的体积与表面积比值：比值大时，收缩小。

10. 答：(1)混凝土强度：光圆钢筋及变形钢筋粘结强度随混凝土强度等级的提高而提高。

(2)保护层厚度：增大保护层厚度，有利于粘结强度的充分发挥。

(3)钢筋净间距：一排钢筋的根数越多，净间距越小，粘结强度降低就越多。

(4)横向配筋：可以限制混凝土内部裂缝的发展，提高粘结强度。

(5)侧向压应力：横向压应力约束混凝土的横向变形，提高粘结强度。

(6)浇筑混凝土时钢筋的位置：浇筑混凝土时，深度过大会削弱钢筋与混凝土的粘结作用。

另外，钢筋表面形状对粘结强度也有影响，当其他条件相同时，光面钢筋的粘结强度约比带肋的变形钢筋粘结强度低20%。

11. 答：(1)原点模量：也称弹性模量，是在混凝土轴心受压的应力-应变曲线上，过原点作该曲线的切线，其斜率即混凝土原点切线模量，通常称为混凝土的弹性模量。

(2)割线模量：在混凝土的应力-应变曲线上任取一点与原点连线，其割线斜率即混凝土的割线模量。

(3)切线模量：在混凝土的应力-应变曲线上任取一点，并作该点的切线，则其斜率即混凝土的切线模量。

12. 答：机械冷加工可分为冷拉和冷拔，通过冷拉或冷拔的冷加工方法可以提高热轧钢筋的强度。

冷拔是将钢筋(盘条)用强力拔过比它本身直径还小的硬质合金拔丝模，这是钢筋同时受到纵向拉力和横向压力的作用以提高其强度的一种加工方法。钢筋经多次冷拔后，截面变小而长度增长，强度比原来提高很多，但塑性降低，硬度提高，冷拔后钢丝的抗压强度也获得提高。

冷拉是先将钢筋在常温下拉伸超过屈服强度达到强化阶段，然后卸载并经过一定时间的时效硬化而得到钢筋的一种方法。

**六、计算题**

解：由已知：混凝土强度等级为 C30，其纵向受拉钢筋为带肋钢筋 HRB400 级，直径为 25 mm，查表得：$f_{sd}=330$ MPa，$f_t=1.39$ MPa，$\alpha=0.14$，$d=25$ mm。

由式 $l_a=\alpha\dfrac{f_{sd}}{f_t}d$ 得

$$l_a=0.14\times\frac{330}{1.39}\times 25=831(\text{mm})$$

所以其基本锚固长度为 831 mm。

# 第二章 钢筋混凝土结构设计的基本原理

**学习要点：**

本章主要介绍在结构设计中具有的共性问题，是学习本课程和进行结构设计的理论基础。由于是宏观、抽象地介绍近似概率的极限状态方法，涉及的名词术语较多，初次接触，学生会觉得生涩和难以理解，接触后续的设计、验算、施工后，就会逐渐熟练掌握。

1. 了解容许应力法、破损阶段计算法及极限状态设计法三者之间的区别及极限状态设计法在钢筋混凝土结构设计中的运用。

2. 掌握结构的功能要求、安全等级、可靠性和可靠度，设计使用年限和设计基准期的概念，知道极限状态的基本概念及极限状态可分为承载能力极限状态和正常使用极限状态两类，并了解达到两大极限状态破坏的标准。

3. 掌握作用的分类、作用的代表值、作用的标准值、准永久值和频遇值的概念，能进行作用效应组合及知道进行作用效应组合时需注意的问题。

4. 掌握两种极限状态设计原则及设计表达式的应用，会各种极限状态下作用组合的计算。

# A 钢筋混凝土结构设计的基本原理考核内容

## 一、填空题

1. 我国现行《桥规》(JTG 3362—2018)在进行桥梁设计时所用的方法是( )。
2. 结构的可靠度是指在( )和( )完成预定功能的概率。
3. 公路桥涵设计采用的作用分为( )、( )、( )和( )四类。
4. 作用代表值就是为结构设计而给定的量值,一般可分为( )、( )、( )和( )。
5. 钢筋混凝土结构安全性重要等级为一级时,其重要性系数 $\gamma_0$ 为( )。
6. 能完成预定的各项功能时,结构处于( )状态;反之,则处于( )状态。

## 二、选择题

1. 下列选项中,不属于结构可靠性的是( )。
   A. 安全性　　　　　　　　　　　B. 适用性
   C. 稳定性　　　　　　　　　　　D. 耐久性
2. 计算基本组合的荷载效应时,永久荷载的分项系数 $\gamma_G$ 取 1.2 的情况是( )。
   A. 其效应对结构有利时　　　　　B. 任何情况下
   C. 其效应对结构不利时　　　　　D. 验算抗倾覆和滑移时
3. 下列情况中,构件超过承载力极限状态的是( )。
   A. 在荷载作用下产生较大变形而影响使用
   B. 构件因过度的变形而不适于继续承载
   C. 构件受拉区混凝土出现裂缝
   D. 构件在动力荷载作用下产生较大的振动
4. 下列叙述中错误的是( )。
   A. 荷载设计值一般大于荷载标准值　　B. 荷载频遇值一般小于荷载标准值
   C. 荷载准永久值一般大于荷载标准值　D. 材料强度设计值小于材料强度标准值
5. 《公路工程结构可靠度设计统一标准》将公路桥梁的设计基准期统一取为( )年。
   A. 50　　　　　B. 80　　　　　C. 90　　　　　D. 100
6. 下列作用中属于永久作用的是( )。
   A. 混凝土收缩及徐变作用　　　　B. 汽车引起的土侧压力
   C. 温度作用　　　　　　　　　　D. 汽车荷载
7. 有关作用组合,下列说法正确的是( )。
   A. 任何作用的出现只要对结构或结构构件产生有利影响时,该作用就应参与组合
   B. 若两种作用同时参与组合概率很小,则不考虑其作用效应的组合
   C. 任何在结构上可能同时出现的作用,就需要进行其效应的组合
   D. 施工阶段作用效应的组合,结构上的施工人员和施工机具设备应作为永久作用加以考虑

8. 对正常使用极限状态进行构件验算时，下列说法错误的是( )。
   A. 预应力混凝土受弯构件应按规定进行正截面和斜截面的抗裂验算
   B. 对于钢筋混凝土结构及容许出现裂缝的 B 类预应力混凝土构件，均应进行裂缝宽度验算
   C. 在设计钢筋混凝土与预应力混凝土构件时，应对结构变形给以限制
   D. 钢筋混凝土受弯构件应按规定进行正截面和斜截面的抗裂验算
9. $\psi_c$ 为在作用效应组合中除汽车荷载效应(含汽车冲击力、离心力)外的其他可变作用效应的组合系数，其值为( )。
   A. 0.75     B. 0.8     C. 0.65     D. 0.7
10. 下列不是桥梁结构曾使用或正在使用的设计方法的是( )。
    A. 极限状态法            B. 容许应力计算法
    C. 可靠性计算法          D. 破坏阶段计算法
11. 在二级公路桥涵结构中，中桥的桥涵主体结构主梁的设计使用年限是( )年。
    A. 100     B. 50     C. 30     D. 20

### 三、判断题

1. 极限状态计算方法明确提出了结构极限状态的概念，极限状态是现阶段我国桥梁结构使用的设计方法。( )
2. 承载能力极限状态的设计中，作用效应和强度均应采用标准值。( )
3. 正常情况下，结构的使用寿命要比设计基准期长。( )
4. 水浮力是可变作用。( )
5. 有时两个偶然作用可以同时参与组合。( )
6. 超过正常使用极限状态，结构或构件就破坏了。( )

### 四、名词解释

1. 作用
2. 永久作用
3. 可变作用
4. 偶然作用
5. 极限状态
6. 作用标准值
7. 可变作用的准永久值
8. 可变作用的频遇值

### 五、问答题

1. 结构的极限状态分为哪几类？
2. 什么是承载能力极限状态？哪些状态是超过了承载能力极限状态？
3. 什么是正常使用极限状态？哪些状态是超过了正常使用极限状态？
4. 《桥规》(JTG 3362—2018)规定，桥梁在施工和使用过程中面临不同情况时，需要考虑哪四种设计状况？

5. 正常使用极限状态计算主要进行几个方面的验算？
6. 持久状况承载能力极限状态计算原则是什么？
7. "作用"和"荷载"有什么区别？
8. 在进行作用效应组合时，需注意哪些问题？
9. 公路桥涵结构按照承载能力极限状态设计时，采用哪几种作用效应组合？
10. 公路桥涵结构按照正常使用极限状态设计时，采用哪几种作用效应组合？
11. 影响混凝土结构耐久性的因素都有哪些？
12. 公路混凝土桥涵耐久设计包括哪些内容？

### 六、计算题

某一钢筋混凝土简支梁，跨中截面恒载弯矩标准值 $S_G=700\ kN\cdot m$，汽车荷载标准值 $S_{Q1}=500\ kN\cdot m$，人群荷载标准值 $S_{Q2}=70\ kN\cdot m$，风荷载标准值为 $60\ kN\cdot m$，试分别计算梁跨中截面弯矩的作用基本效应组合、频遇值组合和准永久组合值(结构安全等级为一级)。

## B 钢筋混凝土结构设计的基本原理考核答案

### 一、填空题

1. 极限状态设计法
2. 规定的时间内　规定的条件下
3. 永久作用　可变作用　偶然作用　地震作用
4. 标准值　组合值　准永久值　频遇值
5. 1.1
6. 有效　失效

### 二、选择题

1. C　　2. C　　3. B　　4. C　　5. D　　6. A　　7. B　　8. D　　9. A
10. C　　11. B

### 三、判断题

1. √　　2. ×　　3. √　　4. ×　　5. ×　　6. ×

### 四、名词解释

1. 作用：施加在结构上的集中力或分布力和引起结构外加变形或约束变形的原因。
2. 永久作用：是指在设计基准期内始终存在且其量值变化与平均值相比可以忽略不计的作用，或其变化是单调的并趋于某个限值的作用。
3. 可变作用：是指在设计基准期内其值随时间而变化，且变化与平均值相比不可忽略不计的作用。
4. 偶然作用：是指在设计基准期内不一定出现，一旦出现，其值很大且持续时间很短的作用。
5. 极限状态：整个结构或结构的一部分超过某一特定状态就不能满足设计规定的某一功能要求，此特定状态为该功能的极限状态。

6. 作用标准值：作用的标准值反映了作用在设计基准期内随时间的变异，其量值应取结构设计规定期限内可能出现的最不利值，一般按作用在设计基准期内最大值概率分布的某分位值确定。

7. 可变作用的准永久值：是指在设计基准期内被超越的总时间占设计基准期的比率较大的作用值。它可通过准永久值系数对作用标准值的折减来表示。

8. 可变作用的频遇值：是指在设计基准期内被超越的总时间占设计基准期的比率较小的作用值；或被超越的频率限制在规定频率内的作用值。它可通过频遇值系数对作用标准值的折减来表示。

五、问答题

1. 答：结构的极限状态分为两类：承载能力极限状态和正常使用极限状态。

2. 答：结构或构件达到最大承载能力或者达到不适于继续承载的变形状态，称为承载能力极限状态。

超过了承载能力极限状态的情况有：

(1)结构构件或其连接因材料强度不够而破坏，或因疲劳而破坏。

(2)结构或结构的一部分作为刚体失去平衡(例如倾覆或滑移等)。

(3)结构构件产生过大的塑性变形而不能继续承载。

(4)结构或构件丧失稳定。

(5)结构转变为机动体系。

3. 答：对应于结构或结构构件达到正常使用或耐久性能的某项规定值，也就是超过了正常使用极限状态，结构或构件就不能保证适用性和耐久性的功能要求。

超过了正常使用极限状态的情况有：

(1)影响正常使用或外观的变形。

(2)影响正常使用或耐久性能的局部损坏(如过大的裂缝宽度)。

(3)影响正常使用的振动。

(4)影响正常使用的其他特定状态。

4. 答：《桥规》(JTG 3362—2018)规定，桥梁在施工和使用过程中面临的不同情况，需要考虑四种设计状况，即持久状况、短暂状况、偶然状况和地震设计状况。

(1)持久状况：所对应的是桥梁的使用阶段，也就是桥涵建成后承受的自重、车辆荷载等作用，即要进行承载能力极限状态和正常使用极限状态的计算。

(2)短暂状况：所对应的是桥梁的施工阶段和维修阶段。要进行承载能力极限状态计算，可根据需要作正常使用极限状态的计算。

(3)偶然状况：所对应的是桥梁可能遇到的撞击等状况。这种状况出现的概率极小，且持续时间极短，偶然状况一般只进行承载能力极限状态计算。

(4)地震设计状况：地震作用是一种特殊的偶然作用，与撞击等偶然作用相比，地震作用能够统计并有统计资料，可以确定其标准值。

5. 答：正常使用极限状态计算主要进行构件的抗裂验算、裂缝宽度验算和挠度验算三个方面的验算。

(1)抗裂验算,即 $\sigma \leqslant \sigma_L$,预应力混凝土受弯构件应按规定进行正截面和斜截面的抗裂验算,钢筋混凝土结构可不进行这项验算。

(2)裂缝宽度验算,即 $W_{tk} \leqslant W_L$,对于钢筋混凝土结构及容许出现裂缝的B类预应力混凝土构件,均应进行裂缝宽度验算。

(3)挠度验算,即 $f_d \leqslant f_l$,在设计钢筋混凝土与预应力混凝土构件时,必须保证其有足够的刚度,避免因产生过大的变形(挠度)而影响使用,因此,对结构变形给以限制。

6. 答:作用效应组合设计值必须小于或等于结构承载力设计值。

7. 答:使结构产生内力或变形的原因称为"作用",作用分为直接作用和间接作用两种。直接作用就是指荷载,如汽车、结构自重等施加在结构上的集中或分布力。间接作用是指对结构外形约束或引起变形的原因,例如,混凝土的收缩、温度变化、基础的不均匀沉降、地震等。间接作用不仅与外界因素有关,还与结构本身的特性有关。

8. 答:(1)只有在结构上可能同时出现的作用,才进行其效应的组合。当结构或结构构件需做不同受力方向的验算时,则应以不同方向的最不利的作用效应进行组合。

(2)当可变作用的出现对结构或结构构件产生有利影响时,该作用不应参与组合。

(3)实际不可能同时出现的作用或同时参与组合概率很小的作用,不考虑其作用效应的组合。

(4)施工阶段作用效应的组合,应按计算需要及结构所处条件而定。

(5)多个偶然作用不同时参与组合。

(6)地震作用不与偶然作用同时参与组合。

9. 答:公路桥涵结构按照承载能力极限状态设计时,对持久状况和短暂状况应采用作用的基本组合,对偶然状况应采用作用的偶然组合,对地震设计状况应采用作用的地震组合。

(1)基本组合:永久作用设计值与可变作用设计值相组合。

(2)偶然组合:永久作用标准值与可变作用某种代表值、一种偶然作用设计值相组合。

(3)作用地震组合的效应设计值:按现行《公路工程抗震规范》(JTG B02—2013)的有关规定计算。

10. 答:公路桥涵结构按照正常使用极限状态设计时,采用的组合有:

(1)作用频遇值组合:永久作用的标准值与汽车荷载的频遇值、其他可变作用准永久值相组合。

(2)作用准永久组合:永久作用标准值与可变作用的准永久值相组合。

11. 答:(1)混凝土材料的化学侵蚀。

(2)混凝土材料的碱集料反应。

(3)混凝土冻融破坏。

(4)混凝土的表面磨损。

(5)钢筋锈蚀。

12. 答:(1)确定结构和结构构件的设计使用年限。

(2)确定结构和结构构件所处的环境类别及其作用等级。

(3)提出对混凝土材料选控要求(适宜的原材料、合理的配合比、适当的耐久性指标)。

(4)采用有助于耐久性的结构构造,便于施工、检修和维护管理;采用适当的施工养护措施,满足耐久性所需的施工养护的基本要求。

(5)对于严重腐蚀环境条件下的混凝土结构,除了对混凝土本身提出相关的耐久性要求外,还应实施可靠的防腐蚀附加措施。

### 六、计算题

解:由已知结构安全等级为一级,得出结构安全系数 $\gamma_0=1.1$。

作用基本效应组合(内力组合设计值):

$$S_{ud} = \gamma_0 S(\sum_{m}^{i=1}\gamma_{Gi}G_{ik}, \gamma_{Q1}\gamma_L Q_{1k}, \psi_c \sum_{n}^{j=2}\gamma_{Lj}\gamma_{Qj}Q_{jk})$$
$$= 1.1 \times [1.2 \times 700 + 1.4 \times 500 + 0.75 \times (1.4 \times 70 + 1.1 \times 60)]$$
$$= 1\ 829.3 (kN \cdot m)$$

频遇值组合:

$$S_{fd} = S(\sum_{m}^{i=1}G_{ik}, \psi_{f1}Q_{1k}, \sum_{n}^{j=2}\psi_{qj}Q_{jk})$$
$$= 700 + 0.7 \times 500 + 0.4 \times 70 + 0.75 \times 60$$
$$= 1\ 123 (kN \cdot m)$$

准永久组合值:

$$S_{qd} = S(\sum_{m}^{i=1}G_{ik}, \sum_{n}^{j=1}\psi_{qj}Q_{jk})$$
$$= 700 + 0.4 \times 500 + 0.4 \times 70 + 0.75 \times 60$$
$$= 973 (kN \cdot m)$$

# 第三章 钢筋混凝土受弯构件构造及正截面承载力计算

**学习要点:**

本章主要介绍钢筋混凝土受弯构件(梁、板)的构造及正截面承载力计算,是全书的重点之一,要求学生重点掌握钢筋混凝土受弯构件的构造及受弯构件主钢筋的设置及计算,并具备简单钢筋混凝土梁(板)钢筋施工图的识读能力。

1. 掌握钢筋混凝土受弯构件构造特点,包括钢筋混凝土板的截面尺寸设计,钢筋混凝土板的钢筋(包括板受力钢筋及分布钢筋)构造及作用;钢筋混凝土梁的截面尺寸设计,钢筋混凝土梁的钢筋(包括主钢筋、弯起钢筋、箍筋、架立钢筋及纵向水平防裂钢筋等)构造及作用,会识读钢筋图。

2. 根据受弯构件正截面承载力的试验研究,深入理解钢筋混凝土梁受力各阶段截面应变和应力的分布、破坏特征及配筋率对破坏特征的影响;掌握钢筋混凝土梁正截面从加载到破坏,可分为三个阶段,每个受力阶段截面上应力-应变图形都有自己的特点和变化规律,分别作为抗裂、变形、承载力计算的依据。根据钢筋数量的不同,受弯构件正截面破坏时有三种破坏形态，注意它们之间的区别以及不同状态发生时相互之间的界限，注意规范以适筋破坏作为设计计算的依据。

3. 了解钢筋混凝土适筋梁正截面承载力极限状态的计算是假设在受拉钢筋屈服的同时受压区混凝土达到极限应变，即钢筋达到强度设计值，受压区混凝土应力由高次抛物线等效为矩形图式；了解钢筋混凝土受弯构件计算简图，掌握单筋矩形截面、双筋矩形截面和 T 形截面这三种最常用的受弯构件截面设计与强度复核；熟悉钢筋混凝土受弯构件的构造规定。

## A 钢筋混凝土受弯构件构造及正截面承载力计算考核内容

### 一、填空题

1. 在设计钢筋混凝土受弯构件时，受弯构件截面一般同时产生弯矩和剪力，一般应满足（　）和（　）两个方面的要求。
2. 钢筋混凝土受弯构件的主要形式是（　）和（　）。
3. 钢筋混凝土受弯构件的截面形式有（　）、（　）和（　）等。
4. 单向板的弯矩主要沿（　）方向分配，（　）方向受力很小。
5. 当按单向板设计时，除沿受力方向布置（　）外，还应在（　）的内侧布置与其垂直的（　）。
6. 仅在截面受拉区配置（　）称为单筋截面受弯构件。
7. 钢筋应力到达（　）的同时，（　）应变也恰好到达混凝土受弯时极限压应变值，这种破坏形态叫作"界限破坏"。
8. 在实际设计中，受弯构件正截面受弯承载力计算包括（　）和（　）两类问题。
9. 双筋矩形截面梁为了防止超筋破坏，应满足（　）条件，为了保证受压钢筋达到屈服强度，应满足（　）条件。
10. T 形截面梁是由（　）和（　）两个部分组成的。
11. 空心板换算为等效工字形截面的方法，是在保持（　）、（　）和（　）不变的情况下，将空心板的圆孔换算为矩形孔。

### 二、选择题

1. 下列有关单向板的说法正确的是（　）。
   A. 其受力情况与两边支撑板基本相同　　B. 两个方向同时承受弯矩
   C. 长边与短边的长度比小于 2　　　　　D. 其受力情况与四边支撑板基本相同
2. 钢筋混凝土梁中，主钢筋的混凝土保护层厚度是指（　）。
   A. 箍筋外表面至梁表面的距离　　　　B. 主筋外表面至梁表面的距离
   C. 箍筋外表面至梁中心的距离　　　　D. 主筋截面形心至梁表面的距离
3. 钢筋混凝土梁的受拉区边缘达到（　）时，受拉区开始出现裂缝。
   A. 混凝土实际的抗拉强度　　　　　　B. 混凝土的抗拉标准强度
   C. 混凝土的抗拉设计强度　　　　　　D. 混凝土弯曲时的极限拉应变

4. 下列有关受压区混凝土等效应力图示的说法错误的是( )。
   A. 以等效矩形应力图形来代替二次抛物线的应力图形
   B. 等效矩形应力图形的形心位置应与理论应力图形的总形心位置相同
   C. 二次抛物线实际图形的面积应等于矩形理论应力图形的面积
   D. 受压区混凝土等效矩形应力图宽度取抗压强度标准值

5. 在进行单筋矩形受弯构件计算时，若 $x > \xi_b h_0$，则此梁为( )，重新设计计算。
   A. 超筋梁，需要增大截面尺寸   B. 少筋梁，需要减少截面尺寸
   C. 超筋梁，需要减少截面尺寸   D. 少筋梁，需要增大截面尺寸

6. 某矩形截面简支梁 $b \times h = 200\ \text{mm} \times 500\ \text{mm}$，混凝土强度等级为C30，受拉区配置钢筋 3⌀20，$A_s = 942\ \text{mm}^2$，$\xi_b = 0.53$，$f_{cd} = 13.8\ \text{N/mm}^2$，$f_{sd} = 330\ \text{N/mm}^2$，该梁沿正截面破坏时为( )。
   A. 界限破坏    B. 适筋破坏    C. 少筋破坏    D. 超筋破坏

7. 钢筋混凝土梁内配置箍筋的目的之一是( )。
   A. 提高混凝土强度         B. 弥补纵向钢筋的不足
   C. 承受弯矩              D. 承受剪力

8. 验算 T 形截面梁的 $\rho_{min}$ 时，梁宽为( )。
   A. 梁腹宽 $b$             B. 梁翼缘宽 $b_f$
   C. 2 倍梁腹宽            D. 1.2 倍梁翼缘宽

9. 使双筋矩形梁中受压钢筋 $A_s'$ 的抗压设计强度 $f_{sd}'$ 得到充分利用的条件是( )。
   A. $\xi \leqslant \xi_b$           B. $x \geqslant 2a_s'$
   C. $\xi = \xi_b$           D. $x \leqslant \xi_b h_0$

10. 受弯构件承载力计算采用( )假定。
    A. 平截面              B. 钢筋达到极限强度
    C. 最小刚度            D. 曲率相等

11. 梁内纵向受拉钢筋的数量通过( )来确定。
    A. 构造要求    B. 计算    C. 施工条件    D. 梁的长度

12. 就破坏性质而言，适筋梁属于( )。
    A. 脆性破坏    B. 塑性破坏    C. 材料破坏    D. 失稳破坏

13. 超筋梁的正截面承载力取决于( )。
    A. 混凝土的抗压强度         B. 混凝土的抗拉强度
    C. 钢筋的强度及配筋率       D. 箍筋的强度及配筋率

14. 下列( )截面在计算正截面承载力时不可按 T 形截面处理。
    A. 工字形或 Π 形截面梁      B. 箱形截面梁
    C. 空心板                  D. 双筋矩形截面梁

15. 下列有关主钢筋布置原则的说法错误的是( )。
    A. 钢筋应由下至上          B. 钢筋应对称布置
    C. 钢筋应下细上粗          D. 上下左右对齐，便于混凝土浇筑

16. 《桥规》(JTG 3362—2018)对人行道板的主钢筋直径和间距的要求是( )。
   A. 主钢筋直径不宜小于 8 mm，在跨中和连续板支点处，板内主钢筋间距不宜大于 200 mm
   B. 主钢筋直径不宜小于 10 mm，在跨中和连续板支点处，板内主钢筋间距不宜大于 200 mm
   C. 主钢筋直径不宜小于 8 mm，在跨中和连续板支点处，板内主钢筋间距不宜大于 250 mm
   D. 主钢筋直径不宜小于 10 mm，在跨中和连续板支点处，板内主钢筋间距不宜大于 250 mm

17. 适筋梁正截面受弯破坏的三个阶段的第Ⅲ阶段末可作为( )计算的依据。
   A. 受弯构件抗裂度          B. 使用阶段验算变形
   C. 裂缝开展宽度            D. 正截面受弯承载力

18. 少筋梁的正截面承载力取决于( )。
   A. 混凝土的抗压强度        B. 混凝土的抗拉强度
   C. 钢筋的抗拉强度及配筋率  D. 钢筋的抗压强度及配筋率

### 三、判断题

1. 受力钢筋和构造钢筋的数量均由计算决定。( )
2. 墩柱式墩(台)中的盖梁属于受弯构件。( )
3. 现浇板的宽度一般较大，设计时可取单位宽度 $b=1\,000$ mm 进行计算。( )
4. 钢筋混凝土矩形梁的梁高尺寸都是按照 50 mm 一级一级增加。( )
5. 钢筋混凝土简支梁若受到两个对称集中力，则两个集中力之间的截面在忽略自重的情况下为纯弯区段。( )
6. 《桥规》(JTG 3362—2018)规定，单筋矩形截面受弯纵筋的最小配筋率 $\rho \geqslant \rho_{\min} = 45 f_{td}/f_{sd}$，且不小于 0.2%。( )
7. 在强度复核时，若算得的 $\rho < \rho_{\min}$，则此构件为少筋构件，在工程中可以使用。( )
8. 双筋矩形截面梁要求满足 $x \leqslant \xi_b h_0$ 的条件，是为了防止脆性破坏。( )
9. 在受弯构件正截面承载力计算公式中，$x$ 并非截面实际的受压区高度。( )
10. T 形截面梁受力后翼缘上的纵向压应力是不均匀分布的，离梁肋越远，压应力越大。( )
11. T 形截面受弯构件进行截面设计时，判别其为第一类 T 形截面的条件是 $f_{sd}A_s \leqslant f_{cd}b'_f h'_f$。( )
12. 在适筋梁受力的三个阶段中，沿截面高度的应变(平均应变)基本符合平截面假定。( )
13. 双筋截面一般不会出现少筋破坏情况，故不必验算最小配筋率。( )
14. T 形截面受弯构件进行截面设计时，当为第二类 T 形截面时，可以看作宽度为 $b'_f$ 的矩形截面。( )
15. 由于简支板桥在支点截面所受弯矩为零，所以，在支点截面主钢筋就可以截断。( )

16. 纵向水平防裂钢筋是当梁高大于 1 000 mm 时设置，并且应该设为上疏下密。（    ）

## 四、名词解释

1. 双筋矩形截面
2. 混凝土受压高度系数
3. 配筋率
4. 单向板
5. 双向板

## 五、问答题

1. 简述钢筋混凝土梁内钢筋骨架的组成及其各自的作用。
2. 简述钢筋混凝土板的钢筋构造。
3. 普通钢筋混凝土保护层的作用是什么？其最小值是多少？
4. 钢筋混凝土适筋梁正截面受弯破坏分为几个阶段？各阶段受力特点是怎样的？
5. 什么是钢筋混凝土适筋梁的塑性破坏？
6. 受弯构件正截面承载力计算有哪些基本假定？
7. 钢筋混凝土梁正截面有几种破坏形态？各有何特点？
8. 在什么情况下可采用双筋矩形截面梁？
9. 两种 T 形截面梁应如何判别？
10. 什么叫作翼缘的计算宽度？实际工程中如何取值？
11. 板内分布钢筋的作用是什么？
12. 写出纵向受力钢筋合力作用点至受拉边缘的距离 $a_s$ 的计算公式，并说明公式中参数的含义。
13. 简述单筋矩形受弯构件在截面尺寸已知及未知两种情况下截面设计的计算步骤。
14. 简述单筋矩形受弯构件截面复核的计算步骤。
15. 简述双筋矩形受弯构件在受压钢筋面积已知和未知两种情况下截面设计的计算步骤。
16. 简述双筋矩形受弯构件截面复核的计算步骤。
17. 简述 T 形受弯构件截面设计的计算步骤。
18. 简述 T 形受弯构件截面复核的计算步骤。
19. 某双筋矩形截面梁，其截面尺寸为 $b \times h = 500\text{ mm} \times 1\,000\text{ mm}$，受拉钢筋为 HRB400 级 13$\Phi$25，受压钢筋为 3$\Phi$25，钢筋的外径为 28.4 mm，试绘图标出各主钢筋的最佳位置，并校核净距 $S_n$。
20. 某单筋矩形截面梁，其截面尺寸为 $b \times h = 200\text{ mm} \times 500\text{ mm}$，受拉钢筋的牌号为 HRB400 级 4$\Phi$22＋2$\Phi$18，4$\Phi$22 的钢筋面积为 1 520 mm²，外径为 25.1 mm，2$\Phi$18 的钢筋面积为 509 mm²，外径为 20.5 mm，试求受拉钢筋合力作用点到受拉混凝土边缘的距离 $a_s$。
21. 某一钢筋混凝土简支矩形梁，截面尺寸为 $b \times h = 250\text{ mm} \times 500\text{ mm}$，原设计钢筋为牌号 HRB400、直径 6$\Phi$25 的钢筋，但若施工单位无此钢筋，仅有牌号为 HRB400、直径为 $\Phi$28 的钢筋，请问能否替换，用 $\Phi$28 的钢筋需要几根？

22. 矩形截面悬臂梁，承担负弯矩的纵向受拉钢筋为HRB400级4$\Phi$25，外径为28.4 mm，如果排成一排，则梁的宽度$b$至少应为多少？绘出钢筋布置图。

### 六、计算题

1. 已知：矩形截面尺寸$b \times h$为250 mm×500 mm，承受的弯矩组合设计值$M_d = 136$ kN·m，结构重要性系数$\gamma_0 = 1.0$；拟采用C30混凝土，HRB400级钢筋。试为钢筋混凝土矩形截面梁进行配筋。

2. 已知：一钢筋混凝土矩形梁需承受的弯矩组合设计值$M_d = 130$ kN·m，结构重要性系数$\gamma_0 = 1.1$；拟采用C30混凝土、HRB400级钢筋。试进行截面设计并配筋。

3. 一单筋矩形截面，截面尺寸$b \times h$为250 mm×500 mm，结构重要性系数$\gamma_0 = 1.0$；采用C30混凝土，钢筋为HRB400级3$\Phi$20，试求此梁所能承受的最大弯矩。

4. 某一钢筋混凝土梁，矩形截面尺寸$b \times h$为200 mm×400 mm，结构重要性系数$\gamma_0 = 1.0$；采用C30混凝土，钢筋为HRB400级6$\Phi$20，试求此梁所能承受的最大弯矩。

5. 有一截面尺寸为250 mm×550 mm的矩形梁，尺寸不能更改，混凝土强度等级不能提高，所承受的最大弯矩组合设计值$M_d = 410$ kN·m，结构重要性系数$\gamma_0 = 1.1$，拟采用C30混凝土，HRB400级钢筋，$f_{cd} = 13.8$ MPa，$f_{sd} = 330$ MPa，$f'_{sd} = 330$ MPa，$\xi_b = 0.53$。试选择截面配筋，并复核正截面承载能力。

6. 一双筋矩形截面尺寸$b \times h$为200 mm×450 mm，承受的弯矩组合设计值$M_d = 200$ kN·m，结构重要性系数$\gamma_0 = 1.0$；拟采用C30混凝土，HRB400级钢筋，受压钢筋为2$\Phi$14，试进行配筋。

7. T形梁截面尺寸如图1-1所示，梁高$h = 700$ mm，有效翼缘宽度$b'_f = 600$ mm，梁肋宽$b = 300$ mm，翼缘高为$h'_f = 120$ mm，所承受的弯矩组合设计值$M_d = 550$ kN·m，结构重要性系数$\gamma_0 = 1.0$。拟采用C30混凝土，HRB400级钢筋，$f_{cd} = 13.8$ MPa，$f_{td} = 1.39$ MPa，$f_{sd} = 330$ MPa，$\xi_b = 0.53$。试选择钢筋，并复核正截面承载能力。

8. 预制的钢筋混凝土简支空心板，截面尺寸如图1-2所示，截面宽度$b = 1\,000$ mm，截面高度$h = 450$ mm，截面承受的弯矩组合设计值$M_d = 500$ kN·m，结构重要性系数$\gamma_0 = 1.1$。拟采用C30混凝土，HRB400级钢筋，$f_{cd} = 13.8$ MPa，$f_{td} = 1.39$ MPa，$f_{sd} = 330$ MPa，$\xi_b = 0.53$。试选择纵向受拉钢筋，并复核承载能力。

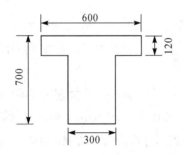

图1-1 T形梁截面尺寸(单位：mm)

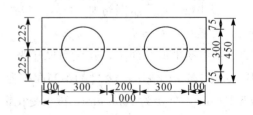

图1-2 钢筋混凝土空心板截面尺寸(单位：mm)

9. 一钢筋混凝土 T 形截面梁，$b_f'=500$ mm，$h_f'=100$ mm，$b=200$ mm，$h=500$ mm，混凝土强度等级为 C30（$f_{cd}=13.8$ MPa，$f_{td}=1.39$ MPa），选用 HRB400 级钢筋（$f_{sd}=330$ MPa），$\xi_b=0.53$，$\gamma_0=1.0$，环境类别是 I 类，截面所承受的弯矩设计值 $M_d=280$ kN·m。试选择纵向受拉钢筋。

10. 某简支 T 形梁，其截面尺寸为梁高 $h=700$ mm，有效翼缘宽度 $b_f'=700$ mm，梁肋宽 $b=300$ mm，翼缘高 $h_f'=120$ mm，所承受的弯矩组合设计值 $M_d=576$ kN·m，钢筋配置如图 1-3 所示，结构重要性系数 $\gamma_0=1.0$。拟采用 C30 混凝土，HRB400 级钢筋，$f_{cd}=13.8$ MPa，$f_{td}=1.39$ MPa，$f_{sd}=330$ MPa，$\xi_b=0.53$。试对该截面进行复核。

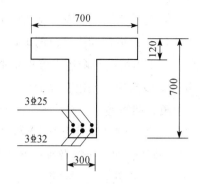

图 1-3　某简支 T 形梁钢筋布置图（单位：mm）

## B　钢筋混凝土受弯构件构造及正截面承载力计算考核答案

### 一、填空题
1. 正截面强度计算　斜截面强度计算
2. 板　梁
3. 矩形　T 形　箱形
4. 短边　长边
5. 受拉钢筋　受拉钢筋　分布钢筋
6. 受力钢筋的受弯构件
7. 屈服强度　受压区边缘
8. 截面设计　截面复核
9. $x \leqslant \xi_b h_0$　　$x \geqslant 2a_s'$
10. 翼缘板　腹板
11. 截面面积　惯性矩　形心位置

### 二、选择题
1. A　2. B　3. C　4. D　5. A　6. B　7. D　8. A　9. B
10. A　11. B　12. B　13. A　14. D　15. C　16. A　17. D　18. B

### 三、判断题
1. ×　2. √　3. √　4. ×　5. √　6. √　7. ×　8. √　9. √
10. ×　11. ×　12. √　13. √　14. ×　15. ×　16. √

### 四、名词解释
1. 双筋矩形截面：同时配置受拉和受压钢筋的矩形截面称为双筋矩形截面。
2. 混凝土受压高度系数：其值为相对于"界限破坏"时的混凝土受压区高度与有效高度

的比值。

3. 配筋率：配筋率 $\rho$ 是指纵向受力钢筋截面面积与正截面有效面积的比值。

4. 单向板：四边支撑的板，当 $L/b \geq 2$ 时，弯矩主要沿短边方向分配，长边方向受力很小，其受力情况与两边支撑板基本相同，故称单向板。

5. 双向板：四边支撑的板，当 $L/b < 2$ 时，两个方向同时承受弯矩，故称双向板。

### 五、问答题

1. 答：钢筋混凝土梁内钢筋骨架主要包括主钢筋（纵向受力钢筋）、弯起钢筋（或斜钢筋）、箍筋、架立钢筋及纵向水平防裂钢筋。

(1) 主钢筋：受拉主钢筋承受拉应力，受压主钢筋则承受压应力。

(2) 弯起钢筋（或斜钢筋）：为满足斜截面抗剪强度而设置。

(3) 箍筋：除了满足斜截面抗剪强度外，另外用它来固定主钢筋的位置而使梁内各种钢筋构成钢筋骨架。

(4) 架立钢筋：主要为构造上或施工上的要求而设置。

(5) 纵向水平防裂钢筋：抵抗温度应力及混凝土收缩应力，同时与箍筋共同构成网格骨架，以利于应力的扩散。

2. 答：(1) 板的受力钢筋：板的纵向受拉钢筋布置在板的受拉区。

(2) 板的分布钢筋：当按单向板设计时，除沿受力方向布置受拉钢筋外，还应在受拉钢筋的内侧布置与其垂直的分布钢筋。

3. 答：普通钢筋保护层厚度取钢筋外缘至混凝土表面的距离。钢筋保护层是保护钢筋在自然环境因素和使用环境条件下不受有害介质侵蚀，防止钢筋锈蚀造成的危害。

不应小于钢筋公称直径；当钢筋为束筋时，保护层厚度不应小于束筋的等代直径，且同时满足表 1-1 的要求。

表 1-1 混凝土保护层最小厚度 $c_{\min}$      mm

| 构件类型 | 梁、板、塔、拱圈、涵洞上部 | |
|---|---|---|
| 设计使用年限 | 100 年 | 50 年、30 年 |
| Ⅰ类—一般环境 | 20 | 20 |
| Ⅱ类—冻融环境 | 30 | 25 |
| Ⅲ类—近海或海洋氯化物环境 | 35 | 30 |
| Ⅳ类—除冰盐等其他氯化物环境 | 30 | 25 |
| Ⅴ类—盐结晶环境 | 30 | 25 |
| Ⅵ类—化学腐蚀环境 | 35 | 30 |
| Ⅶ类—腐蚀环境 | 35 | 30 |

4. 答：钢筋混凝土适筋梁正截面受弯破坏分为三个阶段：

(1) 第Ⅰ阶段：混凝土开裂前的未裂阶段。受力特点是：

1)混凝土没有开裂。

2)受压区混凝土的应力图形是直线,受拉区混凝土的应力图形在第Ⅰ阶段前期是直线,后期是曲线。

3)弯矩与截面曲率基本上是直线关系。

(2)第Ⅱ阶段:混凝土开裂后至钢筋屈服前的裂缝阶段。受力特点是:

1)在裂缝截面处,受拉区大部分混凝土退出工作,拉力主要由纵向受拉钢筋承担,但钢筋没有屈服。

2)受压区混凝土已有塑性变形,但不充分,压应力图形为只有上升段的曲线。

3)弯矩与截面曲率是曲线关系,截面曲率与挠度的增长加快。

(3)第Ⅲ阶段:钢筋开始屈服至截面破坏的破坏阶段。受力特点是:

1)受拉区大部分混凝土已退出工作,受压区混凝土压应力曲线图形为高次抛物线。

2)受压区混凝土合压力作用点外移,使内力臂增大,故弯矩还略有增加。

3)受压区边缘混凝土压应变达到其极限压应变试验值时,混凝土被压碎,截面破坏。

4)集中力-曲率关系为接近水平的曲线。

5. 答:钢筋混凝土适筋梁由于破坏始自受拉区钢筋的屈服,钢筋要经历较大的塑性变形,随之引起裂缝急剧开展和梁挠度的激增,它将给人以明显的破坏预兆,这就是钢筋混凝土适筋梁的塑性破坏。

6. 答:(1)平截面假定:假设在弯矩变形后构件截面仍保持为平面。

(2)不考虑受拉区混凝土参与工作,受拉区混凝土开裂后退出工作,拉力全部由受拉区的钢筋来承担,认为在正截面破坏时,受弯、大偏心受压、大偏心受拉构件的受拉主筋均达到抗拉强度设计值。

(3)钢筋与混凝土之间无粘结滑移破坏,钢筋的应变与其所在位置混凝土的应变一致。

7. 答:受弯构件正截面受弯破坏形态有适筋破坏、超筋破坏和少筋破坏三种。

(1)适筋破坏形态,特点是纵向受拉钢筋先达到屈服强度,裂缝开展,受压区混凝土面积减小,受压区混凝土随后被压碎,钢筋的抗拉强度和混凝土的抗压强度都得到发挥。它将给人以明显的破坏预兆,属于塑性破坏类型。

(2)超筋破坏形态,特点是破坏始自受压区混凝土的压碎。在受压区边缘纤维应变到达混凝土受弯极限压应变时,钢筋应力尚小于屈服强度,但此时梁已破坏。它在没有明显预兆的情况下由于受压区混凝土突然压碎而破坏,故习惯上常称之为"脆性破坏"。

(3)少筋破坏形态,特点是混凝土一旦开裂,受拉钢筋立即达到屈服强度,有时可迅速经历整个流幅而进入强化阶段,裂缝延伸,开展宽度大,在个别情况下,钢筋甚至可能被拉断,它的承载力取决于混凝土的抗拉强度,承载能力低,属于脆性破坏类型,故结构设计中不允许采用。

8. 答:(1)当矩形截面承受的弯矩较大,截面尺寸又受到限制不能更改,混凝土强度等级不可能提高,按单筋设计无法满足 $x \leqslant \xi_b h_0$ 时,就需要在受压区配置受压钢筋 $A_s'$ 来帮助混凝土受压。

(2)截面承受异号弯矩,这时在截面上下均需配置受力钢筋,有时根据构造要求,有些构造钢筋需贯穿全梁时,若计算中考虑截面受压部分受压钢筋的作用,则也可以按双筋处理(例如连续梁支点及支点附近截面)。

(3)有时设置双筋矩形可提高抗震性能。

9. 答:第一种T形截面梁:$\gamma_0 M_d \leqslant f_{cd} b'_f h'_f (h_0 - h'_f/2)$——适用于截面选择;

$f_{sd} A_s \leqslant f_{cd} b'_f h'_f$——适用于承载力复核。

第二种T形截面梁:$\gamma_0 M_d > f_{cd} b'_f h'_f (h_0 - h'_f/2)$——适用于截面选择;

$f_{sd} A_s > f_{cd} b'_f h'_f$——适用于承载力复核。

10. 答:T形截面梁受力后,翼缘上的纵向压应力是不均匀分布的,离梁肋越远,压应力越小,故在设计中把翼缘限制在一定范围内,称为翼缘的计算宽度$b'_f$,并假定在$b'_f$范围内压应力是均匀分布的,翼缘的应力值等于其峰值应力。

《桥规》(JTG 3362—2018)规定,翼缘计算宽度$b'_f$可按下列规定中的最小值采用。

(1)内梁翼缘的计算宽度取下列三者中的最小值:

1)对于简支梁,为计算跨径的1/3。对于连续梁,各中间跨正弯矩区段,取该跨计算跨径的0.2;边跨正弯矩区段,取该跨计算跨径的0.27;各中间点负弯矩区段,则取该支点相邻两跨计算跨径之和的0.07。

2)相邻两梁的平均间距。

3)$b + 2b_h + 12h'_f$。

(2)外梁翼缘的计算宽度取相邻内梁翼缘计算宽度的一半,加上腹板宽度的1/2,再加上外侧悬臂板平均厚度的6倍或外侧悬臂板实际宽度两者中的较小值。

11. 答:(1)把荷载分布到板的各受力钢筋上去。

(2)承担混凝土收缩及温度变化在垂直于受力钢筋方向所产生的拉应力。

(3)固定受力钢筋的位置。

12. 答:
$$a_s = \frac{\sum f_{sdi} A_{si} a_{si}}{\sum f_{sdi} A_{si}}$$

式中 $A_s$——纵向受力钢筋截面面积($A_{si}$为第$i$种纵向受力钢筋截面面积);

$a_s$——纵向受力钢筋合力作用点至受拉边缘的距离($a_{si}$为第$i$种纵向受力钢筋合力作用点至截面受拉边缘的距离);

$f_{sdi}$——第$i$种纵向受力钢筋抗拉强度的设计值。

13. 答:(1)第一种情况。截面尺寸及材料已定,根据已知弯矩组合设计值,计算确定并选择钢筋截面面积。

计算步骤:1)假设钢筋截面重心到截面受拉边缘距离$a_s$,求解$h_0 = h - a_s$。

2)求截面受压区高度$x = h_0 - \sqrt{h_0^2 - \frac{2\gamma_0 M_d}{f_{cd} b}}$,并满足$x \leqslant \xi_b h_0$,若$x > \xi_b h_0$,则此梁为超筋梁,需要增大截面尺寸,重新设计计算。

3)求得钢筋截面面积$A_s = \dfrac{\gamma_0 M_d}{f_{sd}\left(h_0 - \dfrac{x}{2}\right)}$。

4)根据构造要求布置钢筋。

5)校核修正假定的$a_s$,验算配筋率。

(2)第二种情况。截面尺寸未知,根据已知的材料强度等级及设计弯矩值,计算确定并选择截面尺寸和配置钢筋。

计算步骤:1)在经济配筋率内选定$\rho$(对矩形梁,取$\rho=0.006\sim0.015$;对板,取$\rho=0.003\sim0.008$)。

2)按公式$f_{sd}A_s=f_{cd}bx$,两边同时除以$bh_0$,可根据$\xi=\rho\dfrac{f_{sd}}{f_{cd}}$求出$\xi$。

3)代入$h_0=\sqrt{\dfrac{\gamma_0 M_d}{\xi(1-0.5\xi)f_{cd}b}}$中,求出$h=h_0+a_s$,并使尺寸模数化。

4)假设$a_s$,根据已设计的$h$求出$h_0=h-a_s$。

5)求截面受压区高度$x=h_0-\sqrt{h_0^2-\dfrac{2\gamma_0 M_d}{f_{cd}b}}$,并满足$x\leqslant\xi_b h_0$。

6)求得钢筋截面面积$A_s=\dfrac{\gamma_0 M_d}{f_{sd}\left(h_0-\dfrac{x}{2}\right)}$。

7)根据构造要求布置钢筋。

8)校核验算假定的$a_s$,验算配筋率。

14. 答:(1)检查钢筋布置是否符合规范要求。

(2)计算配筋率且应满足$\rho=\dfrac{A_s}{bh_0}\geqslant\rho_{\min}$。若$\rho<\rho_{\min}$,为少筋构件,在工程中禁止使用。

(3)计算受压区高度系数$\xi=\rho\dfrac{f_{sd}}{f_{cd}}$。

若$\xi\leqslant\xi_b$,则$M_u=f_{cd}bh_0^2\xi(1-0.5\xi)$;若$\xi>\xi_b$,则为超筋截面,则取$\xi=\xi_b$,其承载力为$M_u=f_{cd}bh_0^2\xi_b(1-0.5\xi_b)$。

(4)最后校核$M_u$是否大于等于$\gamma_0 M_d$。

15. 答:(1)第一种情况。已知截面尺寸、弯矩设计值、材料等级,求:受拉钢筋及受压钢筋的设置。

计算步骤:1)假设$a_s$和$a_s'$,求得$h_0=h-a_s$。

2)验算是否需要采用双筋截面。当$\gamma_0 M_d>M_{d1}=f_{cd}bh_0^2\xi_b(1-0.5\xi_b)$时,则需采用双筋配筋。

3)求$A_s'$,取$x=\xi_b h_0$,代入$\gamma_0 M_d\leqslant M_u=f_{cd}bx\left(h_0-\dfrac{x}{2}\right)+f_{sd}'A_s'(h_0-a_s')$中,求出受压钢筋面积$A_s'$。

4)将$x=\xi_b h_0$及$A_s'$值代入$f_{cd}bx+f_{sd}'A_s'=f_{sd}A_s$中,求出受拉钢筋面积$A_s$。

5)分别选择受压钢筋和受拉钢筋直径及根数,并进行截面钢筋布置。

6)校核验算假定的$a_s$及$a_s'$。

(2)第二种情况。已知截面尺寸、弯矩设计值、受压钢筋面积、材料等级,求:受拉钢筋的设置。

计算步骤:1)假设$a_s$,求得$h_0=h-a_s$。

2)求受压区高度 $x$，利用下式解一元二次方程组即可求得 $x$。

$$\gamma_0 M_d \leqslant M_u = f_{cd}bx\left(h_0 - \frac{x}{2}\right) + f'_{sd}A'_s(h_0 - a'_s)$$

3)当 $x<2a'_s$ 时，取 $x=2a'_s$，则 $A_s = \frac{\gamma_0 M_d}{f_{sd}(h_0 - a'_s)}$；当求得的受拉钢筋总截面面积大于不考虑受压钢筋的总截面面积时，则计算时可不计受压钢筋的作用，按单筋截面计算受拉钢筋。

4)当 $2a'_s \leqslant x \leqslant \xi_b h_0$ 时，则利用 $f_{cd}bx + f'_{sd}A'_s = f_{sd}A_s$ 求出 $A_s$。

5)若 $x > \xi_b h_0$，则说明受压钢筋面积 $A'_s$ 配置较少，应加大受压钢筋面积，重新计算，直至满足要求。

6)选择受拉钢筋直径及根数，并布置钢筋。

7)校核验算假定的 $a_s$ 及 $a'_s$。

16. 答：(1)检查钢筋布置是否符合规范要求。

(2)计算受压区高度 $x$。

$$x = \frac{f_{sd}A_s - f'_{sd}A'_s}{f_{cd}b}$$

(3)根据 $x$ 值的大小，分三种情况验算正截面承载力。

1)当 $2a'_s \leqslant x \leqslant \xi_b h_0$ 时，采用下式验算：

$$M_u = f_{cd}bx\left(h_0 - \frac{x}{2}\right) + f'_{sd}A'_s(h_0 - a'_s)$$

判断是否大于或等于 $\gamma_0 M_d$。

2)当 $x < 2a'_s$ 时，采用下式验算：

$$M_u = f_{sd}A_s(h_0 - a'_s)$$

判断是否大于或等于 $\gamma_0 M_d$。

如不计受压钢筋的作用，截面的承载力比上式结果大，则按单筋截面复核。

3)当 $x > \xi_b h_0$ 时，令 $x = \xi_b h_0$，按下式验算：

$$M_u = f_{cd}bh_0^2 \xi_b(1 - 0.5\xi_b) + f'_{sd}A'_s(h_0 - a'_s)$$

判断是否大于或等于 $\gamma_0 M_d$。

17. 答：(1)假设 $a_s$，求得 $h_0 = h - a_s$。

(2)判别 T 形截面类型。

$\gamma_0 M_d \leqslant f_{cd}b'_f h'_f(h_0 - h'_f/2) \rightarrow$ 第一种 T 形截面；

$\gamma_0 M_d > f_{cd}b'_f h'_f(h_0 - h'_f/2) \rightarrow$ 第二种 T 形截面。

(3)第一种 T 形截面。计算方法与 $b'_f \times h$ 的单筋矩形梁完全相同，即先求出受压区高度 $x = h_0 - \sqrt{h_0^2 - \frac{2\gamma_0 M_d}{f_{cd}b'_f}}$，再求得钢筋截面面积 $A_s = \frac{\gamma_0 M_d}{f_{sd}\left(h_0 - \frac{x}{2}\right)}$，根据构造要求布置钢筋，计算配筋率且应满足 $\rho = \frac{A_s}{bh_0} \geqslant \rho_{min}$。

(4)第二种 T 形截面。由公式 $\gamma_0 M_d \leqslant M_u = f_{cd}(b'_f - b)h'_f(h_0 - h'_f/2) + f_{cd}bx(h_0 - x/2)$ 解

出 $x$ 值,并且满足 $h'_f<x\leqslant\xi_b h_0$,若 $x>\xi_b h_0$,则可采取提高混凝土级别、修改截面尺寸等措施。将各已知值及满足条件的 $x$ 值代入 $f_{cd}(b'_f-b)h'_f+f_{cd}bx=f_{sd}A_s$ 中,即可求得所需受拉钢筋的面积。

(5)选择钢筋直径和数量,按照构造要求进行布置。

(6)校核验算假定的 $a_s$。

18. 答:(1)检查钢筋布置是否符合规范要求。

(2)判别 T 形截面类型。

$f_{sd}A_s\leqslant f_{cd}b'_f h'_f$ →第一种 T 形截面;

$f_{sd}A_s>f_{cd}b'_f h'_f$ →第二种 T 形截面。

(3)第一种 T 形截面。按 $b'_f\times h$ 单筋矩形梁的计算方法求 $M_u$。

(4)第二种 T 形截面。利用公式 $f_{cd}(b'_f-b)h'_f+f_{cd}bx=f_{sd}A_s$,先求出 $x$ 值。

若 $x\leqslant\xi_b h_0$,把 $x$ 值代入 $M_u=f_{cd}(b'_f-b)h'_f(h_0-h'_f/2)+f_{cd}bx(h_0-x/2)$ 中,即可求出 $M_u$ 值;若 $x>\xi_b h_0$,取 $x=\xi_b h_0$,代入方程,求得 $M_u$ 值。

(5)当 $M_u\geqslant\gamma_0 M_d$ 时,满足要求;否则为不安全。

19. 答:先假设一排最多能布 $n$ 根。

$$30\times 2+28.4\times n+(n-1)\times 30\leqslant 500$$

得到 $n\leqslant 8.05$。

根据钢筋布置原则,选择受拉主筋分两层布置,即下层七根,上层六根。

受压主筋布置一层:

$$s_n=\frac{500-28.4\times 7-2\times 30}{6}=40.2(mm)>30\ mm$$

$$s'_n=\frac{500-28.4\times 3-2\times 30}{2}=177.4(mm)>30\ mm$$

钢筋布置如图 1-4 所示。

20. 解:$a_s=\dfrac{\sum f_{sdi}A_{si}a_{si}}{\sum f_{sdi}A_{si}}$

由于 4⊕22+2⊕18 钢筋均为 HRB400 级,所以两种纵向受力钢筋抗拉强度的设计值相同,该公式可写为

$$a_s=\frac{\sum A_{si}a_{si}}{\sum A_{si}}$$

$$=\frac{1\ 520\times\left(30+\dfrac{25.1}{2}\right)+509\times\left(30+25.1+\dfrac{20.5}{2}+30\right)}{1\ 520+509}$$

$$=56$$

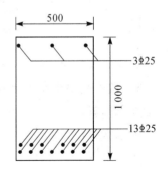

图 1-4 某双筋矩形截面梁配筋图(单位:mm)

钢筋布置如图 1-5 所示。

21. 答:能替换。由于 6⊕25 的钢筋面积 $A_s=2\ 945\ mm^2$,只要所替换的钢筋面积大于等于原钢筋面积即可。

由于 5⊕28 的钢筋面积 $A_s=3\ 079\ mm^2$,所以可以用 5⊕28 来替换 6⊕25。

22. 答：$b_{min}=2\times30+4\times28.4+(4-1)\times30=263.6(mm)$

所以梁的宽度至少应为 300 mm。钢筋布置如图 1-6 所示。

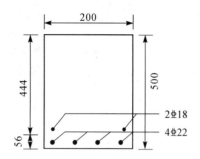
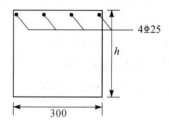

图 1-5　某单筋矩形截面梁钢筋布置图(单位：mm)　　图 1-6　某矩形悬臂梁钢筋布置图(单位：mm)

## 六、计算题

1. 解：查表确定：$f_{cd}=13.8 \text{ N/mm}^2$，$f_{sd}=330 \text{ N/mm}^2$，$f_{td}=1.39 \text{ N/mm}^2$，$\xi_b=0.53$。

(1)假设 $a_s=40$ mm，则 $h_0=500-40=460(mm)$。

(2)由公式 $\gamma_0 M_d \leqslant M_u = f_{sd} A_s \left(h_0 - \dfrac{x}{2}\right)$ 得：

$$x = h_0 - \sqrt{h_0^2 - \dfrac{2\gamma_0 M_d}{f_{cd} b}}$$

$$= 460 - \sqrt{460^2 - \dfrac{2\times1.0\times136\times10^6}{13.8\times250}} = 95.64(mm)$$

$x=95.64 \text{ mm} < \xi_b h_0 = 0.53\times460 = 243.8(mm)$。

(3)受拉钢筋截面面积 $A_s$。

$$A_s = \dfrac{f_{cd}}{f_{sd}} b x$$

$$= \dfrac{13.8\times250\times95.64}{330} = 999.87(mm^2)$$

选用 4⌀18，$A_s = 1\,018 \text{ mm}^2$。

(4)按构造要求布置钢筋(图 1-7)。布置一排钢筋所需的最小截面宽为

$b_{min}=2\times30+4\times20.5+3\times30=232(mm)<250 \text{ mm}$

钢筋可按一排布置：$a_s=30+20.5/2=40(mm)$，满足保护层要求。

梁的实际有效高度：$h_0=500-\left(30+\dfrac{20.5}{2}\right)=460(mm)$

实际配筋率：$\rho = \dfrac{A_s}{bh_0} = \dfrac{1\,018}{250\times460} = 0.89\% > 0.2\%$，

$\rho_{min} = 45 f_{td}/f_{sd} = 45\times\dfrac{1.39}{330} = 0.19\%$

符合要求。

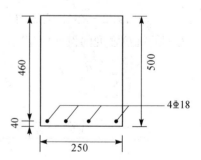

图 1-7　计算题 1 的钢筋布置图(单位：mm)

2. 解：查表确定 $\gamma_0=1.1$，$f_{cd}=13.8$ N/mm$^2$，$f_{sd}=330$ N/mm$^2$，$f_{td}=1.39$ N/mm$^2$，$\xi_b=0.53$。

(1)假设 $a_s=45$ mm，设 $\rho=0.01$，截面宽 $b=200$ mm，则

$$\xi=\rho\frac{f_{sd}}{f_{cd}}=0.01\times\frac{330}{13.8}=0.239$$

(2)计算截面有效高度。

由公式 $\gamma_0 M_d \leqslant M_u = f_{sd} A_s \left(h_0-\dfrac{x}{2}\right)$ 得：

$$h_0=\sqrt{\frac{\gamma_0 M_d}{\xi(1-0.5\xi)f_{cd}b}}$$
$$=\sqrt{\frac{1.1\times130\times10^6}{0.239\times(1-0.5\times0.239)\times13.8\times200}}$$
$$=496(\text{mm})$$

$h=h_0+a_s=496+45=541$(mm)

(3)截面高度尺寸模数化，取梁高为 550 mm，比例合理。

(4)假设 $a_s=45$ mm，则 $h_0=550-45=505$(mm)。

(5)由公式 $\gamma_0 M_d \leqslant M_u = f_{sd} A_s \left(h_0-\dfrac{x}{2}\right)$ 得：

$$x=h_0-\sqrt{h_0^2-\frac{2\gamma_0 M_d}{f_{cd}b}}$$
$$=505-\sqrt{505^2-\frac{2\times1.1\times130\times10^6}{13.8\times200}}=115.9(\text{mm})$$

$x=115.9$ mm $<\xi_b h_0=0.53\times505=267.65$(mm)。

(6)受拉钢筋截面面积 $A_s$。

$$A_s=\frac{f_{cd}}{f_{sd}}bx$$
$$=\frac{13.8\times200\times115.98}{330}=970(\text{mm}^2)$$

选用 2$\Phi$25，$A_s=982$ mm$^2$。

(7)按构造要求布置钢筋(图 1-8)。布一排钢筋所需的最小截面宽为

$$b_{min}=2\times30+3\times28.4+30=175.2(\text{mm})\leqslant 200 \text{ mm}$$

钢筋可按一排布置：$a_s=30+28.4/2=44.2$(mm)，满足保护层要求。

梁的实际有效高度：$h_0=550-\left(30+\dfrac{28.4}{2}\right)=505.8$(mm)

实际配筋率：$\rho=\dfrac{A_s}{bh_0}=\dfrac{982}{200\times505.8}=0.97\% > 0.2\%$

$\rho_{min}=45 f_{td}/f_{sd}=45\times\dfrac{1.39}{330}=0.19\%$

符合要求。

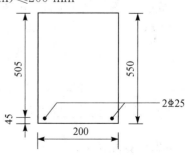

图 1-8 计算题 2 的钢筋布置图(单位：mm)

3. 解：查表得 $f_{cd}=13.8$ N/mm², $f_{td}=1.39$ N/mm²，$f_{sd}=330$ N/mm²，$\xi_b=0.53$，$A_s=942$ mm²。

(1)复核截面是否满足规范要求(图1-9)。

$c=30$ mm

$a_s=30+\dfrac{22.7}{2}=41.35(\text{mm})$

$h_0=500-41.35=458.65(\text{mm})$

$s_n=\dfrac{250-2\times30-3\times22.7}{2}=60.95(\text{mm})>30$ mm

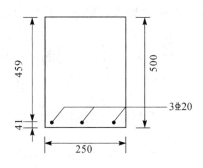

图 1-9 计算题 3 的钢筋布置图(单位：mm)

(2)验算配筋率。

$$\rho=\dfrac{A_s}{bh_0}$$

$$=\dfrac{942}{250\times458.65}=0.82\%>0.2\%$$

$$\rho_{\min}=45f_{td}/f_{sd}=45\times\dfrac{1.39}{330}=0.19\%$$

(3)求受压区高度 $x$。

$$x=\dfrac{f_{sd}A_s}{f_{cd}b}$$

$$=\dfrac{330\times942}{13.8\times250}=90.1(\text{mm})<\xi_b h_0=0.53\times458.65=243.08(\text{mm})$$

所以不会发生超筋破坏。

(4)求抗弯承载力。

$$M_u=f_{cd}bx\left(h_0-\dfrac{x}{2}\right)$$

$$=13.8\times250\times90.1\times\left(458.65-\dfrac{90.1}{2}\right)$$

$$=128\ 565\ 492(\text{N}\cdot\text{m})=128.57\text{ kN}\cdot\text{m}$$

此梁所能承受的最大弯矩为 128.57 kN·m。

4. 解：查表得 $f_{cd}=13.8$ N/mm²，$f_{td}=1.39$ N/mm²，$f_{sd}=330$ N/mm²，$\xi_b=0.53$，$A_s=1\ 884$ mm²。

解：(1)复核截面是否满足规范要求(图1-10)。

$c=30$ mm

$a_s=30+22.7+\dfrac{30}{2}=67.7(\text{mm})$

$h_0=400-67.7=332.3(\text{mm})$

$s_n=\dfrac{200-2\times30-3\times22.7}{2}=36(\text{mm})>30$ mm

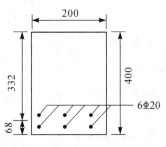

图 1-10 计算题 4 的钢筋布置图(单位：mm)

(2)验算配筋率。

$$\rho=\dfrac{A_s}{bh_0}$$

$$= \frac{1884}{200 \times 332.3}$$

$$= 2.83\% > 0.2\%$$

$$\rho_{min} = 45 f_{td}/f_{sd} = 45 \times \frac{1.39}{330} = 0.19\%$$

(3)求受压区高度 $x$。

$$x = \frac{f_{sd}A_s}{f_{cd}b}$$

$$= \frac{330 \times 1884}{13.8 \times 200} = 225.26(\text{mm}) > \xi_b h_0 = 0.53 \times 332.3 = 176.12(\text{mm})$$

所以此设计是超筋设计，取 $x = \xi_b h_0 = 176.12$ mm 代入方程。

(4)求抗弯承载力。

$$M_u = f_{cd}bx\left(h_0 - \frac{x}{2}\right)$$

$$= 13.8 \times 200 \times 176.12 \times \left(332.3 - \frac{176.12}{2}\right)$$

$$= 118\ 722\ 915(\text{N} \cdot \text{m}) = 118.723\ \text{kN} \cdot \text{m}$$

此梁所能承受的最大弯矩为 118.723 kN·m。

5. 解：查表得 $f_{cd} = 13.8$ N/mm², $f_{sd} = 330$ N/mm², $\xi_b = 0.53$。

(1)假设 $a_s = 75$ mm，$a'_s = 45$ mm。

$$h_0 = 550 - 75 = 475(\text{mm})$$

(2)验算是否需要采用双筋截面。

$$M_u = f_{cd}bh_0^2\xi_b(1 - 0.5\xi_b)$$

$$= 13.8 \times 250 \times 475^2 \times 0.53 \times (1 - 0.5 \times 0.53)$$

$$= 303\ 228\ 155(\text{N} \cdot \text{mm})$$

$$= 303.23\ \text{kN} \cdot \text{m} < \gamma_0 M_d = 1.1 \times 410 = 451(\text{kN} \cdot \text{m})$$

需采用双筋截面。

(3)求 $A'_s$。

取 $x = \xi_b h_0 = 0.53 \times 475 = 251.75(\text{mm})$。

由 $\gamma_0 M_d \leq M_u = f_{cd}bx\left(h_0 - \frac{x}{2}\right) + f'_{sd}A'_s(h_0 - a'_s)$ 得：

$$A'_s = \frac{\gamma_0 M_d - f_{cd}bh_0^2\xi_b(1-0.5\xi_b)}{f'_{sd}(h_0 - a'_s)}$$

$$= \frac{1.1 \times 410 \times 10^6 - 13.8 \times 250 \times 475^2 \times 0.53 \times (1-0.5 \times 0.53)}{330 \times (475-45)}$$

$$= 1\ 041.38(\text{mm}^2)$$

(4)求 $A_s$。

$$A_s = \frac{f_{cd}bx + f'_{sd}A'_s}{f_{sd}}$$

$$= \frac{13.8 \times 250 \times 251.75 + 330 \times 1\ 041.38}{330}$$

$$= 3\,673.3 (\text{mm})$$

(5)配受力主筋(图 1-11)。取受压区钢筋为 3⊉22($A_s = 1\,140\,\text{mm}^2$);受拉区钢筋为 6⊉28($A_s = 3\,695\,\text{mm}^2$)。

$$s_n = \frac{250 - 2\times 30 - 3\times 31.6}{2} = 47.6(\text{mm}) > 30\,\text{mm},\, d$$

$$a'_s = 30 + \frac{25.1}{2} = 42.6(\text{mm})$$

$$a_s = 30 + 31.6 + 15 = 76.6(\text{mm})$$

(6)截面复核。

$$x = \frac{f_{sd}A_s - f'_{sd}A'_s}{f_{cd}b}$$

$$= \frac{330\times 3\,695 - 330\times 1\,140}{13.8\times 250} = 244.4(\text{mm})$$

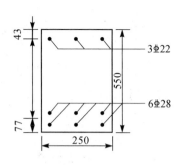

图 1-11  计算题 5 的钢筋布置图(单位:mm)

满足 $2a'_s < x < \xi_b h_0 = 0.53\times(550 - 76.6) = 250.9(\text{mm})$,则:

$$M_u = f_{cd}bx\left(h_0 - \frac{x}{2}\right) + f'_{sd}A'_s(h_0 - a'_s)$$

$$= 13.8\times 250\times 244.4\times\left(473.4 - \frac{244.4}{2}\right) + 330\times 1\,140\times(473.4 - 42.6)$$

$$= 458\,191\,776(\text{N}\cdot\text{mm}) = 458.19\,\text{kN}\cdot\text{m} \geqslant \gamma_0 M_d = 1.1\times 410 = 451(\text{KN}\cdot\text{m})$$

符合要求。

6. 解:查表得 $f_{cd} = 13.8\,\text{N/mm}^2$, $f_{sd} = f'_{sd} = 330\,\text{N/mm}^2$, $\xi_b = 0.53$。

(1)求 $a'_s$ 及假设 $a_s$。

由于受压钢筋为 2⊉14,所以 $a'_s = 30 + 16.2/2 = 38.1(\text{mm})$。

设 $a_s = 65\,\text{mm}$, $h_0 = 450 - 65 = 385(\text{mm})$。

(2)求 $x$ 值。

$$\gamma_0 M_d \leqslant M_u = f_{cd}bx\left(h_0 - \frac{x}{2}\right) + f'_{sd}A'_s(h_0 - a'_s)$$

$$1.0\times 200\times 10^6 = 13.8\times 200x\left(385 - \frac{x}{2}\right) + 330\times 308\times(385 - 38.1)$$

$$\frac{x^2}{2} - 385x + 59\,688.8 = 0$$

$$x = 385 - \sqrt{385^2 - 2\times 59\,688.8} = 215.15(\text{mm})$$

$$x = 215.15\,\text{mm} > \xi_b h_0 = 0.53\times 380 = 201.4(\text{mm})$$

由此可见,此梁为超筋破坏,所以要加大受压钢筋的数量。

(3)重新设计受压钢筋进行计算。

现将受压钢筋 2⊉14 更改为 2⊉16,$A'_s = 402\,\text{mm}^2$。

$$a'_s = 30 + 18.4/2 = 39.2(\text{mm})$$

设 $a_s = 65\,\text{mm}$,则 $h_0 = 450 - 65 = 385(\text{mm})$。

(4)求 $x$ 值。

$$\gamma_0 M_d \leqslant M_u = f_{cd}bx\left(h_0 - \frac{x}{2}\right) + f'_{sd}A'_s(h_0 - a'_s)$$

$$1.0 \times 200 \times 10^6 = 13.8 \times 200x\left(385 - \frac{x}{2}\right) + 330 \times 402 \times (385 - 39.2)$$

$$x^2 - 770x + 111\,685.6 = 0$$

$$x = \frac{770 - \sqrt{(770^2 - 4 \times 111\,685.8)}}{2} = 193.85(\text{mm})$$

$$x = 193.85 \text{ mm} < \xi_b h_0 = 0.53 \times 385 = 204.05(\text{mm})$$

(5)求钢筋面积。

代入方程：$f_{cd}bx + f'_{sd}A'_s = f_{sd}A_s$。

$$A_s = \frac{f_{cd}bx + f'_{sd}A'_s}{f_{sd}}$$

$$= \frac{13.8 \times 200 \times 193.85 + 330 \times 402}{330} = 2\,023(\text{mm}^2)$$

(6)配受力主筋(图 1-12)。查钢筋表，受拉区钢筋设置为 2Φ25+2Φ16[$A_s$=1 473+603=2 076（mm²）]，受压区为 2Φ16。

$$s_n = 200 - 2 \times 30 - 2 \times 28.4 = 83.2(\text{mm}) > 30 \text{ mm}, d$$

$$a'_s = 30 + \frac{18.4}{2} = 39.2(\text{mm})$$

取 $a'_s = 40$ mm。

$$a_s = \frac{1\,473 \times \left(30 + \frac{28.4}{2}\right) + 603 \times \left(30 + 28.4 + 30 + \frac{18.4}{2}\right)}{2\,076}$$

$$= 60(\text{mm})$$

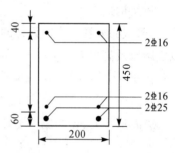

图 1-12 计算题 6 的钢筋布置图(单位：mm)

满足构造要求。

7. 解：已知 $f_{cd}$=13.8 MPa，$f_{td}$=1.39 MPa，$f_{sd}$=330 MPa，$\xi_b$=0.53，$\gamma_0$=1.0。

(1)设 $a_s$=70 mm。

有效高度 $h_0$=700-70=630(mm)。

(2)判定 T 形截面类型。

$$f_{cd}b'_f h'_f\left(h_0 - \frac{h'_f}{2}\right) = 13.8 \times 600 \times 120 \times \left(630 - \frac{120}{2}\right)$$

$$= 566.352 \times 10^6 (\text{N} \cdot \text{mm})$$

$$= 566.352 \text{ kN} \cdot \text{m} > \gamma_0 M_d = 1.0 \times 550 = 550(\text{kN} \cdot \text{m})$$

所以属于第一类 T 形截面。

(3)求受压区高度。

由公式 $\gamma_0 M_d \leqslant M_u = f_{cd}b'_f x\left(h_0 - \frac{x}{2}\right)$ 得：

$$x = h_0 - \sqrt{h_0^2 - \frac{2\gamma_0 M_d}{f_{cd}b'_f}}$$

$$=630-\sqrt{630^2-\frac{2\times1.0\times550\times10^6}{13.8\times600}}$$

得 $x=116.14$ mm$<\xi_b h_0=0.53\times630=333.9$(mm)。

(4)求受拉钢筋面积 $A_s$。

$$A_s=\frac{f_{cd}b'_f x}{f_{sd}}=\frac{13.8\times600\times116.4}{330}=2\ 921(\text{mm}^2)$$

(5)配受力主筋。现选择钢筋为 6⊕25，钢筋截面面积 $A_s=2\ 945$ mm²。

钢筋布置 2 层，布置如图 1-13 所示。混凝土保护层厚度取 30 mm。

$$s_n=\frac{300-2\times30-3\times28.4}{2}=77.4(\text{mm})>30\text{ mm},\ d$$

$$a_s=30+28.4+15=73.4(\text{mm})$$

满足构造要求。

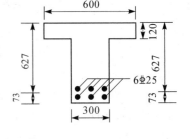

图 1-13 计算题 7 的钢筋布置图(单位：mm)

(6)截面复核。在已设计的受拉钢筋中，6⊕25 的面积为 2 945 mm²，$a_s=73.4$ mm，所以实际有效高度 $h_0=700-73.4=626.6$(mm)。

由于 $f_{cd}b'_f h'_f=13.8\times600\times120=9.936\times10^5$(N)。

$$f_{sd}A_s=2\ 945\times330=9.718\ 5\times10^5(\text{N})$$

$f_{cd}b'_f h'_f>f_{sd}A_s$ 为第一类 T 形截面。

$$x=\frac{f_{sd}A_s}{f_{cd}b'_f}=\frac{330\times2\ 945}{13.8\times600}=117.37(\text{mm})<h'_f=120\text{ mm}$$

由式

$$M_u=f_{sd}A_s\left(h_0-\frac{x}{2}\right)$$

$$=330\times2\ 945\times\left(626.6-\frac{117.37}{2}\right)$$

$$=551.93(\text{KN}\cdot\text{m})>\gamma_0 M_d=550\text{ kN}\cdot\text{m}$$

截面承载力满足要求。

8. 解：已知：空心板宽 $b'_f=1\ 000$ mm，$f_{cd}=13.8$ MPa，$f_{td}=1.39$ MPa，$f_{sd}=330$ MPa，$\xi_b=0.53$，$\gamma_0=1.1$。

(1)将空心板的圆孔(直径为 D)换算为 $b_k\times h_k$ 的矩形孔。

$$h_k=\frac{\sqrt{3}}{2}D=\frac{\sqrt{3}}{2}\times300=260(\text{mm})$$

$$b_k=\frac{\sqrt{3}}{6}\pi D=\frac{\sqrt{3}}{6}\pi\times300=272(\text{mm})$$

等效工字形截面尺寸：

上、下翼缘厚度：$h_f=h'_f=y_1-\frac{h_k}{2}=y_1-\frac{\sqrt{3}}{4}D=450/2-260/2=95$(mm)。

腹板厚：$b=b'_f-2b_k=1\ 000-2\times272=456$(mm)。

设受拉钢筋：$a_s=45$ mm，$h_0=450-45=405$(mm)。

（2）判断 T 形截面类型。

$$f_{cd}b'_fh'_f\left(h_0-\frac{h'_f}{2}\right)=13.8\times1\,000\times95\times\left(405-\frac{95}{2}\right)$$
$$=468.682\times10^6(\text{N}\cdot\text{mm})$$
$$=468.682\text{ kN}\cdot\text{m}<\gamma_0M_d=1.1\times500=550(\text{kN}\cdot\text{m})$$

所以属于第二类 T 形截面。

（3）求受压区高度 $x$ 值。

由式 $\gamma_0M_d\leqslant M_u=f_{cd}(b'_f-b)h'_f(h_0-h'_f/2)+f_{cd}bx(h_0-x/2)$

$$1.1\times500\times10^6=13.8\times(1\,000-456)\times95\times\left(405-\frac{95}{2}\right)+13.8\times456x\left(405-\frac{x}{2}\right)$$

$$x^2-810x+93\,769.616=0$$

$$x=\frac{810\pm\sqrt{(810^2-4\times93\,769.616)}}{2}$$

$$x_1=670.06\text{ mm}(\text{舍})$$

$h'_f<x_2=139.95<\xi_bh_0=0.53\times405=214.65$(mm)，满足要求。

（4）求受拉钢筋面积。

由 $f_{cd}(b'_f-b)h'_f+f_{cd}bx=f_{sd}A_s$

$$A_s=\frac{f_{cd}(b'_f-b)h'_f+f_{cd}bx}{f_{sd}}$$
$$=\frac{13.8\times(1\,000-456)\times95+13.8\times456\times139.95}{330}=4\,830(\text{mm}^2)$$

查钢筋截面面积表，选用 10⌀25（$A_s=4\,909\text{ mm}^2$），布置成一排。

$$a_s=30+\frac{28.4}{2}=44.2(\text{mm})$$

$$s_n=\frac{1\,000-2\times30-10\times28.4}{12}=55(\text{mm})>30\text{ mm}$$

（5）截面复核（图 1-14）。

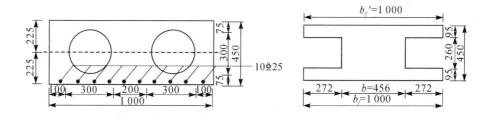

图 1-14　计算题 8 的钢筋布置图（单位：mm）

在设计中钢筋为 10⌀25 的面积为 $4\,909\text{ mm}^2$。

$h_0=450-44.2=405.8$(mm)。

判断 T 形截面类型：

由于 $f_{cd}b'_fh'_f = 13.8 \times 1\,000 \times 95 = 1\,311\,000(\text{N})$。

$f_{sd}A_s = 4\,909 \times 330 = 1\,619\,970(\text{N})$。

$f_{cd}b'_fh'_f < f_{sd}A_s$。

所以属于第二类 T 形截面。

求 $x$ 值：

由公式 $f_{cd}(b'_f - b)h'_f + f_{cd}bx = f_{sd}A_s$ 得：

$$x = \frac{f_{sd}A_s - f_{cd}(b'_f - b)h'_f}{f_{cd}b}$$

$$= \frac{330 \times 4\,909 - 13.8 \times (1\,000 - 456) \times 95}{13.8 \times 456}$$

$$= 144.10 < \xi_b h_0 = 0.53 \times 405.8 = 215.07(\text{mm})$$

由式：

$$M_u = f_{cd}bx(h_0 - x/2) + f_{cd}(b'_f - b)h'_f(h_0 - h'_f/2)$$

$$= 13.8 \times (1\,000 - 456) \times 95 \times \left(405.8 - \frac{95}{2}\right) + 13.8 \times 456 \times 144.10 \times \left(405.8 - \frac{144.10}{2}\right)$$

$$= 558.18(\text{kN} \cdot \text{m}) > \gamma_0 M_d = 550 \text{ kN} \cdot \text{m}$$

截面承载力满足要求。

9. 解：设受拉钢筋设置两排，$a_s = 60$ mm，于是 $h_0 = 500 - 60 = 440(\text{mm})$。

(1) 判断 T 形截面类型。

$$f_{cd}b'_fh'_f\left(h_0 - \frac{h'_f}{2}\right)$$

$$= 13.8 \times 500 \times 100 \times \left(440 - \frac{100}{2}\right)$$

$$= 269.1 \times 10^6 (\text{N} \cdot \text{mm})$$

$$= 269.1 \text{ kN} \cdot \text{m} < \gamma_0 M_d = 280 \text{ kN} \cdot \text{m}$$

所以属于第二类 T 形截面。

(2) 求受压区高度。

由式：

$$\gamma_0 M_d \leqslant M_u = f_{cd}(b'_f - b)h'_f(h_0 - h'_f/2) + f_{cd}bx(h_0 - x/2)$$

$$280 \times 10^6 = 13.8 \times 200x\left(440 - \frac{x}{2}\right) + 13.8 \times (500 - 200) \times 100 \times \left(440 - \frac{100}{2}\right)$$

$$x^2 - 880x + 85\,898.65 = 0$$

$$x = \frac{880 - \sqrt{880^2 - 4 \times 85\,898.65}}{2} = 111.82(\text{mm})$$

$$x = 111.82 \text{ mm} < \xi_b h_0 = 0.53 \times 440 = 233.2(\text{mm})$$

(3) 求受拉钢筋面积。

由 $f_{cd}(b'_f - b)h'_f + f_{cd}bx = f_{sd}A_s$。

$$A_s = \frac{f_{cd}(b'_f - b)h'_f + f_{cd}bx}{f_{sd}}$$

$$=\frac{13.8\times(500-200)\times100+13.8\times200\times111.82}{330}=2\,190(\text{mm}^2)$$

(4)配受力主筋(图1-15)。查钢筋截面面积表,选用 6Φ22($A_s=2\,289\text{ mm}^2$),布置成两排。

$a_s=30+25.1=55.1(\text{mm})$

$s_n=\dfrac{200-2\times30-3\times25.1}{2}=32(\text{mm})>30\text{ mm}$

满足要求。

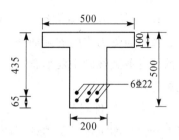

图1-15 计算题9的钢筋布置图
(单位:mm)

10. 解:已知 $f_{cd}=13.8$ MPa,$f_{td}=1.39$ MPa,$f_{sd}=330$ MPa,$\xi_b=0.53$,$\gamma_0=1.0$。

纵向钢筋 3Φ32 的面积为 2 413 mm²,3Φ25 的面积为 1 473 mm²,可求得 $a_s$。

$$a_s=\frac{2\,413\times\left(30+\dfrac{1}{2}\times35.8\right)+1\,473\times\left(30+35.8+30+\dfrac{28.4}{2}\right)}{2\,413+1\,473}=71(\text{mm})$$

实际有效高度:$h_0=700-71=629(\text{mm})$。

(1)判断T形截面类型。

由于 $f_{cd}b'_f h'_f=13.8\times700\times120=1\,159\,200(\text{N})$。

$f_{sd}A_s=(2\,413+1\,473)\times330=1\,282\,000(\text{N})$。

$f_{cd}b'_f h'_f<f_{sd}A_s$,所以属于第二类T形截面。

(2)求受压区高度 $x$ 值。

由公式 $f_{cd}(b'_f-b)h'_f+f_{cd}bx=f_{sd}A_s$ 得:

$$x=\frac{f_{sd}A_s-f_{cd}(b'_f-b)h'_f}{f_{cd}b}$$

$$=\frac{330\times3\,886-13.8\times(700-300)\times120}{13.8\times300}=149.75(\text{mm})>h'_f=120\text{ mm}$$

$x<\xi_b h_0=0.53\times629=333.37(\text{mm})$

(3)求正截面抗弯承载力。

由式:$M_u=f_{cd}bx(h_0-x/2)+f_{cd}(b'_f-b)h'_f(h_0-h'_f/2)$

$$=13.8\times300\times149.75\times\left(629-\frac{149.75}{2}\right)+13.8\times(700-300)\times120\times\left(629-\frac{120}{2}\right)$$

$$=720.44(\text{kN}\cdot\text{m})>\gamma_0 M_d=700\text{ kN}\cdot\text{m}$$

截面承载力满足要求。

# 第四章 钢筋混凝土受弯构件斜截面承载力的计算

**学习要点:**

本章主要介绍了钢筋混凝土受弯构件(梁、板)的斜截面承载力计算。知道斜截面的破坏形态，影响斜截面抗剪承载力的主要因素；掌握斜截面抗剪承载力计算理论依据和方法；熟悉斜截面抗弯承载力的构造措施——纵筋截断、弯起和锚固；会全梁的承载力校核。

1. 知道影响斜截面抗剪承载力的主要因素是剪跨比，混凝土的强度等级，箍筋、弯起钢筋及纵向受力主筋的配筋率；深入理解腹筋的作用及其对破坏形态的影响，知道受弯构件斜截面受剪破坏的主要形态——斜压破坏、剪压破坏及斜拉破坏的特点及在什么情况下发生此类破坏。

2. 受弯构件斜截面承载力的计算，知道受弯构件斜截面承载力计算包括斜截面抗剪承载力和斜截面抗弯承载力计算两个部分，知道梁的斜截面抗剪承载力是由斜裂缝上剪压区混凝土的抗剪能力、与斜裂缝相交的箍筋的抗剪能力和与斜裂缝相交的弯起钢筋的抗剪能力三个部分所组成。熟练掌握有腹筋简支梁受剪承载力计算方法、计算公式及其适用范围；知道在一般情况下，斜截面抗弯承载力只需通过构造要求来保证，不必进行计算。

3. 会全梁的承载力校核。全面满足正截面抗弯承载力、斜截面抗剪承载力和斜截面抗弯承载力三个方面的要求，掌握斜截面抗弯承载力的构造措施——纵筋截断、弯起和锚固；了解设计弯矩图及材料弯矩抵抗图的概念和绘制方法；掌握钢筋混凝土受弯构件斜截面抗剪构造要求。

## A 钢筋混凝土受弯构件斜截面承载力的计算考核内容

### 一、填空题

1. 受弯构件的截面上在有（　　）和（　　）共同作用的区段内，有可能发生沿（　　）的破坏，所以必须进行斜截面承载力计算。

2. 把无（　　）和（　　）但有（　　）的梁称为无腹筋梁。

3. 梁的斜截面抗剪承载力是由斜裂缝上（　　）的抗剪能力、与斜裂缝相交的（　　）的抗剪能力和与斜裂缝相交的（　　）的抗剪能力三个部分所组成。

4.《桥规》(JTG 3362—2018)规定满足（　　）时不需进行斜截面强度计算，仅按（　　）配箍筋。

5. 钢筋混凝土受弯构件斜截面随配箍率的不同，受剪破坏的主要形态主要有如下三种：（　　）破坏、（　　）破坏和（　　）破坏。

6. 靠近端支点的第一排弯起钢筋的末端弯折点应位于（　　）处；以后各排弯起钢筋的末端弯折点，应落在或超过前一排弯起钢筋（　　）截面。

7. 弯起钢筋一般与梁纵轴成（　　）角，且保证主钢筋在梁支点处应至少有（　　）并且不少于总数（　　）的下层受拉主筋通过。

### 二、选择题

1. 下列有关剪跨比的描述正确的是（　　）。
   A. 无论剪跨比多大，都是剪跨比越大，梁的抗剪承载力越低
   B. 剪跨比越大，梁的抗剪承载力越低，当 $m \geq 3$ 时，剪跨比的影响不再明显
   C. 剪跨比越大，梁的抗剪承载力越低，当 $m < 3$ 时，剪跨比的影响不再明显
   D. 剪跨比对梁的抗剪承载力没有影响

2. 条件相同的有腹筋梁,发生斜压、剪压、斜拉三种破坏形态时,梁的斜截面抗剪承载能力的大致关系为(　　)。
   A. 斜压破坏的承载力>剪压破坏的承载力>斜拉破坏的承载力
   B. 剪压破坏的承载力>斜压破坏的承载力>斜拉破坏的承载力
   C. 剪压破坏的承载力>斜压破坏的承载力<斜拉破坏的承载力
   D. 剪压破坏的承载力>斜压破坏的承载力=斜拉破坏的承载力

3. 在斜截面抗剪承载力的计算公式中,采用的混凝土强度是(　　)。
   A. 立方体抗压强度　　　　　　　　B. 轴心抗压强度
   C. 轴心抗压强度标准值　　　　　　D. 轴心抗拉强度设计值

4. 有关斜截面抗剪承载力的影响因素,说法错误的是(　　)。
   A. 低、中强度等级的混凝土,其抗剪强度随混凝土的等级增长而增长
   B. 在配置箍筋适当范围内,梁的抗剪承载力随箍筋数量的增多而增长
   C. T形、工字形截面梁受翼缘的影响,抗剪能力会有所提高
   D. 梁的受剪承载力随纵向钢筋配筋率 $\rho$ 的提高而增大,可以利用增大纵向钢筋的配筋率来提高抗剪强度

5. 对 T 形截面斜截面进行抗剪承载力计算时,所用的基本公式中的 $b$ 是指(　　)。
   A. 翼板的宽度　　　　　　　　　　B. 计算截面处梁的高度
   C. 计算截面处梁肋的宽度　　　　　D. 计算截面处翼板的高度

6. 有关弯起钢筋承担剪力值的取用方法正确的是(　　)。
   A. 第一排弯起钢筋承担的剪力是支座处剪力设计值的 40%
   B. 计算以后每一排弯起钢筋时,取前一排弯起钢筋弯起点处由弯起钢筋承担的那部分剪力值
   C. 计算第一排弯起钢筋时,取用距支座中心 $h/2$ 处由弯起钢筋承担的 60% 部分的剪力值
   D. 计算以后每一排弯起钢筋时,取前一排弯起钢筋弯终处由弯起钢筋承担的那部分剪力值

7. 若截面发生斜压破坏,这时梁的抗剪承载力取决于(　　)。
   A. 混凝土的抗压强度及梁的截面尺寸　　B. 腹筋的数量
   C. 主钢筋的数量　　　　　　　　　　　D. 混凝土及腹筋的数量

8. 箍筋设计原则正确的是(　　)。
   A. 箍筋间距应选用不大于梁高的 3/4 和 300 mm
   B. 当所箍钢筋为纵向受压钢筋时,箍筋间距不应大于所箍钢筋直径的 20 倍
   C. 在支座中心两侧各相当于长度不小于 1 倍梁高范围内,箍筋间距不宜大于 100 mm
   D. 钢筋混凝土梁应选用直径不小于 6 mm 或 1/4 主钢筋直径的箍筋

三、判断题

1. 在钢筋混凝土板中,一般正截面承载力起控制作用,板承受的剪力较小,通常不需设置箍筋和弯起钢筋。(　　)

2. 一般采用限制截面最小尺寸的方法防止发生斜拉破坏。(　　)
3. 斜截面受剪承载力随混凝土的强度等级的提高而提高。(　　)
4. 梁的抗剪能力随纵向钢筋配筋率的提高而增大，主要是由于纵向受拉钢筋能够抗剪。(　　)
5. 《桥规》(JTG 3362—2018)的斜截面抗剪承载力计算公式都是以斜压破坏的受力特征为基础建立的。(　　)
6. 梁的斜截面抗剪承载力是由全梁混凝土、箍筋及弯起钢筋三个部分承担。(　　)
7. 在进行混凝土与箍筋抗剪承载力计算时，当斜截面内纵向受拉钢筋的配筋百分率大于 2.5 时，取 $p=2.5$。(　　)
8. 近梁端第一根箍筋应设置在距支座 $h/2$ 距离处。(　　)
9. 如果在斜截面范围内无纵向钢筋弯起，则无须进行斜截面抗弯承载力计算，只要使正截面的抗弯承载力得到保障即可。(　　)
10. 跨中受弯的纵向受力钢筋可以弯起，需要离开其材料强度充分利用点距离 $s \geqslant h_0$。(　　)
11. 全梁承载力校核要求正截面抗弯承载力图把设计弯矩图全部覆盖。(　　)
12. 梁的结构抗力图与弯矩设计图的差距越小，说明设计越经济。(　　)
13. 底层两侧之间不向上弯曲的受拉主筋，伸出支点截面以外的长度不应小于 $10d$。(　　)

**四、名词解释**

1. 有腹筋梁
2. 配箍率
3. 设计弯矩图

**五、问答题**

1. 在斜截面中为什么箍筋的抗剪作用比弯起钢筋好？
2. 受弯构件斜截面设计有哪些内容？
3. 受弯构件沿斜截面剪切破坏的形态有几种？各在什么情况下发生？破坏形态有哪些特点？
4. 何谓剪跨比？
5. 影响梁斜截面承载力的主要因素是什么？
6. 斜截面抗剪承载力计算用的剪力如何取值？
7. 斜截面抗剪承载力计算公式的适用范围是什么？其意义何在？
8. 什么是梁的材料抵抗弯矩图？
9. 对纵向钢筋的截断、锚固有什么构造要求？
10. 梁的斜截面受弯承载力是怎样保证的？
11. 全梁承载力校核的目的是什么？
12. 验算钢筋混凝土受弯构件斜截面抗剪承载力时，应选择哪些截面？

# B 钢筋混凝土受弯构件斜截面承载力的计算考核答案

## 一、填空题
1. 剪力　弯矩　斜截面
2. 箍筋　弯起钢筋　纵向主筋
3. 剪压区混凝土　箍筋　弯起钢筋
4. $\gamma_0 V_d \leqslant 0.50 \times 10^{-3} \alpha_2 f_{td} b h_0$　构造要求
5. 斜压　剪压　斜拉
6. 支座中心截面　弯起点
7. 45°　两根　1/5

## 二、选择题
1. B　2. A　3. A　4. D　5. C　6. B　7. A　8. C

## 三、判断题
1. √　2. ×　3. √　4. ×　5. ×　6. ×　7. √　8. ×　9. √
10. ×　11. √　12. √　13. √

## 四、名词解释
1. 有腹筋梁：把箍筋、弯起钢筋与纵向主筋、架立钢筋及构造钢筋焊接(绑扎)在一起，形成钢筋骨架的梁，称为有腹筋梁。

2. 配箍率：用以表示梁中配置箍筋的多少，其值为 $\rho_{sv} = \dfrac{A_{sv}}{b_{sv}} = \dfrac{n \cdot A_{sv1}}{b_{sv}}$，也就是配置在同一截面的箍筋各支总截面面积和与箍筋间距和梁的宽度的比值。

3. 设计弯矩图：又称弯矩包络图，是沿梁长度各截面上弯矩组合设计值 $M_{d(x)}$ 的分布图。

## 五、问答题
1. 答：(1)这是由于弯起钢筋的承载范围较大，对裂缝的约束差，还会使弯起点处的混凝土压碎或产生水平撕裂裂缝。

(2)箍筋能箍紧纵向钢筋，防止撕裂，并且箍筋对受压区混凝土起套箍作用，可提高其抗剪能力。

(3)箍筋连接受压区混凝土与梁腹板共同工作效果要比弯起钢筋好。

2. 答：受弯构件斜截面设计包括斜截面抗剪承载力计算和斜截面抗弯承载力计算两个部分。

(1)斜截面抗剪承载力计算包括混凝土与箍筋的抗剪承载力的计算与弯起钢筋的抗剪承载力的计算，主要是斜截面抗剪配筋设计和抗剪承载力复核两个部分。

(2)斜截面抗弯承载力只需通过构造要求来保证，而不必进行计算，只要保证按正截面抗弯承载力计算，充分利用该钢筋强度的截面(即充分利用点)以外不小于 $h_0/2$ 处即可。

3. 答：(1)钢筋混凝土梁的斜截面剪切破坏形态大致可分为三种，分别是斜压破坏、剪压破坏和斜拉破坏。

(2)发生情况。

1)当剪跨比较小($m<1$)时,或腹筋配置过多或截面尺寸过小,梁腹板很薄(如T形截面或工字形截面时),易出现斜压破坏。

2)当剪跨比一般($1<m<3$)时,腹筋配置适中时,出现剪压破坏。

3)当剪跨比较大($m>3$)时,梁内腹筋配置较少时,出现斜拉破坏。

(3)破坏形态特点。

1)斜压破坏:随着荷载的增加,梁腹板出现若干平行的斜裂缝,混凝土被斜裂缝分割成若干个斜向受压短柱,短柱在弯矩和剪力的复合作用下被压碎,破坏时与斜裂缝相交的箍筋和弯起钢筋的应力尚未达到屈服强度,破坏是突然发生的,与正截面超筋破坏类似,属脆性破坏。

2)剪压破坏:随着荷载的增加,在剪弯区段的受拉区边缘先出现一些垂直裂缝,然后斜向延伸形成一些细微斜裂缝,随着荷载增加到一定程度,会产生临界斜裂缝,如继续承受荷载,临界裂缝将向上开展,直至与临界斜裂缝相交的腹筋达到屈服强度,同时,斜裂缝末端剪压区的混凝土在剪应力与压应力共同作用下达到复合受力时的极限强度而破坏,仍属脆性破坏。

3)斜拉破坏:破坏由梁中主拉应力所致,其特点是斜裂缝一出现,很快形成临界斜裂缝并迅速延伸到集中荷载作用点处,使梁斜向被拉断而破坏。破坏前,斜裂缝宽度很小,甚至无裂缝出现,破坏是在无征兆的情况下突然出现的,这种破坏与正截面的少筋梁破坏类似,属于脆性破坏。破坏危险性较大,破坏时的荷载仅稍大于斜裂缝出现时的荷载,设计中应避免。

4. 答:承受集中荷载时,可表示为 $m=\dfrac{M_c}{V_c h_0}=\dfrac{pa}{ph_0}=\dfrac{a}{h_0}$。

广义的剪跨比是指该截面上弯矩$M$与剪力和截面有效高度乘积的比值。

狭义的剪跨比是指集中荷载作用点到临近支点的距离$a$与梁截面有效高度$h_0$的比值。

5. 答:(1)剪跨比:试验表明,剪跨比越大,梁的抗剪承载力越低,但当$m \geqslant 3$,剪跨比的影响不再明显。

(2)混凝土强度的影响:斜截面受剪承载力随混凝土的强度等级的提高而提高,呈抛物线变化。低、中强度等级的混凝土,其抗剪强度增长较快,高强度等级的增长较慢。

(3)纵向钢筋配筋率的影响:梁的受剪承载力随纵向钢筋配筋率$\rho$的提高而增大,起到"销栓作用"。但不能无限制地利用增大纵向钢筋的配筋率来提高抗剪强度,当纵向钢筋数量增加到一定程度,其作用增量就不再显著。

(4)腹筋的强度和数量(箍筋、弯起钢筋):试验表明,在配箍最适当的范围内,梁的抗剪承载力随箍筋的强度、数量的增多而有较大幅度的增长。

(5)截面形式:由于T形、工字形截面梁翼缘的影响,抗剪能力会有所提高。

6. 答:(1)最大剪力取距支点$h/2$处的剪力设计值$V'_d$,将$V'_d$分为两个部分,其中至少60%由混凝土和箍筋共同承担,至多40%由弯起钢筋承担。

(2)计算第一排弯起钢筋时,取用距支座中心$h/2$处由弯起钢筋承担的那部分剪力值$0.4V'$。

(3)计算以后每一排弯起钢筋时,取用前一排弯起钢筋弯起点处由弯起钢筋承担的那部分剪力值。

7. 答:(1)上限值——最小截面尺寸。当梁的截面尺寸较小而剪力过大时,就可能在梁的肋部产生过大的主压应力,使梁发生斜压破坏,这时梁的抗剪承载力取决于混凝土的抗压强度及梁的截面尺寸。《桥规》(JTG 3362—2018)规定,矩形、T形和工字形截面受弯构件,其截面尺寸应符合 $\gamma_0 V_d \leqslant 0.51 \times 10^{-3} \sqrt{f_{cu,k}} bh_0$,若不满足,则应加大截面尺寸或提高混凝土强度等级。

(2)下限值——箍筋最小配箍率。《桥规》(JTG 3362—2018)规定,矩形、T形和工字形截面受弯构件,如符合 $\gamma_0 V_d \leqslant 0.50 \times 10^{-3} \alpha_2 f_{td} bh_0$ 要求时,则不需进行斜截面抗剪承载力计算,仅需按构造要求配置箍筋。

8. 答:正截面抗弯承载力图又称抵抗弯矩图,就是以各截面实际纵向受拉钢筋所能承受的弯矩为纵坐标,以相应的截面位置为横坐标所作出的弯矩图(或称材料图),简称 $M_u$ 图。

9. 答:纵向钢筋截断时的构造要求:

(1)《桥规》(JTG 3362—2018)规定,梁内受拉钢筋不宜在受拉区截断,如需截断时,为了保证钢筋在结构中充分发挥其承载力的作用,应从其"强度充分利用截面"外伸一定的长度 $l_a + h_0$。

(2)纵向受压钢筋如在跨间截断时,计算应延伸至不需要该钢筋的截面以外至少 $15d$(环氧树脂涂层钢筋为 $20d$)。

纵向钢筋在支座处锚固的构造要求:

(1)在钢筋混凝土梁的支点处,应至少有两根且不少于总数 1/5 的下层受拉主筋通过。

(2)从正截面抗弯承载力计算不需要该钢筋的截面至少延伸 $20d$(环氧树脂涂层钢筋为 $25d$),此处 $d$ 为钢筋直径。纵向受压钢筋如在跨间截断时,应延伸至按计算不需要该钢筋的截面以外至少 $15d$(环氧树脂涂层钢筋为 $20d$)。

10. 答:只要满足斜截面抗弯承载力的构造要求,即当纵向钢筋弯起时,其弯起点与充分利用点之间的距离不得小于 $h_0/2$;同时,弯起钢筋与梁纵轴线的交点应位于按计算不需要该钢筋的截面以外。

11. 答:全面满足正截面抗弯承载力、斜截面抗剪承载力和斜截面抗弯承载力三个方面的要求,使所设计的钢筋混凝土梁沿梁长方向的任意一个截面都能满足下列要求:$\gamma_0 M_d \leqslant M_u$ 和 $\gamma_0 V_d \leqslant V_u$,即要求梁在最不利荷载效应组合作用下,不会出现正截面和斜截面破坏。

12. 答:(1)简支梁和连续梁近边支点梁段。

1)支座边缘处斜截面。一般为设计剪力值最大截面,即距支座 $h/2$ 处截面。

2)弯起钢筋弯起点处的斜截面。受剪承载力会有变化的截面。

3)箍筋数量和间距改变处的斜截面。由于与该截面相交的箍筋数量或间距改变,将影响梁的受剪承载力。

4)腹板宽度改变处的斜截面。由于腹板宽度变小,必然使梁的受剪承载力受到影响。

(2)连续梁和悬臂梁近中间点梁段。

1)支点横隔梁边缘处截面。

2)变高度梁高度突变处截面。

上述截面位置均属计算梁的斜截面受剪承载力时应考虑的关键部位,梁的剪切破坏很可能在这些薄弱的环节出现,所以应对以上截面进行验算。

# 第五章 钢筋混凝土受弯构件的应力、裂缝和变形计算

**学习要点：**

本章主要介绍钢筋混凝土受弯构件的应力、裂缝和变形计算。要求学生知道钢筋混凝土受弯构件必须进行正常使用极限状态验算，这是因为钢筋混凝土构件除了可能由于强度破坏或失稳等原因达到承载能力极限状态以外，还可能由于构件变形或裂缝过大等影响构件的适用性及耐久性，而达不到结构正常使用要求。要让学生知道所有的钢筋混凝土构件不仅要求进行承载力计算，而且还要根据使用条件进行正常使用极限状态的验算。

1. 掌握钢筋混凝土受弯构件换算截面的概念，会钢筋混凝土单筋矩形、双筋矩形、T形截面的几何特征值（包括开裂截面或全截面的换算截面面积、换算截面对中性轴的静矩、换算截面的惯性矩、换算截面抵抗矩等）的计算。

2. 会钢筋混凝土受弯构件在施工阶段的应力计算，也就是短暂状况的应力验算。要求学生能根据受弯构件在施工时的实际受力体系进行正截面及斜截面的应力计算。

3. 知道钢筋混凝土结构构件正常裂缝和非正常裂缝形成的原因及相应的预防措施。理解钢筋混凝土构件裂缝宽度验算的目的和条件，掌握钢筋混凝土构件荷载裂缝宽度的计算方法。

4. 会钢筋混凝土受弯构件的变形计算。

5. 掌握预拱度的概念及预拱度的设置方式及计算。

## A 钢筋混凝土受弯构件的应力、裂缝和变形计算考核内容

### 一、填空题

1. 对钢筋混凝土进行截面应力、裂缝及挠度的计算时，以（　　）阶段为设计依据，计算的基本假定是（　　）、（　　）、（　　）和（　　）。

2. 单筋矩形开裂截面换算截面面积 $A_{cr}$ =（　　）。

3. 对钢筋的应力验算，一般仅需验算（　　）钢筋的应力，当（　　）小于（　　）时，则应分排验算。

### 二、选择题

1. 在钢筋混凝土结构中，有关换算截面不正确的是（　　）。
   A. 换算截面换算原则是换算前后合力的大小不变
   B. 换算截面换算原则是换算前后合力作用点的位置不变
   C. 虚拟混凝土块仍居于钢筋的重心处，即应变相同
   D. 虚拟混凝土与钢筋承担的应力相同

2. 单筋矩形开裂截面换算截面惯性矩是( )。

　　A. $I_{cr} = \dfrac{1}{3}bx_0^3 + \alpha_{Es}A_s(h_0 - x_0)^2$

　　B. $I_{cr} = \dfrac{b'_f x^3}{3} - \dfrac{(b'_f - b)(x - h'_f)^3}{3} + \alpha_{Es}A_s(h_0 - x_0)^2$

　　C. $I_{cr} = \dfrac{1}{2}bx_0^3 + \alpha_{Es}A_s(h_0 - x_0)^2$

　　D. $I_{cr} = \dfrac{1}{4}bx_0^3 + \alpha_{Es}A_s(h_0 - x_0)^2$

3. 受弯构件挠度计算采用( )假定。

　　A. 平截面　　　　　　　　　　　　B. 钢筋达到屈服强度
　　C. 最小刚度　　　　　　　　　　　D. 曲率相等

4.《桥规》(JTG 3362—2018)规定，Ⅰ类环境下的钢筋混凝土构件，其计算的最大裂缝宽度不得超过( )mm。

　　A. 0.10　　　　　　　　　　　　　B. 0.15
　　C. 0.20　　　　　　　　　　　　　D. 0.25

5. 有关挠度长期增长系数，下列说法错误的是( )。

　　A. 受弯构件在使用阶段的挠度应按荷载频遇值效应组合计算的挠度值乘以挠度长期增大系数
　　B. 当采用 C40 以下混凝土时，$\eta_\theta = 1.80$
　　C. 钢筋混凝土受弯构件按计算的长期挠度值，在消除结构自重产生的长期挠度后，不超过梁式桥主梁的最大挠度处的 $L/600$
　　D. 当采用 C40～C80 混凝土时，$\eta_\theta = 1.45 \sim 1.35$

6. 下列( )裂缝是正常裂缝。

　　A. 基础不均匀沉降引起钢筋混凝土结构的
　　B. 由弯矩效应引起的
　　C. 由钢筋锈蚀引起的
　　D. 由混凝土收缩或温度变化引起的

### 三、判断题

1. 钢筋混凝土截面在进行换算截面计算时，可以把混凝土截面用等效的钢筋截面来代替。( )
2. 当起重机行驶在桥梁上进行构件安装时，应该对已安装的构件进行验算，起重机应乘以 1.2 的荷载系数。( )
3. 在钢筋混凝土结构中应验算主拉应力、主压应力及剪应力。( )
4. 钢筋混凝土梁在进行受弯构件的刚度计算时的抗弯刚度为常数。( )
5. 正常裂缝和非正常裂缝都是不可以避免的。( )

### 四、名词解释

1. 全截面的换算截面

2. 预拱度
3. 正常裂缝

## 五、问答题

1. 换算截面的概念是什么？
2. 正常使用极限状态进行验算时，为什么要引入换算截面的概念？
3. 裂缝分为几类？各类裂缝都是如何控制的？
4. 影响裂缝宽度的因素有哪些？
5. 在钢筋混凝土构件中的裂缝对结构有哪些不利的影响？
6. 结构的变形验算的目的是什么？钢筋混凝土桥梁在进行变形验算时有哪些要求？
7. 对钢筋混凝土受弯构件预拱度的设置有哪些要求和规定？预拱度如何设置？
8. 试推导钢筋混凝土双筋矩形截面梁开裂截面换算时几何特征计算公式。
9. 正常使用极限状态计算特点与承载能力极限状态计算特点有何不同？
10. 为什么要对钢筋混凝土结构进行正常使用极限状态的验算？验算内容有哪些？
11. 为什么要根据受弯构件在施工时的实际受力体系进行正截面及斜截面的应力计算？
12. 《桥规》(JTG 3362—2018)规定，最大裂缝宽度的计算公式是什么？并解释公式符号的意义。
13. 已知一钢筋混凝土简支T形梁，梁肋设置主钢筋为HRB400级6$\Phi$28＋4$\Phi$20焊接钢筋骨架，每排两根钢筋，在对此梁进行最大裂缝宽度计算时，其换算直径应该是多少？

## 六、计算题

1. 某装配式钢筋混凝土实体板桥，每块板宽 $b=1\,000$ mm、板厚 $h=300$ mm，采用C30混凝土，HRB400级钢筋，配置受拉钢筋 8$\Phi$16（$A_s=1\,609$ mm$^2$），承受施工计算弯矩 $M_k^l=160$ kN·m，试验算承受该弯矩时其正截面应力是否满足要求。

2. 某T形梁截面尺寸 $h=1\,350$ mm，$h_0=1\,240$ mm，$b_f'=1\,600$ mm，$b=180$ mm，$h_f'=120$ mm，采用C30混凝土，主筋配置 10$\Phi$25，级别为HRB400，纵向钢筋。该梁计算跨径为18 500 mm，恒载弯矩标准值 $M_{Gk}=750$ kN·m，汽车荷载弯矩标准值 $M_{Q1k}=590$ kN·m〔其中包括冲击系数$(1+\mu)=1.20$〕，人群荷载弯矩标准值 $M_{Q2k}=150$ kN·m，试计算此T形梁的跨中最大裂缝宽度及跨中挠度。

# B 钢筋混凝土受弯构件的应力、裂缝和变形计算考核答案

## 一、填空题

1. 受弯构件破坏时第Ⅱ 截面变形符合平截面假定 受压区混凝土的法向应力图形为三角形 受拉混凝土不参加工作 拉应力全部由钢筋承受
2. $bx_0+\alpha_{Es}A_s$
3. 最外排受拉 内排钢筋强度 外排钢筋强度标准值

## 二、选择题

1. D  2. A  3. A  4. C  5. B  6. B

三、判断题

1. √   2. ×   3. ×   4. ×   5. ×

四、名词解释

1. 全截面的换算截面：是指混凝土全面积和钢筋换算面积所组成的截面。

2. 预拱度：人为设计的拱度，其值为按结构自重和 1/2 可变作用频遇值计算的长期挠度和。

3. 正常裂缝：由作用效应（弯矩、剪力、扭矩及拉力等）引起的裂缝。

五、问答题

1. 答：将钢筋截面用等效的混凝土截面来代替（也可将混凝土截面用等效的钢筋截面来代替），两种材料组成的组合截面就变成单一材料（混凝土）的截面，称为换算截面。

2. 答：钢筋混凝土是由两种材料力学性能不同的材料组成的。而材料力学公式只适合于单一弹性模量的均质弹性体，要想直接利用材料力学公式计算钢筋混凝土构件的应力及变形，需将两种材料组成的截面换算成一种拉压性能相同的假想材料组成的匀质截面（换算截面），从而能采用材料力学公式进行截面应力及应变的计算，所以要引入换算截面的概念。

3. 答：裂缝分为正常裂缝和非正常裂缝两类。

(1) 正常裂缝：由作用效应（弯矩、剪力、扭矩及拉力等）引起的裂缝，主要通过设计计算进行验算和构造措施加以控制。

(2) 非正常裂缝。

1) 由外加变形或约束变形引起的裂缝，如混凝土收缩、温度变化、基础不均匀沉降等外加变形或约束变形引起的裂缝，主要通过采用构造措施和施工工艺加以控制。

2) 钢筋锈蚀裂缝：由于保护层混凝土碳化，或由于冬期施工时掺氯盐过多等情况导致钢筋锈蚀所致。采取的构造措施是采取足够厚度的混凝土保护层保证混凝土的密实性，严格控制早凝剂的掺入量。

4. 答：(1) 受拉钢筋应力 $\sigma_{ss}$：影响宽度的最主要因素，最大裂缝宽度与 $\sigma_{ss}$ 呈线性关系，随着受拉钢筋应力的增大而增大。

(2) 钢筋直径 $d$：在受拉钢筋配筋率与钢筋应力大致相同的情况下，裂缝宽度随钢筋直径的增加而增加。

(3) 受拉钢筋配筋率 $\rho$：当直径相同，钢筋应力大致相同的情况下，裂缝宽度随配筋率的增加而减小，当配筋率 $\rho \geqslant 0.02$ 时，裂缝宽度接近不变。

(4) 保护层厚度 $c$：当混凝土保护层厚度较大时，虽然裂缝宽度计算值也较大，但较大的混凝土保护层厚度对防止钢筋锈蚀有利，钢筋锈蚀可能性小，两种作用相互抵消，所以在裂缝宽度计算公式中，暂时不考虑保护层厚度的影响。

(5) 受拉钢筋外形的影响：带肋钢筋使结构裂缝宽度减小。

(6) 长期或重复荷载的影响：在使用荷载作用下，裂缝的间距不随荷载作用时间而变化，但裂缝宽度则随时间以逐渐降低的比率在增加。

(7) 构件受力性质的影响：在其他条件相同的情况下，受力性质不同（如受弯、受拉等），裂缝宽度是不同的。

(8)混凝土抗拉强度的影响：多数研究认为混凝土抗拉强度对裂缝宽度影响不大，一般不用考虑。

5. 答：在钢筋混凝土结构中，如果混凝土出现较大的裂缝，超过 0.3 mm 的心理界限，不但会引起人们心理上的不安全感，而且由于水分的侵入会导致钢筋的锈蚀，大大地缩短结构的寿命，所以必须控制裂缝的宽度。

6. 答：目的：对于受弯构件而言，如果挠度过大，就会损坏其使用功能；如简支梁跨中挠度过大，将使梁端部转角过大，引起行车对该处产生冲击，破坏伸缩缝和桥面；连续梁的挠度过大，将使桥面不平顺，引起行车时颠簸和冲击等问题。所以为了确保桥梁的正常使用，就要进行受弯构件的变形计算

要求：受弯构件具有足够刚度，构件在使用荷载作用下的最大变形(挠度)计算值不得超过容许的限值。即钢筋混凝土受弯构件计算的长期挠度值，在消除结构自重产生的长期挠度后，不应超过下列规定的限制：

梁式桥主梁的最大挠度处：$L/600$。

梁式桥主梁的悬臂端：$L_1/300$。

7. 答：要求和规定：当由作用频遇值组合，同时考虑作用长期效应影响产生的长期挠度不超过计算跨径的 1/1 600 时，可不设预拱度，不满足则设预拱度。

预拱度的值按结构自重和 1/2 可变作用频遇值计算的长期挠度和取用，即预拱度值：$f = f_{恒} + \frac{1}{2} f_{静活}$。

8. 答：双筋矩形截面几何特征值：

(1)开裂截面换算截面面积：$A_{cr} = bx_0 + \alpha_{Es} A_s + \alpha'_{Es} A'_s$。

(2)开裂截面换算截面对中性轴的静矩(或面积矩)$S_{cr}$：

受压区：$S_{cra} = \frac{1}{2} bx_0^2 + \alpha'_{Es} A'_s (x_0 - a'_s)$。

受拉区：$S_{crl} = \alpha_{Es} A_s (h_0 - x_0)$。

(3)开裂截面换算截面的惯性矩：$I_{cr} = \frac{1}{3} bx_0^3 + \alpha_{Es} A_s (h_0 - x_0)^2 + \alpha'_{Es} A'_s (x_0 - a'_s)^2$。

(4)开裂截面换算截面抵抗矩 $W_{cr}$：

①对混凝土受压边缘：$W_{cr} = \frac{I_{cr}}{x_0}$；

②对受拉钢筋重心处：$W_{cr} = \frac{I_{cr}}{h_0 - x_0}$。

9. 答：(1)计算依据不同：承载能力极限状态是以破坏阶段(第Ⅲ阶段)为计算图式，而正常使用阶段一般是指第Ⅱ阶段，即梁带裂缝工作阶段。

(2)影响程度不同：与承载能力极限状态相比，超过正常使用极限状态所造成的后果(如人员伤亡和经济损失)的危害性和严重性相对要小一些、轻一些。

(3)计算内容不同：钢筋混凝土受弯构件设计时，承载能力极限状态计算包括截面设计和截面复核。其计算决定了构件设计尺寸、材料、配筋数量及钢筋布置。而正常使用阶段是

验算正常使用情况下裂缝宽度和变形等小于规范规定的各项限值。

(4)荷载效应及抗力的取值不同。

10. 答：正常使用极限状态验算是保障钢筋混凝土构件除了可能由于强度破坏或失稳等原因达到承载能力极限状态以外，还可能由于构件变形或裂缝过大等影响构件的适用性及耐久性，而达不到结构正常使用要求。因此，所有的钢筋混凝土构件都要求进行承载力计算，还要根据使用条件进行正常使用极限状态的验算。

验算内容包括：保证在正常使用情况下的应力、裂缝和变形的验算。

11. 答：钢筋混凝土梁在施工阶段，特别是梁的运输、安装过程中，梁的支撑条件、受力图式会发生变化。例如，当简支梁吊装时，吊点的位置并不是在梁设计的支座截面，而当吊点位置 $a$ 较大时，会在吊点截面处产生较大的负弯矩，所以应该根据受弯构件在施工时的实际受力体系进行正截面及斜截面的应力计算。

12. 答：
$$W_{fk} = C_1 C_2 C_3 \frac{\sigma_{ss}}{E_s} \left( \frac{c+d}{0.3+1.4\rho_{te}} \right)$$

式中 $C_1$——钢筋表面形状的系数；

$C_2$——长期效应影响系数；

$C_3$——与构件受力性质有关的系数；

$d$——纵向受拉钢筋直径，mm；

$E_s$——钢筋的弹性模量；

$\sigma_{ss}$——钢筋应力；

$\rho_{te}$——纵向受拉钢筋的有效配筋率，当 $\rho_{te}>0.1$ 时，取 $\rho_{te}=0.1$；当 $\rho_{te}<0.01$ 时，取 $\rho_{te}=0.01$。

13. 答：由于换算直径 $d_e = \dfrac{\sum n_i d_i^2}{\sum n_i d_i}$，6⚿28 外径为 31.6 mm，4⚿20 外径为 22.7 mm，得到

$$d_e = \frac{\sum n_i d_i^2}{\sum n_i d_i} = \frac{6 \times 31.6^2 + 4 \times 22.7^2}{6 \times 31.6 + 4 \times 22.7} = 28.7 \text{(mm)}$$

所以其换算直径为 28.7 mm。

## 六、计算题

1. 解：查表确定：$f_{cd}=13.8$ N/mm$^2$，$f_{sd}=330$ N/mm$^2$，$f_{sk}=400$ N/mm$^2$，$f'_{ck}=20.1$ N/mm$^2$，$E_s=2\times 10^5$ N/mm$^2$，$E_c=3\times 10^4$ N/mm$^2$，⚿16 外径为 18.4 mm。

(1)复核截面是否满足规范要求(图1-16)。钢筋布置一排，其净距为

$$s_n = \frac{1\,000 - 18.4 \times 8 - 2 \times 30}{7} = 113.3 \text{(mm)} > 30 \text{ mm}$$

$$a_s = 30 + \frac{18.4}{2} = 39.2 \text{(mm)}$$

$$h_0 = 300 - 39.2 = 260.8 \text{(mm)}$$

(2)计算截面几何特征值。

$$\alpha_{Es} = \frac{E_s}{E_c} = \frac{2 \times 10^5}{3 \times 10^4} = 6.67$$

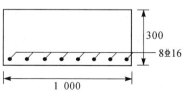

图 1-16 某钢筋混凝土实体板截面尺寸及配筋图

受压区高度：

$$x_0 = \frac{\alpha_{Es}A_s}{b}\left(\sqrt{1+\frac{2bh_0}{\alpha_{Es}A_s}}-1\right)$$

$$= \frac{6.67 \times 1\,609}{1\,000} \times \left(\sqrt{1+\frac{2\times 1\,000 \times 260.8}{6.67 \times 1\,609}}-1\right) = 64.85(\text{mm})$$

开裂截面换算截面的惯性矩：

$$I_{cr} = \frac{1}{3}bx_0^3 + \alpha_{Es}A_s(h_0-x_0)^2$$

$$= \frac{1}{3} \times 1\,000 \times 64.85^3 + 6.67 \times 1\,609 \times (260.8-64.85)^2$$

$$= 502\,980\,721.6(\text{mm}^4)$$

(3)计算受压区边缘应力。

$$\sigma_{cc}^t = \frac{M_k^t}{I_{cr}}x_0 = \frac{160 \times 10^6 \times 64.85}{502\,980\,721.6} = 20.62(\text{MPa}) > 0.8f_{ck}' = 0.8 \times 20.1 = 16.08(\text{MPa})$$

(4)计算最下层钢筋应力。

$$\sigma_{si}^t = \alpha_{Es}\frac{M_k^t}{I_{cr}}(h_{0i}-x_0) = 6.67 \times \frac{160 \times 10^6 \times (260.8-64.85)}{502\,980\,721.6}$$

$$= 415.76(\text{MPa}) > 0.75f_{sk} = 0.75 \times 400 = 300(\text{MPa})$$

构件不满足要求。所以该截面的应力不满足规范要求。

2. 解：查表确定：$f_{cd}=13.8$ N/mm$^2$，$f_{sd}=330$ N/mm$^2$，$f_{tk}=2.01$ N/mm$^2$，$E_s=2\times 10^5$ N/mm$^2$，$E_c=3\times 10^4$ N/mm$^2$，⌀25 外径为 28.4 mm。

$$\alpha_{Es} = \frac{E_s}{E_c} = \frac{2 \times 10^5}{3 \times 10^4} = 6.67$$

混凝土保护层厚度为 $110-2.5\times 28.4 = 39(\text{mm})$。

$$s_n = 180 - 2 \times 28.4 - 2 \times 30 = 63.2(\text{mm}) > 30 \text{ mm}$$

从构造上看满足规范要求(图1-17)。

(1)跨中挠度计算。

1)计算截面的几何特征值。

受压高度：

$$x_0 = \sqrt{A^2+B} - A$$

$$A = \frac{\alpha_{Es}A_s + h_f'(b_f'-b)}{b}$$

$$= \frac{6.67 \times 4\,909 + 120 \times (1\,600-180)}{180}$$

$$= 1\,128.6$$

$$B = \frac{2\alpha_{Es}A_s h_0 + h_f'^2(b_f'-b)}{b}$$

$$= \frac{2 \times 6.67 \times 4\,909 \times 1\,240 + (1\,600-180) \times 120^2}{180}$$

$$= 564\,726.2$$

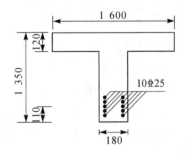

图1-17 某T形梁截面尺寸及配筋图(单位：mm)

$$x_0 = \sqrt{1\,128.6^2 + 564\,726.2} - 1\,128.6$$
$$= 227.3(\text{mm}) > h'_f = 120\text{ mm}$$

开裂截面的换算截面惯性矩：
$$I_{cr} = \frac{1}{3}b'_f x_0^3 - \frac{1}{3}(b'_f - b)(x_0 - h'_f)^3 + \alpha_{Es} \cdot A_s (h_0 - x_0)^2$$
$$= \frac{1}{3} \times 1\,600 \times 227.3^3 - \frac{1}{3} \times (1\,600 - 180) \times (227.3 - 120)^3 + 6.67 \times 4\,909 \times (1\,240 - 227.3)^2$$
$$= 392.6 \times 10^8 (\text{mm}^4)$$

全截面的换算截面面积：
$$A_0 = bh + (b'_f - b)h'_f + (\alpha_{Es} - 1)A_s$$
$$= 180 \times 1\,350 + (1\,600 - 180) \times 120 + (6.67 - 1) \times 4\,909$$
$$= 441\,234(\text{mm}^2)$$

全截面对上边缘的静矩：
$$S_{oa} = \frac{1}{2}bh^2 + \frac{1}{2}(b'_f - b)h'^2_f + (\alpha_{Es} - 1)A_s h_0$$
$$= \frac{1}{2} \times 180 \times 1\,350^2 + \frac{1}{2} \times (1\,600 - 180) \times 120^2 + (6.67 - 1) \times 4\,909 \times 1\,240$$
$$= 208\,763\,197.2(\text{mm}^3)$$

换算截面重心至受压边缘的距离：$y'_0 = \dfrac{S_{oa}}{A_0} = \dfrac{208\,763\,197.2}{441\,234} = 473.1(\text{mm})$

至受拉边缘的距离：$y_0 = 1\,350 - 473.1 = 876.9(\text{mm})$。

全截面换算截面重心轴以上部分面积对重心轴的面积矩：
$$S_0 = \frac{1}{2}b y'^2_0 + (b'_f - b)h'_f \left(y'_0 - \frac{1}{2}h'_f\right)$$
$$= \frac{1}{2} \times 180 \times 473.1^2 + (1\,600 - 180) \times 120 \times \left(473.1 - \frac{1}{2} \times 120\right)$$
$$= 90\,536\,364.9(\text{mm}^3)$$

全截面换算截面的惯性矩：
$$I_0 = \frac{1}{12}bh^3 + bh\left(\frac{1}{2}h - y'_0\right)^2 + \frac{1}{12}(b'_f - b)(h'_f)^3 + (b'_f - b)h'_f\left(\frac{1}{2}h'_f - y'_0\right)^2 + (\alpha_{Es} - 1)A_s(h_0 - y'_0)^2$$
$$= \frac{1}{12} \times 180 \times 1\,350^3 + 180 \times 1\,350 \times \left(\frac{1}{2} \times 1\,350 - 473.1\right)^2 + \frac{1}{12} \times (1\,600 - 180) \times 120^3 +$$
$$(1\,600 - 180) \times 120 \times \left(\frac{120}{2} - 473.1\right)^2 + (6.67 - 1) \times 4\,909 \times (1\,240 - 473.1)^2$$
$$= 924.66 \times 10^8(\text{mm}^4)$$

对受拉边缘的弹性抵抗矩：
$$W_0 = I_0 / y_0 = \frac{924.66 \times 10^8}{878.7} = 10.52 \times 10^7 (\text{mm}^3)$$

2)计算构件的刚度。

荷载短期效应组合：
$$M_s = M_{Gk} + \frac{0.7M_{Q1k}}{1+\mu} + M_{Q2k} = 750 + \frac{0.7 \times 590}{1.2} + 0.4 \times 150 = 1\,154.2(kN \cdot m)$$

全截面的抗弯刚度：
$$B_0 = 0.95 E_c I_0 = 0.95 \times 3 \times 10^4 \times 924.66 \times 10^8 = 2\,635.3 \times 10^{12}(N \cdot mm^2)$$

开裂截面的抗弯刚度：
$$B_{cr} = E_c I_{cr} = 3 \times 10^4 \times 392.6 \times 10^8 = 1\,177.8 \times 10^{12}(N \cdot mm^2)$$

构件受拉区混凝土塑性影响系数：
$$\gamma = \frac{2S_0}{W_0} = \frac{2 \times 90\,536\,364.9}{10.52 \times 10^7} = 1.72$$

开裂弯矩：
$$M_{cr} = \gamma f_{tk} W_0 = 1.72 \times 2.01 \times 10.52 \times 10^7 = 36.37 \times 10^7 (N \cdot mm) = 363.7\,kN \cdot m$$

代入 
$$B = \frac{B_0}{\left(\frac{M_{cr}}{M_s}\right)^2 + \left[1 - \left(\frac{M_{cr}}{M_s}\right)^2\right]\frac{B_0}{B_{cr}}} = \frac{2\,635.3 \times 10^{12}}{\left(\frac{363.7}{1\,154.2}\right)^2 + \left[1 - \left(\frac{363.7}{1\,154.2}\right)^2\right] \times \frac{2\,635.3 \times 10^{12}}{1\,177.8 \times 10^{12}}}$$
$$= 1\,246.7 \times 10^{12}(N \cdot mm^2)$$

3)计算荷载短期效应作用下跨中截面挠度。
$$f_s = \frac{5M_s L^2}{48B} = \frac{5 \times 1\,154.2 \times 10^6 \times 18\,500^2}{48 \times 1\,246.7 \times 10^{12}} = 33.0(mm)$$

长期挠度为
$$f_l = \eta_\theta f_s = 1.6 \times 33.0 = 52.8(mm) > \frac{L}{1\,600} = \frac{18\,500}{1\,600} = 11.6(mm)$$

所以应设置预拱度，按结构自重和 $\frac{l}{2}$ 可变作用频遇值计算的长期挠度值之和采用。

$$f'_p = \eta_\theta \times \frac{5}{48} \times \frac{M_{Gk} + 0.5 \times [0.7M_{Q1k}/(1+\mu) + M_{Q2k}] \times L^2}{B}$$
$$= 1.6 \times \frac{5}{48} \times \frac{\left[750 + 0.5 \times \left(\frac{0.7 \times 590}{1.2} + 150\right)\right] \times 10^6}{1\,246.7 \times 10^{12}} \times 18\,500^2$$
$$= 45.6(mm)$$

消除自重影响后的长期挠度为
$$f_{l\theta} = \eta_\theta \times \frac{5}{48} \times \frac{M_s - M_{Gk}}{B} \times L^2 = 1.6 \times \frac{5}{48} \times \frac{(1\,154.2 - 750) \times 10^6}{1\,246.7 \times 10^{12}} \times 18\,500^2$$
$$= 18.5(mm) < L/600 = \frac{18\,500}{600} = 30.8(mm)$$

所以计算挠度满足规范要求。

(2)裂缝宽度验算。

正常使用极限状态裂缝宽度计算，采用频遇值效应组合，并考虑作用长期效应的影响。

频遇值效应组合：$M_s = 1\,154.2\,kN \cdot m$

准永久值效应组合：

$$M_l = M_{Gk} + 0.4 \times \left(\frac{M_{Q1k}}{1+\mu} + M_{Q2k}\right) = 750 + 0.4 \times \left(\frac{590}{1.2} + 150\right)$$
$$= 1\,006.7(\text{kN}\cdot\text{m})$$

$C_1 = 1.0$;

$C_2 = 1 + 0.5 \dfrac{M_l}{M_s} = 1 + 0.5 \times \dfrac{1\,006.7}{1\,154.2} = 1.436$;

$C_3 = 1.0$;

$\rho_{te} = \dfrac{A_s}{A_{te}} = \dfrac{A_s}{2a_s b} = \dfrac{4\,909}{2 \times 111 \times 180} = 0.123 > 0.1$,取 $\rho_{te} = 0.1$;

$\sigma_{ss} = \dfrac{M_s}{0.87 A_s h_0} = \dfrac{1\,154.2 \times 10^6}{0.87 \times 4\,909 \times 1\,240} = 212.95(\text{MPa})$;

$d = 25$ mm。

所以

$$W_{cr} = C_1 C_2 C_3 \cdot \frac{\sigma_{ss}}{E_s}\left(\frac{c+d}{0.3+1.4\rho_{te}}\right) = 1.0 \times 1.436 \times 1.0 \times \frac{212.95}{2 \times 10^5} \times \left(\frac{30+1.3 \times 25}{0.3+1.4 \times 0.1}\right)$$
$$= 0.216(\text{mm}) > 0.2 \text{ mm}$$

所以不满足规范要求。

# 第六章 钢筋混凝土梁的施工预制

**学习要点：**

本章主要介绍了钢筋混凝土梁的施工和预制过程，要求学生在掌握了前五章有关钢筋混凝土梁截面尺寸设计，钢筋的设置及计算，对已设计的钢筋混凝土梁的应力、裂缝和挠度验算后，知道钢筋混凝土梁是如何施工的，使学生对钢筋混凝土梁从设计到施工有一个整体的了解。

1. 具备钢筋混凝土梁或板的钢筋识图能力。
2. 知道梁或板预制时模板的要求，模板的种类及各类模板的性质、特点及其制作安装。
3. 能够进行钢筋的检查，钢筋的调直，钢筋的除锈去污，钢筋的配料、下料及切断（即进行梁钢筋下料长度计算、制作钢筋加工配料单及钢筋的弯转与接头；掌握钢筋混凝土梁或板钢筋骨架的成形和安装）。
4. 掌握板（梁）混凝土的施工要点。混凝土施工过程由混凝土搅拌、混凝土运输、浇筑混凝土、振捣密实、养护以及拆模等工序组成。

## A 钢筋混凝土梁的施工预制考核内容

**一、填空题**

1. 按装拆方法分类，模板可分为（    ）、（    ）、（    ）等。
2. 木模板的基本构造由紧贴于混凝土表面的（    ）、支撑壳板的（    ）和（    ）或横档组成。

3. 对于桥梁所用的钢筋要求进行抽检，检验内容是（　　）、（　　）和（　　）。

4. 钢筋表面可用（　　）、（　　）、（　　）、（　　）或（　　）除锈去污，也可将钢筋在砂堆中来回抽动以除锈去污。

5. 为了使成型的钢筋比较精确地符合设计要求，在下料前应在计算图纸上标明（　　）与（　　）尺寸的差值，同时还应计入钢筋在（　　）过程中的伸长量。

6. 截断钢筋，通常视钢筋直径的大小，用（　　）、（　　）和（　　）来进行。

7. 混凝土施工过程包括（　　）、（　　）、（　　）、（　　）、养护以及拆模等工序。

8. 施工缝预留的位置一般选择在受（　　）和（　　）较小且便于施工的部位。

9. 当使用插入式振捣器进行混凝土振捣时，要求插点（　　），可按（　　）或（　　）进行振捣。

二、选择题

1. 下列材料一般不用于空心板的芯板的是（　　）。
   A. 钢筋混凝土芯模　　　　　　　　B. 混凝土管做成的不抽拔芯模
   C. 充气橡胶管　　　　　　　　　　D. 木制芯模

2. 对于直径在 10 mm 以上的钢筋，一般（　　）整直。
   A. 不用　　　　B. 用手摇绞车　　　　C. 锤打　　　　D. 用电动绞车

3. 盘圆钢筋应对拉力进行控制，任何一段的伸长率不要超过（　　）％。
   A. 5　　　　　B. 3　　　　　　C. 2　　　　　　D. 1

4. 调直后发现被擦伤的表面伤痕超过钢筋截面的（　　）％时，该段钢筋不得使用。
   A. 5　　　　　B. 3　　　　　　C. 2　　　　　　D. 1

5. 混凝土一般应采用机械搅拌，上料的顺序是（　　）。
   A. 首先是砂子，然后是水泥，最后是石子
   B. 首先是石子，然后是水泥，最后是砂子
   C. 首先是砂子，然后是石子，最后是水泥
   C. 首先是石子，然后是砂子，最后是水泥

6. 焊接钢筋骨架时，为了防止施焊过程中骨架变形，在施工工艺上应采取（　　）措施。
   A. 从一端向另一端连续焊接　　　　B. 从两端向中间连续焊接
   C. 先点焊，后跳焊　　　　　　　　D. 分段连续焊接

7. 为了保证构件底层钢筋具有一定厚度的混凝土保护层，在浇筑混凝土前，可在底层钢筋下面垫（　　）。
   A. 木块　　　　B. 竹筒　　　　C. 混凝土块　　　　D. 泡沫块

8. 混凝土拌合物从搅拌地点运至浇筑地点所延续的时间，如果是一般汽车运输，当气温为 20～30 ℃时，一般不宜超过（　　）min。
   A. 30　　　　B. 45　　　　　C. 60　　　　　D. 90

9. 混凝土的最小拌和时间不少于（　　）s。
   A. 30　　　　B. 45　　　　　C. 60　　　　　D. 90

10. 当使用插入式振捣器进行混凝土振捣时，两插点间距以( )倍作用半径为宜。
   A. 1    B. 1.5    C. 2    D. 3

11. 在常温下用硅酸盐水泥拌制的混凝土浇水养护日期不得少于( )天。
   A. 4    B. 6    C. 7    D. 14

12. 当构件混凝土强度达到设计强度的( )以后，方能拆除模板。
   A. 25%～50%    B. 50%～75%    C. 15%～30%    D. 100%

13. ( )式振捣器适用于大面积混凝土施工，( )式振捣器常用于薄壁混凝土部分的振捣。
   A. 附着、平板
   B. 平板、插入
   C. 平板、附着
   D. 附着、插入

14. 混凝土的坍落度主要反映混凝土的( )。
   A. 和易性    B. 抗渗性    C. 干缩性    D. 耐久性

15. 混凝土须分层浇筑，当使用插入式振捣器进行振捣，振捣上一层的混凝土时，应将振捣器略微插入下层( )cm，以消除两层之间的接触面。
   A. 3～5    B. 1～3    C. 6～7    D. 4～10

16. 钢筋混凝土工程，模板拆除的规定为( )。
   A. 混凝土初凝后即可拆模
   B. 先支的先拆，后支的后拆
   C. 应对称、有顺序地进行
   D. 先拆底模，后拆侧模

### 三、判断题

1. 不管何种模板，为了避免壳板与混凝土粘连，通常均需在壳板面上涂隔离剂。( )
2. 所有的大、中、小桥所用的钢筋都必须抽检。( )
3. 除锈后钢筋表面仍有严重的麻坑、斑点并已伤蚀钢筋截面时，应降级使用或剔除不用。( )
4. 混凝土应按一定厚度、顺序和方向分层浇筑，并应在下层混凝土初凝前完成上层混凝土的浇筑。( )
5. 结构物混凝土中水泥掺量越多越好。( )
6. 混凝土拌和时间越长，搅拌就越均匀。( )
7. 混凝土振捣时间越长，结构物质量越好。( )
8. 制作钢筋骨架时应焊扎牢固，并采用适当技术措施临时加固，以防止运输或吊装过程中变形。( )

### 四、问答题

1. 钢筋混凝土简支梁施工时对模板的要求有哪些？
2. 按制作材料分类，桥梁施工中制梁常用的模板有哪些？
3. 钢筋骨架都要通过怎样的工序以后才能成型？
4. 焊接钢筋骨架是如何成型和安装的？
5. 混凝土的浇筑方法有哪几种？各适用于什么情况？
6. 混凝土振捣设备有哪些？各有何特点？

7. 钢筋混凝土梁的养护及拆除模板需注意什么问题?
8. 采用泵送混凝土应符合哪些规定?
9. 预先确定施工缝预留时,应按哪些要求进行处理?

# B 钢筋混凝土梁的施工预制考核答案

## 一、填空题

1. 零拼式模板　分片拆装式模板　整体装拆式模板
2. 壳板(或面板)　肋木　立柱
3. 抗拉　冷弯　可焊性试验
4. 钢丝刷　砂轮　电动除锈机　喷砂　酸洗
5. 折线尺寸　弯折处实际弧线　冷作弯折
6. 錾子　手动剪切机　电动剪切机
7. 混凝土搅拌　混凝土运输　浇筑混凝土　振捣密实
8. 剪力　弯矩
9. 均匀　行列式　交错式

## 二、选择题

1. A　2. C　3. D　4. A　5. B　6. C　7. C　8. A　9. B
10. B　11. C　12. A　13. C　14. A　15. A　16. C

## 三、判断题

1. √　2. ×　3. √　4. √　5. ×　6. ×　7. ×　8. √

## 四、问答题

1. 答:(1)构件的连接应尽量紧密,以减小支架变形,使沉降量符合预计数值。

(2)模板的接缝必须密合,如有缝隙需塞堵严密,以防跑浆。

(3)建筑物外露面的模板应刨光并涂以石灰乳浆、肥皂水或润滑油等润滑剂。

(4)为减少施工现场的安装拆卸工作和便于周转使用,模板应尽量制成装配式组件或块件。

(5)模板应用内支撑,用螺栓栓紧。

2. 答:按制作材料分类,桥梁施工中制梁常用的模板有木模板、钢模板、钢木结合模板、竹材胶合板模板、土模板、砖模板等。

3. 答:钢筋骨架都要通过钢筋整直,除锈,钢筋的切断、弯转与接头弯曲,焊接或者绑扎等工序以后才能成型。

4. 答:(1)焊接拼装钢筋骨架时,应用模板严格控制骨架位置,骨架的施焊顺序宜由骨架的中间对称地向两端进行,并应先焊下部后焊上部。相邻的焊缝应分区对称地跳焊,不可顺方向连续施焊,药皮应随焊随敲。

(2)绑扎钢筋骨架时,应在钢筋骨架与模板之间错开放置一定数量的水泥砂浆垫块、混凝土垫块、钢筋头垫块或三角UPVC管,以保证混凝土保护层的厚度。骨架侧面的垫块应绑扎牢固。固定垫块时应错开位置，不要贯通全部断面。另外，绑扎的钢丝头不得指向模板。

5. 答：(1)跨径不大的简支梁桥，可在钢筋全部扎好以后，将梁与桥面板沿一跨全部长度用水平分层法浇筑，或者用斜层法从梁的两端对称地向跨中浇筑，在跨中合龙。

(2)较大跨径的梁桥，可用水平分层法或用斜层法先浇筑纵横梁，然后沿桥的全宽浇筑桥面板混凝土。

(3)当桥面较宽且混凝土数量较大时，可分成若干条纵向单元分别浇筑，每个单元的纵横梁也应沿其全长采用水平分层法或斜层法浇筑。

6. 答：混凝土振捣设备有平板式振捣器、附着式振捣器、插入式振捣器和振动台等。

(1)平板式振捣器：放在浇筑层的表面振捣，通过平板将振动力传给混凝土，使之密实，常用于大面积混凝土施工，如桥面、基础等。

(2)附着式振捣器：挂在模板外部振捣，借助振动模板来振捣混凝土，对模板要求较高，而振动的效果不是太好，常用于薄壁混凝土构件，如梁肋部分等。

(3)插入式振捣器：插入混凝土内部振捣，振捣棒插入混凝土时应垂直。在构件断面有足够的地方插入振捣器，而钢筋又不太密时采用，它的效果比平板式和附着式振捣器要好。

7. 答：(1)养护时要注意：混凝土浇筑完毕后，应在收浆后尽快用草袋、麻袋或稻草等物予以覆盖和洒水养护。洒水持续时间随水泥品种的不同和是否掺用塑化剂而异，对于用硅酸盐水泥拌制的混凝土构件，不少于7天；对于用矿渣水泥、火山灰水泥或在施工中掺用塑化剂的，不少于14天。

(2)拆除模板时要注意：混凝土构件经过养护后，达到了设计强度的25%～50%时，即可拆除侧模，梁桥模板的卸落应对称、均匀和有顺序地进行。达到设计吊装强度并不低于设计强度等级的70%时，就可起吊主梁。

8. 答：(1)混凝土的供应必须保证输送混凝土泵能连续工作。

(2)输送管线宜直，转弯宜缓，接头应严密，如管道向下倾斜，应防止混入空气，产生阻塞。

(3)泵送前应先用水泥浆润滑输送管道内壁。混凝土出现离析现象时，应立即用压力水或其他方法冲洗管内混凝土，泵送间歇时间不宜超过15 min。

(4)在泵送过程中，受料斗内应具有足够的混凝土，以防止吸入空气导致阻塞。

9. 答：(1)在浇筑接缝混凝土前，先凿除老混凝土表层的水泥浆和较弱层。

(2)经凿毛的混凝土表面，应用水洗干净。在浇筑次层混凝土前，对垂直施工缝，宜刷一层净水泥浆；对于水平缝，宜铺一层厚为10～20 mm的1∶2的水泥砂浆。

(3)对于斜面施工缝，应凿成台阶状再进行浇筑。

(4)接缝位置处在重要部位或者结构物处在地震区时，则在灌注前应增设锚固钢筋，以防开裂。

# 钢筋混凝土受弯构件项目示例

某钢筋混凝土简支梁全长 $L_全=15.96$ m，计算跨径 $L=15.50$ m，T形截面梁的尺寸如图1-18所示。

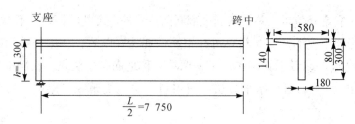

图 1-18 16 m 钢筋混凝土简支梁尺寸(单位：mm)

桥梁处于Ⅰ类环境条件，安全等级为二级，$\gamma_0=1.0$，梁体采用 C30 混凝土，混凝土轴心抗压强度设计值 $f_{cd}=13.8$ MPa，钢筋的轴心抗拉强度设计值 $f_{td}=1.39$ MPa，主筋采用 HRB400 级钢筋，抗拉强度设计值 $f_{sd}=330$ MPa；箍筋采用 HPB300 级钢筋，箍筋的抗拉强度设计值 $f_{sd}=250$ MPa。

简支梁控制截面的弯矩组合设计值和剪力组合设计值：跨中截面 $M_{d\frac{1}{2}}=2\,066.21$ kN·m，$V_{d\frac{1}{2}}=121.11$ kN，支点截面 $M_{d0}=0$，$V_{d0}=601.23$ KN，恒载弯矩标准值为 525.8 KN·m，汽车荷载弯矩标准值为 973.58 KN·m[包括冲击系数$(1+\mu)=1.378$]，人群荷载弯矩标准值为 64.5 KN·m，试确定纵向受拉钢筋数量和进行腹筋设计，并对该钢筋混凝土 T 形梁进行验算，并编制该钢筋混凝土梁的施工方案。

## 一、T 形梁的纵向受拉钢筋的设置及验算

### (一)T 形梁的纵向受拉钢筋的设置

1. 计算 T 形截面受压翼板的有效宽度 $b'_f$

$h'_f=\dfrac{80+140}{2}=110(\text{mm})$。

$b'_{f1}=\dfrac{1}{3}L=\dfrac{1}{3}\times15\,500=5\,167(\text{mm})$。

$b'_{f2}=1\,600$ mm。

$b'_{f3}=b+2b_h+12h'_f=180+2\times0+12\times110=1\,500(\text{mm})$。

所以受压翼板的有效宽度 $b'_f=1\,500$ mm。

2. 主钢筋数量计算

由表查得 $f_{cd}=13.8$ MPa，$f_{td}=1.39$ MPa，$f_{sd}=330$ MPa，$\xi_b=0.53$，$\gamma_0=1.0$。

(1)采用的是焊接钢筋骨架。

设 $a_s=30+0.07h=30+0.07\times1\,300=121(\text{mm})$。

有效高度：$h_0=1\,300-121=1\,179(\text{mm})$。

(2)判定 T 形截面类型。

$$f_{cd}b'_f h'_f\left(h_0-\dfrac{h'_f}{2}\right)=13.8\times1\,500\times110\times\left(1\,179-\dfrac{110}{2}\right)$$
$$=2\,559.35\times10^6(\text{N}\cdot\text{mm})$$
$$=2\,559.35\text{ kN}\cdot\text{m}>\gamma_0 M_d=2\,066.21\text{ kN}\cdot\text{m}$$

属于第一类 T 形截面。

## 3. 受压区高度计算

由公式 $\gamma_0 M_d = f_{cd} b'_f x \times \left(h_0 - \dfrac{x}{2}\right)$ 得：

$1.0 \times 2\,066.21 \times 10^6 = 13.8 \times 1\,500 x(1\,179 - x/2)$。

$x^2 - 2\,358 x + 199\,633.8 = 0$。

$x_1 = 2\,270.06$ mm($> h'_f = 110$ mm，舍去)。

$x_2 = 87.94$ mm(适合)。

## 4. 受拉钢筋面积计算

$$A_s = \dfrac{f_{cd} b'_f x}{f_{sd}} = \dfrac{13.8 \times 1\,500 \times 87.94}{330} = 5\,516 (\text{mm}^2)$$

所以现选择钢筋为 6$\Phi$32+2$\Phi$22，钢筋截面面积 $A_s = 4\,826 + 760 = 5\,586 (\text{mm}^2)$。钢筋叠高层数为 4 层，布置如图 1-19 所示。

混凝土保护层厚度取 30 mm，钢筋间横向净距：

$S_n = 180 - 2 \times 30 - 2 \times 35.8 = 48.4 (\text{mm}) > 40$ mm，$> 1.25 d = 44.75$ mm

$$a_s = \dfrac{4\,826 \times (30 + 1.5 \times 35.8) + 760 \times \left(30 + 3 \times 35.8 + \dfrac{25.1}{2}\right)}{4\,826 + 760} = 93 (\text{mm})$$

实际有效高度：$h_0 = 1\,300 - 93 = 1\,207 (\text{mm})$。

$\rho = \dfrac{A_s}{bh_0} = \dfrac{5\,586}{180 \times 1\,207} = 2.57\% > \rho_{\min} = 0.2\%$

所以均满足构造要求。

## 5. T形梁的纵向受拉钢筋的验算（截面复核）

在已设计的受拉钢筋中，6$\Phi$32 的面积为 4 826 mm²，2$\Phi$22 的面积为 760 mm²，$f_{sd} = 330$ MPa。

已求得 $a_s = 93$ mm，$h_0 = 1\,207$ mm，$\rho = 2.57\% > \rho_{\min} = 0.2\%$。

由于 $f_{cd} b'_f h'_f = 13.8 \times 1\,500 \times 110$
$= 2.28 \times 10^6 (\text{N}) = 2.28 \times 10^3$ kN

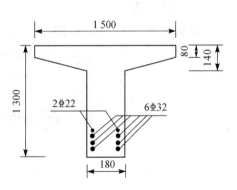

图 1-19 钢筋布置图(单位：mm)

$f_{sd} A_s = (4\,826 + 760) \times 330 = 1.84 \times 10^6 (\text{N}) = 1.84 \times 10^3$ kN

因为 $f_{cd} b'_f h'_f > f_{sd} A_s$。

所以为第一类 T 形截面。

$$x = \dfrac{f_{sd} A_s}{f_{cd} b'_f} = \dfrac{330 \times 5\,586}{13.8 \times 1\,500} = 89.05 (\text{mm}) < h'_f$$

$$\begin{aligned} M_u &= f_{cd} \times b'_f \times x \left(h_0 - \dfrac{x}{2}\right) \\ &= 13.8 \times 1\,500 \times 89.05 \times \left(1\,207 - \dfrac{89.05}{2}\right) \\ &= 2\,143 \times 10^6 (\text{N} \cdot \text{mm}) \\ &= 2\,143 \text{ kN} \cdot \text{m} > \gamma_0 M_d = 2\,066.21 \text{ kN} \cdot \text{m} \end{aligned}$$

所以截面满足要求。

## (二)腹筋设计

### 1. 截面尺寸检查

根据构造要求,梁最底层钢筋 2⊈32 通过支座截面,且不少于总数的 1/5。

支点截面有效高度为 $h_0 = h - a_s = 1\,300 - \left(30 + \dfrac{35.8}{2}\right) = 1\,252(\text{mm})$。

$0.51 \times 10^{-3} \sqrt{f_{cu,k}} bh_0 = 0.51 \times 10^{-3} \times \sqrt{30} \times 180 \times 1\,252 = 629(\text{kN}) > \gamma_0 V_{d(0)} = 601.23 \text{ kN}$

跨中截面:

$$h_0 = h - a_s = 1\,300 - 93 = 1\,207(\text{mm})$$

$$0.51 \times 10^{-3} \times \sqrt{f_{cu,k}} bh_0 = 0.51 \times 10^{-3} \times \sqrt{30} \times 180 \times 1\,207$$
$$= 606.9(\text{kN}) > \gamma_0 V_{d\left(\frac{l}{2}\right)} = 121.11 \text{ kN}$$

所以截面尺寸符合设计要求。

### 2. 检查是否需要根据计算配置箍筋

跨中截面:$0.5 \times 10^{-3} \alpha_2 f_{td} bh_0 = 0.5 \times 10^{-3} \times 1 \times 1.39 \times 180 \times 1\,207 = 151.0(\text{kN})$。

支座截面:$0.5 \times 10^{-3} \alpha_2 f_{td} bh_0 = 0.5 \times 10^{-3} \times 1 \times 1.39 \times 180 \times 1\,252 = 156.63(\text{kN})$。

因 $\gamma_0 V_{d\left(\frac{l}{2}\right)} = 121.11 \text{ kN} < 0.5 \times 10^{-3} f_{td} bh_0 < \gamma_0 V_{d(0)} = 550 \text{ kN}$,故可在梁跨中的某长度范围内按构造要求配置箍筋,其余区段应按计算配置腹筋。

### 3. 确定计算剪力

绘制此梁半跨剪力包络图(图 1-20)。

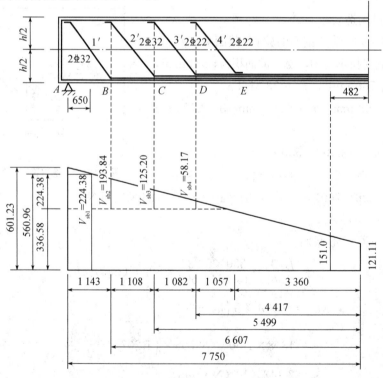

图 1-20 计算剪力分配图(单位:mm)

$V_x=\gamma_0 V_{dx}=0.5\times 10^{-3}\alpha_2 f_{td}bh_0=151.0$ kN 的截面与中截面的距离可由剪力包络图按比例求得：

$$l_1=\frac{L}{2}\times\frac{V_x-\gamma_0 V_{d(\frac{L}{2})}}{V_{d(0)}-\gamma_0 V_{d(\frac{L}{2})}}$$

$$=7\,750\times\frac{151.0-121.11}{601.23-121.11}=482(\text{mm})$$

因此，在 $l_1$ 长度内可按构造要求布置箍筋。距支座中心线为 $h/2$ 的计算剪力值 $(V'_d)$，由剪力包络图按比例求得：

$$\gamma_0 V'_d=\gamma_0 V_{d(0)}-\frac{\frac{h}{2}[\gamma_0 V_{d(0)}-\gamma_0 V_{d(\frac{L}{2})}]}{\frac{L}{2}}$$

$$=601.23-\frac{650\times(601.23-121.11)}{7\,750}=560.96\text{ (kN)}$$

其中应由混凝土和箍筋承担的剪力计算值至少为 $0.6\gamma_0 V'_d=560.96\times 0.6=336.58(\text{kN})$。
应由弯起钢筋（包括斜筋）承担的剪力计算值最多为 $0.4\gamma_0 V'_d=560.96\times 0.4=224.38(\text{kN})$。

4. 配置弯起钢筋

按比例关系，依剪力包络图计算需设置弯起钢筋的区段长度。

$$l_{sb}=\frac{(601.23-336.58)\times 650}{601.23-560.96}=4\,272(\text{mm})$$

计算各排弯起钢筋截面面积：

(1)计算第一排(对支座而言)弯起钢筋截面面积 $A_{sb1}$。

取距支座中心线 $\frac{h}{2}$ 处由弯起钢筋承担的剪力值。

$$A'_{sb1}=\frac{V_{sb1}}{0.75\times 10^{-3}f_{sd}\sin 45°}=\frac{224.38}{0.75\times 10^{-3}\times 330\times 0.707}=1\,282(\text{mm}^2)$$

2Φ32 钢筋实际截面面积 $A_{sb1}=1\,609\text{ mm}^2>A'_{sb1}=1\,282\text{ mm}^2$，满足抗剪要求，其弯起点为 $B$，弯终点落在支座中心 $A$ 截面处，弯起点 $B$ 至点 $A$ 的距离：

$$AB=1\,300-\left(30+25.1+\frac{35.8}{2}+30+35.8+\frac{35.8}{2}\right)=1\,143(\text{mm})$$

则第一排弯筋的弯起点与支座中心距离为 1 143 mm。

弯筋与梁纵轴线交点 $1'$ 与支座中心距离为 $1\,143-\left[\frac{1\,300}{2}-(30+35.8\times 1.5)\right]=577(\text{mm})$。

(2)计算第二排弯起钢筋截面面积 $A_{sb2}$。

按比例关系，依剪力包络图计算第一排弯起钢筋弯起点 $B$ 处由第二排弯起钢筋承担的剪力值为

$$V_{sb2}=\frac{(4\,272-1\,143)\times 224.38}{4\,272-650}=193.84(\text{kN})$$

$$A'_{sb2}=\frac{V_{sb2}}{0.75\times 10^{-3}f_{sd}\sin 45°}=\frac{193.84}{0.75\times 10^{-3}\times 330\times 0.707}=1\,108(\text{mm}^2)$$

而 2Φ32 钢筋实际截面面积 $A_{sb2}=1\,609\text{ mm}^2>A'_{sb2}=1\,108\text{ mm}^2$。

满足抗剪要求,其弯起点为 $C$,弯终点落在第一排弯起钢弯起点 $B$ 截面处,其弯起点 $C$ 至 $B$ 的距离为

$$BC = 1\ 300 - \left(30 + 25.1 + \frac{35.8}{2} + 30 + 2.5 \times 35.8\right) = 1\ 108(\text{mm})$$

第二排弯起钢筋的弯起点距支点中心距离为

$$1\ 143 + 1\ 108 = 2\ 251(\text{mm})$$

第二排弯起钢筋与梁纵轴线交点与距支座中心距离为

$$2\ 251 - [1\ 300/2 - (30 + 2.5 \times 35.8)] = 1\ 721(\text{mm})$$

(3) 计算第三排弯起钢筋截面面积 $A_{sb3}$。

按比例关系,依剪力包络图计算第二排弯起点 $C$ 处由第三排弯起钢筋承担的剪力值为

$$V_{sb3} = \frac{(4\ 272 - 2\ 251) \times 224.38}{4\ 272 - 650} = 125.20(\text{kN})$$

$$A'_{sb3} = \frac{V_{sb3}}{0.75 \times 10^{-3} f_{sd} \sin 45°} = \frac{125.20}{0.75 \times 10^{-3} \times 330 \times 0.707} = 715.5(\text{mm}^2)$$

而 2⌀22 钢筋实际截面面积 $A_{sb3} = 760\ \text{mm}^2 > A'_{sb3} = 715.5\ \text{mm}^2$。

满足抗剪要求,其弯起点 $D$,弯终点落在第二排弯起钢筋起点 $C$ 截面处,弯起点 $D$ 至点 $C$ 的距离为

$$CD = 1\ 300 - \left(30 + 25.1 + \frac{25.1}{2} + 30 + 3 \times 35.8 + \frac{25.1}{2}\right) = 1\ 082(\text{mm})$$

第三排弯起钢筋的弯起点距支点中心距离为

$$2\ 251 + 1\ 082 = 3\ 333(\text{mm})$$

第三排弯起钢筋与梁纵轴线交点距支座中心距离为

$$3\ 333 - \left[1\ 300/2 - \left(30 + 3 \times 35.8 + \frac{25.1}{2}\right)\right] = 2\ 833(\text{mm})$$

(4) 计算第四排弯起钢筋截面面积 $A_{sb4}$。

按比例关系,依剪力包络图计算第三排弯起钢筋弯起点 $D$ 处由第四排弯起钢筋承担的剪力:

$$V_{sb4} = \frac{(4\ 272 - 3\ 333) \times 224.38}{4\ 272 - 650} = 58.17(\text{kN})$$

$$A'_{sb4} = \frac{V_{sb4}}{0.75 \times 10^{-3} f_{sd} \sin 45°} = \frac{58.17}{0.75 \times 10^{-3} \times 330 \times 0.707} = 332(\text{mm}^2)$$

第四排焊的斜筋为 2⌀22,实际钢筋截面面积 $A_{sb4} = 760\ \text{mm}^2 > A'_{sb4} = 332\ \text{mm}^2$,满足抗剪要求。其弯起点 $E$,弯终落在第三排弯起钢筋弯起点 $D$ 截面处,弯起点 $E$ 至点 $D$ 的距离为

$$DE = 1\ 300 - \left(30 + 25.1 + \frac{25.1}{2} + 30 + 3 \times 35.8 + \frac{25.1}{2} + 25.1\right) = 1\ 057(\text{mm})$$

第四排斜筋的弯起点距支座中心的距离为

$$3\ 333 + 1\ 057 = 4\ 390(\text{mm})$$

该距离已大于 4 272 mm,即在欲设置弯筋区域长度之外,弯起钢筋数量已满足抗剪承载力要求。

第四排斜钢筋与梁轴线交点距支座中心距离为

$$4\ 390 - [1\ 300/2 - (30 + 3 \times 35.8 + 1.5 \times 25.1)] = 3\ 915(\text{mm})$$

5. 检验各排弯起钢筋的弯起点是否符合构造要求

(1)保证斜截面抗剪承载力方面。

从图 1-20 可以看出,对支座而言,梁内第一排弯起钢筋的弯终点已落在支座中心截面处,以后各排弯起钢筋的弯终点均落在前一排弯起钢筋的弯起点截面上,这些都符合《桥规》(JTG 3362—2018)的有关规定,即能满足斜截面抗剪承载力方面的构造要求。

(2)保证正截面抗弯承载力方面。

计算各排弯起钢筋弯起点的设计弯矩:

跨中弯矩 $= 2\,066.211$ kN·m,支点弯矩 $M_{d(0)} = 0$,其他截面的设计弯矩可按二次抛物线公式 $M_{dx} = M_{d(\frac{L}{2})}\left(1 - \frac{4x^2}{L^2}\right)$ 计算。

对于跨中截面:

$$f_{sd}A_s = 330 \times (4\,826 + 760) = 1.84 \times 10^3 \text{(kN)}$$
$$f_{cd}b'_f h'_f = 13.8 \times 1\,500 \times 110 = 2.28 \times 10^3 \text{(kN)}$$
$$f_{sd}A_s < f_{cd}b'_f h'_f$$

说明跨中截面中性轴在翼缘内,属第一种 T 形截面,其他截面的主筋截面面积均小于跨中截面的主筋截面面积,故各截面均属第一种 T 形截面,均可按单筋矩形截面 $b'_f \times h$ 计算。各排弯起钢筋弯起后,相应正截面抗弯承载力 $M_{ui}$ 计算见表 1-2。

表 1-2 钢筋弯起后相应各正截面抗弯承载力

| 梁区段 | 截面纵筋 | 纵筋面积 $A_s/\text{mm}^2$ | 有效高度 $h_0/\text{mm}$ | 受压区高度 $x = f_{sd}A_s/f_{cd}b'_f/\text{mm}$ | 抗弯承载力 $M_{ui} = f_{cd}b'_f x\left(h_0 - \frac{x}{2}\right)/\text{kN}$ |
|---|---|---|---|---|---|
| A~B | 2⌀32 | 1 609 | 1 252 | 25.65 | 658 |
| B~C | 4⌀32 | 3 217 | 1 234 | 51.29 | 1 283 |
| C~D | 6⌀32 | 4 826 | 1 216 | 76.94 | 1 875 |
| D~梁跨中 | 6⌀32+2⌀22 | 5 586 | 1 207 | 89.05 | 2 143 |

将表 1-2 的正截面抗弯承载力 $M_{ui}$ 在图 1-21 上用直线表示出来,它们与弯矩包络图的交点分别为 $i, j, \cdots, q$,将各 $M_{ui}$ 值代入 $x_i = \frac{L}{2}\sqrt{1 - \frac{M_{ui}}{\gamma_0 M_{d\frac{L}{2}}}}$ 得:

$$x_i = 0$$
$$x_j = \frac{15\,500}{2} \times \sqrt{1 - \frac{1\,875}{2\,066.21}} = 2\,358 \text{(mm)}$$
$$x_k = \frac{15\,500}{2} \times \sqrt{1 - \frac{1\,283}{2\,066.21}} = 4\,471 \text{(mm)}$$
$$x_l = \frac{15\,500}{2} \times \sqrt{1 - \frac{658}{2\,066.21}} = 6\,398 \text{(mm)}$$

现以图 1-21 中所示弯起钢筋弯起点初步位置来逐个检查是否满足《桥规》(JTG 3362—2018)的要求。即当纵向钢筋弯起时,其弯起点与充分利用点之间的距离不得小于 $h_0/2$;同时,弯起钢筋与梁纵轴线的交点应位于按计算不需要该钢筋的截面以外。校核结果见表1-3、表1-4。

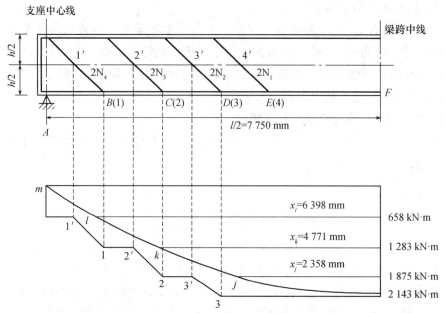

图1-21 梁的弯矩包络图与抵抗弯矩图

表1-3 弯起点与充分利用点之间的距离的校核

| 强度等级 | $2N$的弯起点到跨中的距离 | 充分利用点到跨中的距离 | 弯起点与充分利用点的距离 | 校核($s \geq h_0/2$) |
|---|---|---|---|---|
| 3 | 7 750－333＝7 417 | 0 | 4 417 | ＞$h_0/2$＝1 207/2＝604，满足 |
| 2 | 7 750－2 251＝5 499 | 2 358 | 3 141 | ＞$h_0/2$＝1 216/2＝608，满足 |
| 1 | 7 750－1 143＝6 607 | 4 771 | 1 836 | ＞$h_0/2$＝1 234/2＝617，满足 |

表1-4 弯起钢筋与梁纵轴线的交点与不需要点之间距离的校核

| 强度等级 | 弯起钢筋与梁纵轴的交点/mm | 不需要点横坐标/mm | 校核(≥0) |
|---|---|---|---|
| 3 | 7 750－2 833＝4 917 | 2 358 | 4 917－2 358＞0，满足 |
| 2 | 7 750－1 721＝6 029 | 4 771 | 6 029－4 771＞0，满足 |
| 1 | 7 750－577＝7 173 | 6 398 | 7 173－6 398＞0，满足 |

6. 配置箍筋

根据《桥规》(JTG 3362—2018)关于"钢筋混凝土应设置直径不小于8 mm，且不小于1/4主筋直径的箍筋"的规定，本设计采用封闭式双肢箍筋，$n=2$，HPB300级钢筋($f_{sv}=250$ MPa)，直径为$\phi 8$，每肢箍筋截面面积$A_{sv1}=50.3$ mm²，所以$A_{sv}=n \times A_{sv1}=50.3 \times 2=100.6$ (mm²)。

《桥规》(JTG 3362—2018)中又规定，"箍筋间距不大于梁高的$\frac{1}{2}$和400 mm"，"支承截

面处,支座中心向跨径方向长度相当于不小于1倍梁高范围内,箍筋间距不大于100 mm"。本设计按照这些规定,梁段箍筋最大间距不超过下述结果(见表1-5)。对梁端而言,在支座中心向跨径长度方向的1 300 mm范围内,设计箍筋间距为100 mm,其他箍筋间距为200 mm,相应的最小配箍率为

$$\rho_{sv}=\frac{A_{sv}}{b_{sv}}=\frac{2\times 50.3}{180\times 200}=0.002\ 8>0.18\%$$

符合《桥规》(JTG 3362—2018)的构造要求。

表1-5 各梁段箍筋的最大间距计算表

| 梁区段 | 主筋截面面积 $A_s$/mm² | 截面有效高度 $h_0$/mm | 主筋配筋率 $p=100\times\dfrac{A_s}{bh_0}$ | 箍筋最大间距/mm $S_v=\dfrac{\alpha_1^2\alpha_3^2\times 0.2\times 10^{-6}(2+0.6p)\sqrt{f_{cu,k}}A_{sv}f_{sv}bh_0^2}{(\xi\cdot\gamma_0\cdot v_d')^2}$ |
|---|---|---|---|---|
| A~B | 2⌀32=1 609 | 1 252 | $p_{AB}=100\times\dfrac{1\ 609}{180\times 1\ 252}$ =0.71 | $S_{vAB}=[1.1^2\times 1\times 0.2\times 10^{-6}\times(2+0.6\times 0.71)\times$ $\sqrt{30}\times 100.6\times 250\times 180\times 1\ 252^2]/(0.6\times$ $560.96)^2=201$ |
| B~C | 4⌀32=3 217 | 1 234 | $p_{BC}=100\times\dfrac{3\ 217}{180\times 1\ 234}$ =1.45 | $S_{vBC}=[1.1^2\times 1\times 0.2\times 10^{-6}\times(2+0.6\times 1.45)\times$ $\sqrt{30}\times 100.6\times 250\times 180\times 1\ 234^2]/(0.6\times$ $560.96)^2=231$ |
| C~D | 6⌀32=4 826 | 1 216 | $p_{CD}=100\times\dfrac{4\ 826}{180\times 1\ 216}$ =2.20 | $S_{vCD}=[1.1^2\times 1\times 0.2\times 10^{-6}\times(2+0.6\times 2.20)\times$ $\sqrt{30}\times 100.6\times 250\times 180\times 1\ 216^2]/(0.6\times$ $560.96)^2=260$ |
| D~梁跨中 | 6⌀32+2⌀22 =5 586 | 1 207 | $p_{D\sim梁跨中}=100\times\dfrac{5\ 586}{180\times 1\ 207}$ =2.57>2.5,取2.5 | $S_{vD\sim梁跨中}=[1.1^2\times 1\times 0.2\times 10^{-6}\times(2+0.6\times 2.57)\times$ $\sqrt{30}\times 100.6\times 250\times 180\times 1\ 207^2]/(0.6\times$ $560.96)^2=270$ |

### (三)钢筋混凝土T形梁的挠度、裂缝、应力验算

**1. 挠度验算**

在进行梁变形计算时,应取梁与相邻梁横向连接后截面的全宽度受压翼板计算,即 $b_f'=1\ 600$ mm,而 $h_f'=110$ mm, $h_0=1\ 207$ mm。

(1)计算截面的几何特征值:

$$\alpha_{Es}=E_s/E_c=\frac{2\times 10^5}{3\times 10^4}=6.67$$

翼缘平均厚度:

$$h_f'=\frac{80+140}{2}=110(\text{mm})$$

跨中截面的有效高度:

$$h_0=1\ 207\text{ mm}$$

受压高度：
$$x_0 = \sqrt{A^2+B} - A$$

$$A = \frac{\alpha_{Es}A_s + (b_f'-b)h_f'}{b}$$

$$= \frac{6.67 \times 5\,586 + (1\,600-180) \times 110}{180} = 1\,074.8$$

$$B = \frac{2\alpha_{Es}A_s h_0 + (b_f'-b)h_f'^2}{b}$$

$$= \frac{2 \times 6.67 \times 5\,586 \times 1\,207 + (1\,600-180) \times 110^2}{180} = 595\,135$$

$$x_0 = \sqrt{1\,074.8^2 + 595\,135} - 1\,074.8 = 248.2 \text{(mm)} > h_f' = 110 \text{ mm}$$

开裂截面的换算截面惯性矩：

$$I_{cr} = \frac{1}{3}b_f' x_0^3 - \frac{1}{3}(b_f'-b)(x_0-h_f')^3 + \alpha_{Es}A_s(h_0-x_0)^2$$

$$= \frac{1}{3} \times 1\,600 \times 248.2^3 - \frac{1}{3} \times (1\,600-180) \times (248.2-110)^3 + 6.67 \times 5\,586 \times (1\,207-248.2)^2$$

$$= 411.57 \times 10^8 \text{ (mm}^4\text{)}$$

全截面的换算截面面积：

$$A_0 = bh + (b_f'-b)h_f' + (\alpha_{Es}-1)A_s$$

$$= 180 \times 1\,300 + (1\,600-180) \times 110 + (6.67-1) \times 5\,586 = 421\,872.6 \text{(mm}^2\text{)}$$

全截面对上边缘的静矩：

$$S_{0a} = \frac{1}{2}bh^2 + \frac{1}{2}(b_f'-b)h_f'^2 + (\alpha_{Es}-1)A_s h_0$$

$$= \frac{1}{2} \times 180 \times 1\,300^2 + \frac{1}{2} \times (1\,600-180) \times 110^2 + (6.67-1) \times 5\,586 \times 1\,207$$

$$= 198\,919\,852.3 \text{(mm}^3\text{)}$$

全截面换算截面重心至受压边缘的距离：

$$y_0' = \frac{S_{0a}}{A_0} = 471.5 \text{ mm}$$

全截面换算截面重心至受拉边缘的距离：

$$y_0 = 1\,300 - 471.5 = 828.5 \text{(mm)}$$

全截面换算截面形心轴以上部分面积对形心轴的面积矩：

$$S_0 = \frac{1}{2}by_0'^2 + (b_f'-b)h_f'\left(y_0' - \frac{1}{2}h_f'\right)$$

$$= \frac{1}{2} \times 180 \times 471.5^2 + (1\,600-180) \times 110 \times \left(471.5 - \frac{1}{2} \times 110\right) = 85\,065\,402.5 \text{(mm}^3\text{)}$$

全截面换算截面对中性轴的惯性矩：

$$I_0 = \frac{1}{3}b_f' y_0'^3 - \frac{1}{3}(b_f'-b)(y_0'-h_f')^3 + \frac{1}{3}b(h-y_0')^3 + (\alpha_{Es}-1)A_s(h_0-y_0')^2$$

$$= \frac{1}{3} \times 1\,600 \times 471.5^3 - \frac{1}{3} \times (1\,600-180) \times (471.5-110)^3 + \frac{1}{3} \times 180 \times (1\,300-$$

$471.5)^3 + (6.67-1) \times 5\,586 \times (1\,207-471.5)^2 = 848 \times 10^8 (\text{mm}^4)$

受拉边缘的弹性抵抗矩：

$$W_0 = I_0/y_0 = \frac{848 \times 10^8}{828.5} = 1.02 \times 10^8 (\text{mm}^3)$$

(2)计算构件的刚度。

荷载频遇值效应组合：

$$M_s = M_{Gk} + \frac{0.7 M_{Q1K}}{1+\mu} + 0.4 \times M_{Q2K}$$

$$= 525.8 + \frac{0.7 \times 973.58}{1.378} + 0.4 \times 64.5 = 1\,046 (\text{kN} \cdot \text{m})$$

全截面的抗弯刚度：

$$B_0 = 0.95 E_c I_0 = 0.95 \times 3 \times 10^4 \times 848 \times 10^8 = 2\,416.8 \times 10^{12} (\text{N} \cdot \text{mm}^2)$$

开裂截面的抗弯刚度：

$$B_{cr} = E_c I_{cr} = 3 \times 10^4 \times 411.57 \times 10^8 = 1\,234.71 \times 10^{12} (\text{N} \cdot \text{mm}^2)$$

构件受拉区混凝土塑性影响系数：

$$\gamma = \frac{2 S_0}{W_0} = \frac{2 \times 85\,065\,402.5}{1.02 \times 10^8} = 1.67$$

开裂弯矩：

$$M_{cr} = \gamma \cdot f_{tk} W_0 = 1.67 \times 2.01 \times 1.02 \times 10^8 = 3.42 \times 10^8 (\text{N} \cdot \text{mm}) = 342\,\text{kN} \cdot \text{m}$$

代入

$$B = \frac{B_0}{\left(\frac{M_{cr}}{M_s}\right)^2 + \left[1 - \left(\frac{M_{cr}}{M_s}\right)^2\right]\frac{B_0}{B_{cr}}}$$

$$= \frac{2\,416.8 \times 10^{12}}{\left(\frac{342}{1\,046}\right)^2 + \left[1 - \left(\frac{342}{1\,046}\right)^2\right] \times \frac{2\,416.8 \times 10^{12}}{1\,234.71 \times 10^{12}}}$$

$$= 1\,302.8 \times 10^{12} (\text{N} \cdot \text{mm}^2)$$

(3)荷载短期效应作用下跨中截面挠度。

$$f_s = \frac{5 M_s L^2}{48 B} = \frac{5 \times 1\,046 \times 10^6 \times 15\,500^2}{48 \times 1\,302.8 \times 10^{12}} = 20.1 (\text{mm})$$

长期挠度：

$$f_l = \eta_\theta f_s = 1.6 \times 20.1 = 32.16 (\text{mm}) > \frac{L}{1\,600} = \frac{15\,500}{1\,600} = 9.69 (\text{mm})$$

所以应设置预拱度，按结构自重和 $\frac{1}{2}$ 可变荷载频遇值计算的长期挠度值之和采用。

$$f'_p = \eta_\theta \times \frac{5}{48} \times \frac{M_{Gk} + 0.5 \times [0.7 M_{Q1K}/(1+\mu) + M_{Q2K}] \times L^2}{B}$$

$$= 1.6 \times \frac{5}{48} \times \frac{\left[525.8 + 0.5 \times \left(\frac{0.7 \times 973.58}{1.378} + 64.5\right)\right] \times 10^6}{1\,302.8 \times 10^{12}} \times 15\,500^2 = 24.8 (\text{mm})$$

消除自重影响后的长期挠度：

$$f_{L\theta} = \eta_\theta \times \frac{5}{48} \times \frac{M_s - M_{Gk}}{B} \times L^2$$

$$= 1.6 \times \frac{5}{48} \times \frac{(1\ 046 - 525.8) \times 10^6}{1\ 302.8 \times 10^{12}} \times 15\ 500^2$$

$$= 16.0(\text{mm}) < L/600 = \frac{15\ 500}{600} = 25.8(\text{mm})$$

计算挠度满足规范要求。

2. 正截面应力验算

最下层钢筋到梁顶的距离：

$$h_{01} = 1\ 300 - (30 + 35.8/2) = 1\ 252(\text{mm})$$

受压区边缘压应力：

$$\sigma_{cc}^t = \frac{M_k^t}{I_{cr}} x_0 = \frac{525.8 \times 10^6 \times 248.2}{411.57 \times 10^8} = 3.17(\text{MPa}) \leqslant 0.8 f'_{ck} = 0.8 \times 20.1 = 16.08(\text{MPa})$$

最下层钢筋应力：

$$\sigma_{si}^t = \alpha_{Es} \frac{M_k^t}{I_{cr}} (h_{0i} - x_0) = 6.67 \times \frac{525.8 \times 10^6 \times (1\ 252 - 248.27)}{411.57 \times 10^8} = 85.53(\text{MPa})$$

$$\leqslant 0.75 f_{sk} = 0.75 \times 400 = 300(\text{MPa})$$

构件满足要求。

3. 裂缝宽度验算

正常使用极限状态裂缝宽度计算，采用荷载频遇值效应组合，并考虑荷载长期效应的影响。

荷载频遇值组合：

$$M_s = 1\ 046\ \text{kN} \cdot \text{m}$$

荷载准永久值组合：

$$M_l = M_{Gk} + 0.4 \left( \frac{M_{Q1K}}{1+\mu} + M_{Q2K} \right)$$

$$= 525.8 + 0.4 \times \left( \frac{973.58}{1.378} + 64.5 \right) = 834.21(\text{kN} \cdot \text{m})$$

$$C_1 = 1.0$$

$$C_2 = 1 + 0.5 \frac{M_l}{M_s} = 1 + 0.5 \times \frac{834.21}{1\ 046} = 1.40$$

$$C_3 = 1.0$$

$$\rho_{te} = \frac{A_s}{A_{te}} = \frac{A_s}{2 a_s b} = \frac{5\ 586}{2 \times 93 \times 180} = 0.167 > 0.1,\ 取\ \rho_{te} = 0.1$$

$$\sigma_{ss} = \frac{M_s}{0.87 A_s h_0} = \frac{1\ 046 \times 10^6}{0.87 \times 5\ 586 \times 1\ 207} = 178(\text{MPa})$$

$$d_e = \frac{6 \times 32^2 + 2 \times 22^2}{6 \times 32 + 2 \times 22} = 30.1(\text{mm})$$

所以 $W_{cr} = C_1 C_2 C_3 \dfrac{\sigma_{ss}}{E_s} \left( \dfrac{c+d}{0.3 + 1.4 \rho_{te}} \right)$

$$= 1.0 \times 1.40 \times 1.0 \times \frac{178}{2 \times 10^5} \times \left( \frac{30 + 1.3 \times 30.1}{0.3 + 1.4 \times 0.1} \right)$$

$$= 0.196(\text{mm}) < 0.2\ \text{mm}$$

满足规范要求。

## 二、钢筋混凝土简支 T 形梁的施工预制

由以上钢筋混凝土简支 T 形梁的设计与验算可知其截面尺寸及钢筋的设置,由施工图即可对其进行施工。其施工工艺流程如图 1-22 所示。

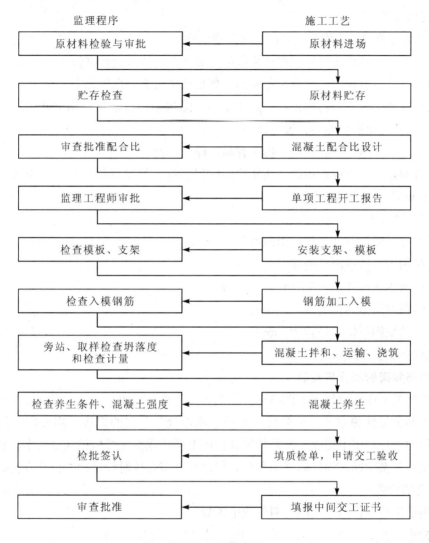

图 1-22 工艺流程

### (一)施工准备工作

对原材料(包括钢筋、混凝土等)检验、批准,包括:水泥产品合格证、出厂检验报告、进场复验报告;外加剂产品合格证、出厂检验报告、进场复验报告;混凝土中氯化物、碱的总含量计算书;掺合料出厂合格证、进场复试报告;粗、细集料进场复验报告;水质试验报告;混凝土配合比设计资料;钢筋的拉力试验、外观检查等。做必要的准备工作,进行机具准备、材料准备、运输准备、浇筑准备,做混凝土配合比试验,并应经审查批准,取得单项开工报告才可开工。

## (二)支架及模板

该 T 形梁模板采用拼装式整体定型钢模板,侧模采用 6 mm 钢板,背肋采用 10 号角钢;底模采用 10 mm 的钢板,并在钢板的两侧加焊角钢补强;端模采用 5 mm 的钢板,侧模在加工厂定做,5 m 一节,进场前进行严格的组拼检验。在侧模安装附着式振捣器,振捣器的排列呈梅花形布置。

### 1. 模板的安装和拆除均采用龙门吊时注意事项

(1)在整个施工过程中要始终保持模板的完好状态,认真进行维修保养工作。

(2)模板在吊运过程中,注意避免碰撞,严禁从吊机上将模板悬空抛落。

(3)在首次使用时,要对模板进行除锈工作,除锈采用电动钢丝刷清除锈垢,然后涂刷脱模剂,脱模剂的涂刷要均匀、没有遗漏。

(4)模板要求平整,接缝严密,拆装容易,操作方便。

(5)装拆时,要注意检查接缝处止浆垫的完好情况,如发现损坏应及时更换,以保证接缝紧密、不漏浆。

### 2. 模板安装的精度要求

(1)梁板在长度和宽度中每一米的偏差≤2 mm。

(2)底模沿梁长任意两点的高差≤5 mm。

(3)梁模板内部尺寸:+5 mm,−3 mm。

(4)横隔板对梁体的垂直度±5 mm。

(5)相邻两块钢模拼装高差±3 mm。

(6)端模垂直度±3 mm。

## (三)钢筋骨架的制作与安装

钢筋骨架的制作在钢筋加工棚内进行,钢筋要调直、除锈,下料、弯制要准确,加工好的半成品钢筋分类挂牌存放。钢筋接头采用双面焊缝,骨架的焊接采用分段、分片方式进行,在专用的焊接台座上施焊,钢筋骨架在台座上绑扎成型,严格按规范要求,然后运至现场装配成型。骨架主筋在焊接时适当配料,使之在成型焊接时焊接接头错开设置。

### 1. 钢筋的检验

焊接钢筋的检验:可采用闪光对焊或电弧焊。

外观检查:每 200 个接头为一批。抽检 10% 接头,并不少于 10 个。

检查结果:接头处不得有横向裂纹,不得有烧伤,接头处的弯折不得大于 4°,接头处的钢筋轴线偏移不得大于钢筋直径的 0.1,同时不得大于 2 mm。当一个接头不符合要求时,应对全部接头进行检查,剔除不合格品,不合格接头切除重焊后应再次提交验收。

力学性能试验:每批取 9 个试件,3 个做拉伸试验,3 个做冷弯试验,3 个做可焊性试验。若合格,认为该批钢筋可用;若不合格,重复双倍取样试验,若合格则仍认为该批合格,否则,该批为不合格。

### 2. 钢筋骨架的检查

(1)钢筋的型号、规格、数量有无遗漏。

(2)支架垫块是否合格、牢固,能否抵御浇筑和振捣施工而不致移位。

(3)绑扎接头、焊接钢筋的搭配、间距等是否符合要求。
(4)各钢筋位置是否正确,尺寸是否在允许误差范围之内。
(5)钢筋弯曲编排是否与图纸相符,重点是主筋位置、长短、弯起、弯钩及保护层。

**(四)混凝土工程**

钢筋和模板安装完毕,经监理工程师检查验收并签字后进行混凝土的浇筑施工。混凝土在拌合站集中拌制,上料的顺序一般先是石子,然后是水泥,最后是砂。用混凝土输送泵泵送入模。浇筑采用水平分层、斜向分段的连续浇筑方式,从梁的一端顺序向另一端推进。浇筑到顶后,及时整平、抹面收浆。在侧模安装附着式振捣器,振捣器的排列呈梅花形。混凝土的养护在自然状态下进行,梁体混凝土浇筑完成后,梁体顶面用草袋覆盖,每天洒水养护,保证24 h潮湿,养护期14天。采用人工配合吊车的方法进行模板拆除。

在进行混凝土浇筑施工时,应注意如下事项:

(1)浇筑前,要对所有操作人员进行详细的技术交底,并对模板和钢筋的稳固性以及混凝土的拌和、运输、浇筑系统所需的机具设备进行一次全面检查,符合要求后方可开始施工。

(2)在混凝土尚未达到的区段内,禁止开动该区段内的附着式振捣器,以免空模振捣而导致模板尺寸和位置发生变化。

(3)施工时随时检查模板、钢筋和各种预埋件位置及其稳固情况,发现问题及时处理。

(4)浇筑过程中要随时检查混凝土的坍落度和干硬性,严格控制水胶比,不得随意增加用水量,前后台密切配合,以保证混凝土的质量。

(5)每片梁除留足标准养护试件外,还要做随梁同条件养护的试件3组,作为拆模、移梁等工序的强度控制依据。混凝土强度达到2.5 MPa时,方可拆除侧模板。

(6)混凝土强度达到1.2 N/mm$^2$前,不得在其上踩踏或安装模板及支架。

(7)混凝土应连续浇筑,并在前层混凝土初凝前完成次层混凝土的浇捣,因故间歇,不得使前层混凝土初凝(初凝时间与水泥品种、入模温度有关),否则应作为工作缝处理。

# 第七章 轴心受压构件的构造要求及计算

**学习要点:**

本章主要介绍了钢筋混凝土轴心受压构件的构造要求及设计与复核,要求学生能进行普通箍筋柱和螺旋箍筋柱的正截面承载力计算;知道普通箍筋柱和螺旋钢筋柱在实际工程中的应用。

1. 知道轴心受压构件与偏心受压构件的概念,知道轴心受压构件分普通箍筋柱和螺旋箍筋柱。

2. 知道普通箍筋柱的构造要求,包括普通箍筋柱混凝土的强度等级及截面尺寸和钢筋的设置;知道普通箍筋柱受力全过程及其破坏特征;掌握构件长细比的大小对轴向受压构件承载力的影响情况,以及在构件设计时如何考虑其影响;能进行普通箍筋柱的截面设计及承载力复核。

3. 知道螺旋箍筋柱的构造要求，包括螺旋箍筋柱混凝土的强度等级及截面尺寸和钢筋的设置；知道螺旋箍筋柱受力全过程及其破坏特征；能进行螺旋箍筋柱的截面设计及承载力复核。

4. 具备轴心受压构件钢筋施工图的识图能力。

# A  轴心受压构件的构造要求及计算考核内容

## 一、填空题

1. 钢筋混凝土轴心受压构件按照箍筋的功能和配置方式的不同，可分为（    ）和（    ）两种。

2. 普通箍筋柱的纵向钢筋的配筋率不应小于（    ），当混凝土强度等级大于等于C50时，不应小于（    ）；同时，一侧钢筋的配筋率不应小于（    ）。

3. 在进行普通箍筋柱受压计算时，用到的构件计算长度 $L_0$ 的取值：当构件两端固定时，取（    ）；当一端固定一端为不移动的铰时，取（    ）；当两端为不移动的铰时，取（    ）；当一端固定一端自由时，取（    ）。$L_0$ 为构件支点间长度。

4. 螺旋箍筋柱的截面形式，通常做成（    ）形或（    ）形。

5. 螺旋箍筋的配筋率是指（    ）和（    ）的比值。

## 二、选择题

1. 普通箍筋柱对所用的材料及截面尺寸有（    ）的规定。

   A. 轴心受压构件的正截面承载力主要由普通箍筋来提供

   B. 普通箍筋柱一般多采用C20级以上的混凝土

   C. 轴心受压构件截面常采用正方形或长方形，构件截面尺寸不宜小于250 mm

   D. 轴心受压构件的正截面承载力完全由纵向主筋来提供

2. 对普通箍筋柱的纵向钢筋，下列说法错误的是（    ）。

   A. 在受压柱中配置纵向钢筋用来协助混凝土承担压力

   B. 纵向受力钢筋至少应有4根，在截面每一角隅处必须布置一根

   C. 纵向钢筋净距不应小于50 mm，也不应大于350 mm

   D. 纵向钢筋的直径不应小于10 mm

3. 在进行普通箍筋柱承载力计算时，当纵向钢筋配筋率大于（    ）%时，$A$ 应扣除钢筋所占的混凝土面积。

   A. 3          B. 4          C. 5          D. 2

4. 轴心受压柱纵筋应（    ）布置。

   A. 沿截面周边                B. 沿下部

   C. 沿上部                    D. 沿截面周边均匀对称

5. 螺旋箍筋柱的纵向受力主筋的布置应是（    ）。

   A. 纵向受力钢筋沿圆周均匀分布

   B. 纵向受力主筋的截面面积不应小于螺旋箍筋圈内混凝土核心截面面积的0.3%

C. 螺旋箍筋柱核心混凝土截面面积应不大于整个截面面积的 2/3

D. 纵向受力钢筋可以不伸入与受压构件连接的上下构件内

6. 有关螺旋箍筋下列说法错误的是（　　）。

A. 螺旋箍筋换算截面面积 $A_{s0}$ 不应小于全部纵向钢筋截面面积的 25%

B. 螺旋箍筋的配筋率一般不小于 0.8%

C. 螺旋箍筋的配筋率不宜大于 2.5%

D. 螺旋箍筋换算截面面积就是核心混凝土的面积

7. 普通箍筋的矩形轴心受压构件承载力计算时用到 $L_0/b$，其中 $b$ 是指（　　）。

A. 矩形截面的宽度　　　　　　　　B. 矩形截面短边长度

C. 矩形截面的长度　　　　　　　　D. 矩形截面长边长度

### 三、判断题

1. 在实际工程中，桁架拱中的某些杆件（如受压腹杆）是按轴心受压构件设计的。（　　）

2. 沿箍筋设置的纵向钢筋离角筋间距 $s$ 不大于 150 mm 或 15 倍箍筋直径时，应设复合箍筋。（　　）

3. 纵向稳定系数 $\varphi$ 表示长柱承载能力的降低程度，即受压柱越细长，则 $\varphi$ 值越大，承载力越高。（　　）

4. 配有螺旋箍筋的轴心受压柱在箍筋约束下处于三向应力状态，可以提高柱的承载力。（　　）

5. 螺旋箍筋所提高的承载力为同体积纵向受力钢筋承载力的 2~2.5 倍。（　　）

6. 长细比 $\frac{L_0}{i} \geqslant 48$ 时，应考虑螺旋箍筋对核心混凝土的约束作用，按螺旋箍筋柱计算其承载力。（　　）

7. 螺旋箍筋柱中的螺旋箍筋在工作中是受拉的。（　　）

### 四、名词解释

1. 轴心受压构件
2. 偏心受压构件
3. 普通箍筋柱
4. 螺旋箍筋柱
5. 螺旋箍筋的换算截面面积

### 五、问答题

1. 轴心受压构件的承载力主要由混凝土承担，布置纵向钢筋的目的是什么？
2. 螺旋箍筋柱的螺旋箍筋应满足的条件有哪些？
3. 如果受压柱高度过大时，应采用螺旋柱还是普通箍筋柱？
4. 普通箍筋柱与螺旋箍筋柱的承载力分别由哪些部分组成？
5. 普通箍筋柱配置的箍筋有何作用？对其直径、间距和附加箍筋有何要求？
6. 普通箍筋柱破坏形态如何？
7. 螺旋箍筋柱破坏形态如何？

8. 普通箍筋柱截面设计的步骤是什么？

9. 普通箍筋柱承载力复核的步骤是什么？

10. 螺旋箍筋柱截面设计的步骤是什么？

11. 螺旋箍筋柱承载力复核的步骤是什么？

六、计算题

1. 有一现浇的钢筋混凝土轴心受压柱，柱高 5 m，底端固定，顶端铰接。承受的轴力组合设计值 $N_d = 1\ 820$ kN，结构重要性系数为 1.0。拟采用 C30 混凝土，$f_{cd} = 13.8$ MPa，HRB400 级钢筋，$f'_{sd} = 330$ MPa。试设计柱的截面尺寸及配筋。

2. 有一现浇的圆形截面柱，直径 $d = 500$ mm，柱高 $L = 5$ m，两端按铰接计算。承受的轴向力组合设计值 $N_d = 4\ 000$ kN，结构重要性系数为 1.0。拟采用 C30 混凝土，$f_{cd} = 13.8$ MPa；纵向钢筋采用 HRB400 级钢筋，$f'_{sd} = 330$ MPa；箍筋采用 HPB300 级钢筋，$f_{sd} = 250$ MPa。试选择钢筋。

3. 已知一矩形截面轴心受压柱，截面尺寸为 350 mm×500 mm，计算长度 $L_0 = 5$ m，承受的轴向压力组合设计值 $N_d = 2\ 800$ kN，C30 混凝土，钢筋等级为 HRB400，安全等级为二级，试对构件进行配筋，并复核承载力。

## B 轴心受压构件的构造要求及计算考核答案

一、填空题

1. 普通箍筋柱　螺旋箍筋柱

2. 0.5%　0.6%　0.2%

3. $0.5L_0$　$0.7L_0$　$L_0$　$2L_0$

4. 圆　八角

5. 螺旋箍筋的换算截面面积　螺旋箍筋圈内核心混凝土截面面积

二、选择题

1. C　2. D　3. A　4. D　5. A　6. D　7. B

三、判断题

1. √　2. ×　3. ×　4. √　5. √　6. ×　7. √

四、名词解释

1. 轴心受压构件：轴向外力的作用线与构件轴线重合的受压构件。

2. 偏心受压构件：轴向外力的作用线偏离或同时作用有轴向力和弯矩的构件。

3. 普通箍筋柱：配有纵向钢筋和普通箍筋的轴心受压构件。

4. 螺旋箍筋柱：配有纵向钢筋和螺旋箍筋的轴心受压构件。

5. 螺旋箍筋的换算截面面积：将螺旋箍筋按体积相等折算成相当的纵向钢筋的截面面积，即一圈螺旋箍筋的体积除以螺旋箍筋的间距。

五、问答题

1. 答：轴心受压构件的承载力主要由混凝土承担，布置纵向钢筋的目的是在柱中配置纵向钢筋用来协助混凝土承担压力,以减小截面尺寸,并增加对意外弯矩的抵抗能力,防止构件的突然破坏。

2. 答:(1)螺旋箍筋的直径不应小于纵向受力钢筋直径的 1/4,且不小于 8 mm。

(2)螺旋箍筋的间距应不大于核心混凝土直径的 1/5,不应大于 80 mm,也不应小于 40 mm,以利于混凝土浇筑。

(3)螺旋箍筋换算截面面积 $A_{s0}$ 不应小于全部纵向钢筋截面面积的 25%,螺旋箍筋的配筋率一般不小于 0.8%~1.0%,但也不宜大于 2.0%~3.0%。

3. 答:对于长细比较大的螺旋箍筋柱,有可能发生失稳破坏,构件破坏时,核心混凝土的横向变形不大,螺旋箍筋的约束作用不能有效发挥,甚至不起作用。螺旋箍筋的作用只能提高核心混凝土的抗压强度,而不能增加柱的稳定性。构件的长细比 $\frac{L_0}{i} \geqslant 48 \left( 相当于 \frac{L_0}{2r} > 12 \right)$ 时,不考虑螺旋箍筋对核心混凝土的约束作用,应按普通箍筋柱计算其承载力。

4. 答:普通箍筋柱的承载力由主钢筋及受压混凝土来承担。

螺旋箍筋柱的承载力由核心混凝土的承载力、纵向受力钢筋的承载力和螺旋箍筋的承载力三个部分组成。

5. 答:(1)作用:箍筋的布置可以使纵向钢筋的自由长度减小,以减小纵向钢筋受压时发生的纵向压屈,使纵向钢筋的强度得以充分发挥;同时,箍筋可以固定纵向钢筋的位置。

(2)要求:普通箍筋柱中的箍筋必须做成封闭式,箍筋直径应不小于纵向钢筋直径的 1/4,且不小于 8 mm;箍筋的间距应不大于纵向受力钢筋直径的 15 倍,且不大于构件截面的较小尺寸(圆形截面采用 0.8 倍直径),并不大于 400 mm。在纵向钢筋搭接范围内,箍筋的间距应不大于纵向钢筋直径的 10 倍且不大于 200 mm。当纵向钢筋截面面积超过混凝土截面面积的 3%时,箍筋间距应不大于纵向钢筋直径的 10 倍,且不大于 200 mm。

沿箍筋设置的纵向钢筋离角筋间距 S 不大于 150 mm 或 15 倍箍筋直径(取较大者),若超过此范围设置纵向受力钢筋,应设复合箍筋。

6. 答:在受荷载后,整个截面的应变是均匀分布的。最初,在荷载较小时,混凝土和钢筋都处于弹性工作阶段,钢筋和混凝土的应力基本上按其弹性模量的比值来分配。随着荷载逐渐加大,混凝土的塑性变形开始发展,弹性模量降低,受压柱变形的增加越来越大,混凝土应力的增加则越来越慢,而钢筋的应力基本上与其应变成正比增加。若荷载长期持续作用,混凝土还会发生徐变,从而引起混凝土与钢筋之间的应力重分布,使混凝土的应力有所减小,而钢筋的应力有所增加。加载至构件破坏时,柱受压出现纵向裂缝,混凝土保护层剥落,箍筋间的纵向钢筋向外弯曲,混凝土被压碎。

7. 答:在混凝土压应变 $\varepsilon_c = 0.002$ 以前,螺旋箍筋柱的轴力-混凝土压应变变化曲线与普通箍筋柱基本相同。当轴力继续增加直至混凝土和纵筋的压应变 $\varepsilon$ 达到 0.003~0.003 5 时,纵筋已经开始屈服,箍筋外面的混凝土保护层开始崩裂、剥落,混凝土的截面面积减小,轴力略有下降。这时,核心部分混凝土由于受到螺旋箍筋的约束,仍能继续受压,其抗压强度超过了轴心抗压强度,曲线逐渐回升。随着轴力不断增大,螺旋箍筋达到屈服,不能再约束核心混凝土横向变形,混凝土被压碎,构件即告破坏。

8. 答：(1)当截面尺寸已知时，根据构件的长细比($L_0/b$)，由表查得稳定系数 $\varphi$。

(2)由公式 $\gamma_0 N_d \leqslant 0.9\varphi(f_{cd}A + f'_{sd}A'_s)$ 推出，$A'_s = \dfrac{\gamma_0 N_d - 0.9\varphi f_{cd}A}{0.9\varphi f'_{sd}}$，计算所需钢筋截面面积。

(3)若截面尺寸未知，可在适宜的配筋率范围($\rho = 0.8\% \sim 1.5\%$)内，选取一个 $\rho$ 值，并暂设 $\varphi = 1$。

(4)可将 $A'_s = \rho A$ 代入公式 $\gamma_0 N_d \leqslant 0.9\varphi(f_{cd}A + f'_{sd}\rho A)$，求得 $A \geqslant \dfrac{\gamma_0 N_d}{0.9\varphi(f_{cd} + f'_{sd}\rho)}$。

所需构件截面面积 $A$ 确定后，应结合构造要求选取截面尺寸，截面的边长应取整数，若为正方形，则直接取 $b = h = \sqrt{A}$。

(5)按构件的实际长细比($L_0/b$)，由表查得稳定系数。

(6)由公式 $A'_s = \dfrac{\gamma_0 N_d - 0.9\varphi f_{cd}A}{0.9\varphi f'_{sd}}$ 计算所需的钢筋截面面积 $A'_s$。

(7)根据求得的受压钢筋的面积选择钢筋的直径及根数，布置受压主筋。根据构造要求设置箍筋。

9. 答：(1)检查钢筋布置是否满足规范要求。

(2)应根据构件的长细比($L_0/b$)，由表查得稳定系数 $\varphi$。

(3)由公式 $N_{du} = 0.9\varphi(f_{cd}A + f'_{sd}A'_s)$ 求得截面所能承受的轴向力设计值。

(4)若 $N_{du} \geqslant \gamma_0 N_d$，说明构件的承载力是足够的。

10. 答：(1)在经济配筋范围内选取一个配筋率 $\rho$ 和 $\rho_{s0}$，一般可取 $\rho = 0.01 \sim 0.03$，$\rho_{s0} = 0.01 \sim 0.025$。

(2)将纵向钢筋 $A'_s$ 和螺旋换算截面面积 $A_{s0}$ 分别以配筋率 $\rho = A'_s/A_{cor}$ 和 $\rho_{s0} = A_{s0}/A_{cor}$ 表示，得公式：

$$r_0 N_d \leqslant 0.9[f_{cd}A_{cor} + f'_{sd}\rho A_{cor} + k f_{sd}\rho_{s0}A_{cor}]$$

$$r_0 N_d \leqslant 0.9[f_{cd} + f'_{sd}\rho + k f_{sd}\rho_{s0}]A_{cor}$$

代入公式 $A_{cor} \geqslant \dfrac{r_0 N_d}{0.9[f_{cd} + \rho f'_{sd} + k\rho_{s0}f_{sd}]}$，求得核心混凝土截面面积 $A_{cor}$。

(3)求核心混凝土直径为

$$d_{cor} = \sqrt{\dfrac{4A_{cor}}{\pi}} = 1.128\sqrt{A_{cor}}$$

构件直径为 $d = d_{cor} + 2c$（$c$ 为纵向受力钢筋的混凝土保护层厚度），并取整数。

(4)截面尺寸确定后，求得实际的核心混凝土截面面积 $A_{cor}$ 和相应的纵向钢筋截面面积 $A'_s = \rho A_{cor}$，选择钢筋的直径及根数，布置受压主筋。

(5)将其代入公式 $\gamma_0 N_d \leqslant 0.9(f_{cd}A_{cor} + f'_{sd}A'_s + k f_{sd}A_{s0})$，求得螺旋箍筋的换算截面面积为

$$A_{s0} = \dfrac{r_0 N_d - 0.9(f_{cd}A_{cor} + f'_{sd}A'_s)}{0.9k f_{sd}}$$

然后由公式 $A_{s0} = \dfrac{\pi d_{cor}A_{s01}}{s}$ 配箍筋，选择箍筋直径 $A_{s01}$，确定箍筋间距。

11. 答：强度复核：

(1)校核构件的长细比，要求构件长细比满足 $\lambda=\dfrac{L_0}{i}<48$ 时，对圆形截面柱，长细比 $\lambda=\dfrac{l_0}{d}<12$，且 $A_{s0}<0.25A'_s$。

(2)代入公式 $N_u=0.9(f_{cd}A_{cor}+f'_{sd}A'_s+kf_{sd}A_{s0})$ 进行计算，判断是否 $N_u\geqslant\gamma_0 N_d$。

(3)按公式 $0.9(f_{cd}A_{cor}+kf_{sd}A_{s0}+f'_{sd}A'_s)\leqslant 1.35\varphi(f_{cd}A+f'_{sd}A'_s)$ 进行校核。

## 六、计算题

1. 解：查表可知，混凝土抗压强度设计值 $f_{cd}=13.8$ MPa，纵向钢筋的抗压强度设计值 $f'_{sd}=330$ MPa。

轴心压力计算值 $N_u=\gamma_0 N_d=1.0\times 1\,820=1\,820(\text{kN})$。

假定 $\rho'=\dfrac{A'_s}{A}=1\%$，$\varphi=1.0$，由于是现浇的钢筋混凝土轴心受压柱，柱高 5 m，底端固定，顶端铰接，所以 $L_0=0.7\times 5=3.5(\text{m})$。

则由公式 $\gamma_0 N_d\leqslant 0.9\varphi(f_{cd}A+f'_{sd}A'_s)$ 可得：

$$A=\dfrac{\gamma_0 N_d}{0.9\varphi(f_{cd}+\rho' f'_{sd})}=\dfrac{1\,820\times 10^3}{0.9\times 1.0\times(13.8+0.01\times 330)}=118\,259(\text{mm}^2)$$

采用正方形，则 $b=h\sqrt{118\,259}=324$ mm。

取 $b=h=350$ mm，则长细比 $\lambda=\dfrac{L_0}{b}=\dfrac{3.5\times 10^3}{350}=10$，查表可得到稳定系数 $\varphi=0.98$。

可得所需要的纵向钢筋数量 $A'_s$ 为

$$A'_s=\dfrac{1}{f'_{sd}}\left(\dfrac{\gamma_0 N_d}{0.9\varphi}-f_{cd}A\right)=\dfrac{1}{330}\times\left[\dfrac{1\,820\times 10^3}{0.9\times 0.98}-13.8\times(350\times 350)\right]=1\,130(\text{mm}^2)$$

现选用纵向钢筋为 6⌀16，$A'_s=1\,206$ mm²。

截面配筋率 $\rho'=\dfrac{A'_s}{A}=\dfrac{1\,206}{350\times 350}=1.0\%>\rho'_{\min}=0.5\%$，且 $<\rho'_{\max}=5\%$。

截面一侧的纵筋配筋率 $\rho'=\dfrac{402}{350\times 350}=0.3\%>0.2\%$。

纵向钢筋在截面上布置如图 1-23 所示。

布置在截面短边 $b$ 方向上的纵向钢筋间距：

$$s_n=\dfrac{250-2\times 30-3\times 18.4}{1}=134.8(\text{mm})>50\text{ mm},$$

且小于 350 mm，满足规范要求。

封闭式箍筋截面选用 ⌀8，满足直径大于 $\dfrac{1}{4}d=\dfrac{1}{4}\times 16=4(\text{mm})$，且不小于 8 mm 的要求。根据构造要求，箍筋间距 $s$ 应满足：

$$s\leqslant 15d=15\times 16=240(\text{mm})$$
$$s\leqslant b=350\text{ mm}\leqslant 400\text{ mm}$$

故应选用箍筋间距 $s=200$ mm。

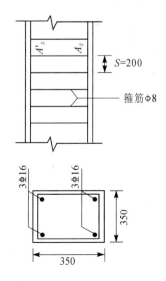

图 1-23 计算题 1 钢筋布置图

2. 解：已知：$\gamma_0 = 1.0$。拟采用 C30 混凝土，$f_{cd} = 13.8$ MPa；纵向钢筋采用 HRB400 级钢筋，$f'_{sd} = 330$ MPa；箍筋采用 HPB300 级钢筋，$f_{sd} = 250$ MPa。

轴心压力计算值 $\gamma_0 N_d = 1 \times 4\,000 = 4\,000$ (kN)。

(1) 截面设计。

由已知柱高 $L = 5$ m，两端按铰接计算，可得构件计算长度：

$$L_0 = L = 5 \text{ m}$$

由于长细比 $\lambda = \dfrac{L_0}{d} = \dfrac{5 \times 10^3}{500} = 10 < 12$，$\varphi = 0.95$，故可以按螺旋箍筋柱设计。

1) 计算纵向钢筋截面面积。

设纵向钢筋的混凝土保护层厚度 $c = 30$ mm，则可得到：

核心面积直径：$d_{cor} = d - 2c = 500 - 2 \times 30 = 440$ (mm)

螺旋箍筋柱的截面面积：$A = \dfrac{\pi d^2}{4} = \dfrac{3.14 \times 500^2}{4} = 196\,250$ (mm²)

核心混凝土面积：$A_{cor} = \dfrac{\pi d_{cor}^2}{4} = \dfrac{3.14 \times 440^2}{4} = 151\,976$ (mm²) $> \dfrac{2}{3} A = 130\,833$ mm²

假定纵向钢筋配筋率 $\rho = 0.015$，则可得到：

$$A'_s = \rho A_{cor} = 0.015 \times 151\,976 = 2\,279.6 \text{ (mm}^2\text{)}$$

现选用 9$\Phi$18，$A'_s = 2\,290$ mm²。

2) 确定箍筋的直径和间距 $s$。

$$N_u = \gamma_0 N_d = 4\,000 \text{ kN}$$

可得到螺旋箍筋换算截面面积 $A_{s0}$：

$$A_{s0} = \dfrac{\dfrac{\gamma_0 N_d}{0.9} - f_{cd} A_{cor} - f'_{sd} A'_s}{k f_{sd}} = \dfrac{\dfrac{4\,000 \times 10^3}{0.9} - 13.8 \times 151\,976 - 330 \times 2\,290}{2 \times 250}$$

$$= 3\,183 \text{ (mm}^2\text{)} > 0.25 A'_s = 0.25 \times 2\,290 = 572.5 \text{ (mm}^2\text{)}$$

现选 $\phi 14$，单肢箍筋的截面面积 $A_{s01} = 153.9$ mm²。

这时螺旋箍筋所需的间距为

$$s = \dfrac{\pi d_{cor} A_{s01}}{A_{s0}} = \dfrac{3.14 \times 440 \times 153.9}{3\,183} = 66.8 \text{ (mm)}$$

由构造要求，间距 $s$ 应满足 $s \leq d_{cor}/5 = 440/5 = 88$ (mm) 及 $s \leq 80$ mm，故取 $s = 65$ mm $> 40$ mm，截面设计布置如图 1-24 所示。

(2) 截面复核。

经检查，图 1-24 所示钢筋布置符合构造要求。

实际设计截面的 $A_{cor} = 151\,976$ mm²，$A'_s = 2\,290$ mm²，$\rho = 2\,290/151\,976 = 1.51\% > 0.5\%$。

$$A_{s0} = \dfrac{\pi d_{cor} A_{s0i}}{s} = \dfrac{3.14 \times 440 \times 153.9}{65} = 3\,271 \text{ (mm}^2\text{)}$$

$$N_u = 0.9(f_{cd} A_{cor} + k f_{sd} A_{s0} + f'_{sd} A'_s)$$

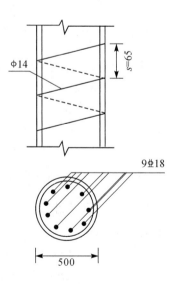

图 1-24 计算题 2 钢筋布置图

$$= 0.9 \times (13.8 \times 151\,976 + 2 \times 250 \times 3\,271 + 330 \times 2\,290)$$
$$= 4\,040(\text{kN}) > \gamma_0 N_d = 4\,000 \text{ kN}$$

检查混凝土保护层是否会剥落：
$$N'_u = 0.9\varphi(f_{cd}A + f'_{sd}A'_s) = 0.9 \times 0.98 \times (13.8 \times 196\,250 + 330 \times 2\,290)$$
$$= 3\,055.203 \times 10^3(\text{N}) = 3\,055.203 \text{ kN}$$
$$1.5N'_u = 1.5 \times 3\,055.203$$
$$= 4\,582.806(\text{kN}) > N_u = 4\,040 \text{ kN}$$

故混凝土保护层不会剥落。

3. 解：(1)配筋设计。

查表可知，C30 混凝土抗压强度设计值 $f_{cd}=13.8$ MPa，纵向钢筋的抗压强度设计值 $f'_{sd}=330$ MPa，轴心压力计算值 $N_u=\gamma_0 N_d=1.0 \times 2\,800=2\,800(\text{kN})$。

已知 $b \times h = 350 \text{ mm} \times 500 \text{ mm}$，则长细比 $\lambda = \dfrac{L_0}{b} = \dfrac{5 \times 10^3}{350} = 14.3$。

查表得到稳定系数 $\varphi = 0.912\,5$，可得所需要的纵向钢筋数量：
$$A'_s = \dfrac{1}{f'_{sd}}\left(\dfrac{\gamma_0 N_d}{0.9\varphi} - f_{cd}A\right) = \dfrac{1}{330} \times \left[\dfrac{2\,800 \times 10^3}{0.9 \times 0.912\,5} - 13.8 \times (350 \times 350)\right] = 3\,013(\text{mm}^2)$$

现选用纵向钢筋为 8⌀22，$A'_s = 3\,041 \text{ mm}^2$。

截面配筋率：$\rho = \dfrac{A'_s}{A} = \dfrac{3\,041}{350 \times 500} = 1.7\% > \rho'_{\min} = 0.5\%$，且 $< \rho'_{\max} = 5\%$。

截面一侧的纵筋配筋率：$\rho' = \dfrac{1\,140}{350 \times 500} = 0.65\% > 0.2\%$。

纵向钢筋在截面上布置如图 1-25 所示。

布置在截面短边 $b$ 方向上的纵向钢筋间距：
$$s_n = \dfrac{350 - 2 \times 30 - 3 \times 25.1}{2} = 107.35(\text{mm}) > 50 \text{ mm},$$

且小于 350 mm，满足规范要求。

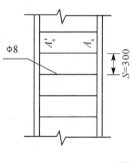

封闭式箍筋截面选用 ⌀8，满足直径大于 $\dfrac{1}{4}d = \dfrac{1}{4} \times 22 = 5.5(\text{mm})$，且不小于 8 mm 的要求。根据构造要求，箍筋间距 $s$ 应满足：
$$s \leqslant 15d = 15 \times 22 = 330(\text{mm})$$
$$s \leqslant b = 350 \text{ mm} \leqslant 400 \text{ mm}$$

故应选用箍筋间距 $s = 300$ mm。

(2)强度复核。

从以上设计可知，受压钢筋及箍筋均满足构造要求。

受压钢筋为 8⌀22，截面尺寸为 $350 \text{ mm} \times 500 \text{ mm}$，

则长细比 $\lambda = \dfrac{L_0}{b} = \dfrac{5 \times 10^3}{350} = 14.3$。

查表可得到稳定系数 $\varphi = 0.912\,5$。

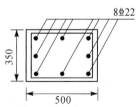

图 1-25 计算题 3 钢筋布置图

$$N_u = 0.9\varphi(f_{cd}A + f'_{sd}A'_s) = 0.9 \times 0.9125 \times (13.8 \times 350 \times 500 + 330 \times 3041)$$
$$= 2807(\text{kN}) > 2800 \text{ kN}$$

所以，该受压构件能承受 2 800 kN 的轴向压力。

# 第八章　偏心受压构件

**学习要点：**

本章介绍了钢筋混凝土偏心受压构件的基础知识、设计及计算原理，使学生能够掌握钢筋混凝土偏心受压构件钢筋骨架的构造要求和钢筋加工工艺，掌握钢筋混凝土偏心受压柱的界面选择、配筋及承载力计算。因钢筋混凝土偏心受压构件在结构工程中非常常见，要求学生具备灵活运用此知识解决工程中实际问题的能力。

1. 掌握钢筋混凝土偏心受压柱的基本概念，实际结构中偏心受压柱偏心的原因，大小偏心的界限。
2. 掌握矩形截面偏心受压构件的构造要求，矩形截面偏心受压构件的承载力计算。
3. 掌握圆形截面偏心受压构件的构造要求，圆形截面偏心受压构件的承载力计算。

## A　偏心受压构件考核内容

### 一、填空题

1. 偏心受压构件通常采用矩形截面，最小尺寸不宜小于(　　)，长短边的比值为(　　)。截面尺寸较大时，采用(　　)和(　　)截面。

2. 偏心受压构件的纵向钢筋，全部纵向钢筋的配筋率不应小于(　　)。当混凝土强度等级为 C50 及以上时，不应小于(　　)；同时，每侧纵向钢筋配筋率不应小于(　　)。

3. 界限破坏时的混凝土受压区高度一般以(　　)表示，若(　　)，属于大偏心受压构件；若(　　)，属于小偏心受压构件。

4. 偏心受压构件在实际设计计算过程中，常采用 $\eta e_0$ 和 $0.3h_0$ 相比较进行大、小偏心的判别，当(　　)时，可以按照大偏心受压构件来进行设计；当(　　)时，可先按照小偏心受压构件进行设计计算。

5. 对于一般钢筋混凝土圆形截面偏心受压柱，纵向钢筋的直径不宜小于(　　)，保护层厚度不小于(　　)。

6. 桥梁工程中采用的钻孔灌注桩，直径不小于(　　)，桩内纵向受压钢筋的直径不宜小于(　　)，钢筋不宜少于(　　)根，钢筋净间距不宜小于(　　)，混凝土保护层厚度不小于(　　)；箍筋间距为 200～400 mm。

7. 对直径较大的桩，为了加强钢筋骨架的刚度，可在钢筋骨架上每隔(　　)设置一道直径为(　　)的箍筋。

## 二、选择题

1. 纵向受力钢筋的常用配筋率（全部钢筋截面面积与构件截面面积之比），大偏心受压构件宜为（    ）。
   A. $\rho=0.5\%\sim1\%$  B. $\rho=1\%\sim3\%$
   C. $\rho=3\%\sim3.5\%$  D. $\rho=3.5\%\sim4\%$

2. 纵向受力钢筋的常用配筋率（全部钢筋截面面积与构件截面面积之比），小偏心受压构件宜为（    ）。
   A. $\rho=0.5\%\sim2\%$  B. $\rho=1\%\sim3\%$
   C. $\rho=3\%\sim3.5\%$  D. $\rho=3.5\%\sim4\%$

3. 偏心受压构件全截面配筋率为（    ）。
   A. $\rho=\dfrac{A_s}{bh}$  B. $\rho=\dfrac{A_s'}{bh}$  C. $\rho=\dfrac{A_s+A_s'}{bh}$  D. $\rho=\dfrac{A_s+A_s'}{bh_0}$

4. 装配式偏心受压构件，为了保证安装时不会出错，一般宜采用（    ）。
   A. 大偏心配筋  B. 小偏心配筋  C. 对称配筋  D. 非对称配筋

5. 矩形偏心受压构件当截面长边 $h\geqslant 600$ mm 时，应在长边 $h$ 方向设置直径为 $10\sim16$ mm 的纵向构造钢筋，必要时相应地设置（    ），以保持钢筋骨架刚度。
   A. 弯起钢筋  B. 主钢筋  C. 附加或复合箍筋  D. 架立钢筋

6. 大偏心受压构件的破坏属于（    ）。
   A. 受拉破坏  B. 受压破坏  C. 受弯破坏  D. 受扭破坏

7. 小偏心受压构件的破坏属于（    ）。
   A. 受拉破坏  B. 受压破坏  C. 受弯破坏  D. 受扭破坏

8. 在进行大小偏心受压构件的判别时，若（    ），属于大偏心受压构件。
   A. $\rho=0.5\%\sim1\%$  B. $x\leqslant\xi_b h_0$  C. $x>\xi_b h_0$  D. $l_0/h\geqslant 5$

9. 大偏心受压构件，其正截面承载力主要由（    ）控制。
   A. 受拉钢筋  B. 受压钢筋
   C. 受压区混凝土强度  D. 箍筋强度

10. 在进行大小偏心受压构件的判别时，若（    ），属于小偏心受压构件。
    A. $\rho=0.5\%\sim1\%$  B. $x\leqslant\xi_b h_0$
    C. $x>\xi_b h_0$  D. $l_0/h\geqslant 5$

11. 小偏心受压构件，其正截面承载力主要取决于（    ）。
    A. 受拉钢筋  B. 受压钢筋
    C. 受压区混凝土强度  D. 箍筋强度

## 三、判断题

1. 偏心受压构件的纵向钢筋，分别集中布置在弯矩作用方向截面的两侧面，布置在受压较大边的钢筋，用 $A_s'$ 表示；布置在受拉边或受压较小边的钢筋，用 $A_s$ 表示。（    ）

2. 矩形截面偏心受压构件全部纵向钢筋的配筋率公式为 $\rho=\dfrac{A_s+A_s'}{bh_0}$。（    ）

3. 矩形截面偏心受压构件全部纵向钢筋的配筋率不应小于 $0.5\%$，当混凝土强度等级为

C50 及以上时，不应小于 0.6%。（　　）

4. 矩形截面偏心受压构件每侧纵向钢筋配筋率计算公式为 $\rho=\dfrac{A_s}{bh}$ 或 $\dfrac{A_s'}{bh}$。（　　）

5. 矩形截面偏心受压构件每侧纵向钢筋配筋率不应小于 0.3%。（　　）

6. 矩形截面偏心受压构件常由于荷载作用位置的变化，在截面中产生数值接近而方向相反的弯矩，这时纵向受力钢筋大多采用非对称布置方案。（　　）

7. 《桥规》(JTG 3362—2018)规定，计算偏心受压构件正截面承载力时，对于长细比 $l_0/h \geqslant 17.5$（相当于矩形截面 $l_0/h \geqslant 5$)，应考虑构件在弯矩作用平面内的挠曲对轴向力偏心距的影响。此时，应将轴力对截面重心轴的偏心距 $e_0$ 除以偏心距增大系数 $\eta$。（　　）

8. 矩形、T形、工字形和圆形截面偏心受压构件，其偏心距增大系数应按 $\eta = \left[1+\dfrac{1}{1\,300 e_0/h_0}\left(\dfrac{l_0}{h}\right)^2 \xi_1 \xi_2\right]$ 计算。（　　）

9. 当进行矩形截面偏心受压构件计算时，且 $x<2a_s'$ 时，受压钢筋 $A_s'$ 的应力可能达不到 $f_{sd}'$，这时近似取 $x=2a_s'$ 计算。（　　）

10. 当进行矩形截面偏心受压构件计算时，且 $x>\xi_b h_0$ 时，构件属大偏心受压，取 $\sigma_s = f_{sd}$。（　　）

11. 当进行矩形截面偏心受压构件计算时，且 $x \leqslant \xi_b h_0$ 时，构件属小偏心受压，钢筋应力应按 $\sigma_{si} = \varepsilon_{cu} E_s \left(\dfrac{\beta/x}{h_{0i}} - 1\right)$ 计算。（　　）

12. 当进行矩形截面偏心受压构件计算时，$\xi = x/h_0 \leqslant \xi_b$ 时，为大偏心受压；$\xi = x/h_0 > \xi_b$ 时，为小偏心受压。（　　）

13. 矩形偏心受压构件的纵向钢筋，当 $A_s \neq A_s'$ 时，称为非对称布筋；当 $A_s = A_s'$ 时，称为对称布筋。（　　）

14. 对于小偏心受压的一般情况，$A_s$ 可取等于受压构件截面一侧钢筋的最小配筋量，即 $A_s = \rho_{min}' bh = 0.002 bh$。（　　）

15. 圆形截面偏心受压构件的纵向受力钢筋通常是沿圆周均匀布置的。（　　）

### 四、名词解释

1. 纵向弯曲
2. 对称布筋
3. 非对称布筋
4. 界限破坏

### 五、问答题

1. 偏心受压构件可分为哪几种？
2. 大偏心受压和小偏心受压的破坏特征有何区别？截面应力状态有何不同？
3. 在大偏心和小偏心受压构件截面设计时，为什么都要补充一个条件（或方程）？此补充条件是根据什么建立的？
4. 钢筋混凝土受压构件配置箍筋有何作用？对其直径、间距和附加箍筋有何要求？
5. 简述大偏心受压构件的适用条件和破坏过程。

6. 简述小偏心受压短柱的几种破坏形态。
7. 偏心距增大系数 $\eta$ 的计算公式是什么？
8. 在进行偏心受压构件设计时，应如何进行初始判别？
9. 简述大偏心受压构件非对称布筋截面设计的计算过程。
10. 简述小偏心受压构件非对称布筋截面设计的计算过程。
11. 简述大偏心受压构件对称布筋截面设计的计算过程。
12. 简述小偏心受压构件对称布筋截面设计的计算过程。
13. 简述偏心受压构件强度复核包括的内容。
14. 简述大偏心受压构件强度复核的计算步骤。
15. 简述小偏心受压构件强度复核的计算步骤。
16. 简述圆形截面偏心受压构件纵筋、保护层的构造要求。

### 六、计算题

1. 已知一矩形截面柱尺寸为 350 mm×600 mm，采用 C30 混凝土，钢筋等级为 HRB400，计算长度 $l_0=5$ m，$N_d=1\,300$ kN，$M_d=180$ kN·m，试对构件进行配筋并复核承载力。

2. 偏心受压柱的截面尺寸为 350 mm×450 mm，计算长度 $l_0=5$ m，采用 C30 混凝土，$f_{cd}=13.8$ MPa 和 HRB400 级钢筋，$f_{sd}=330$ MPa，结构重要性系数 $\gamma_0=1$，$\xi_b=0.53$。计算纵向力 $N_d=200$ kN，计算弯矩 $M_d=129$ kN·m，试对截面进行配筋并进行截面复核。

3. 已知某矩形截面偏心受压柱，截面尺寸 $b\times h=400$ mm×600 mm，计算长度 $l_0=5$ m，承受计算纵向力 $N_d=1\,900$ kN，计算弯矩 $M_d=247$ kN·m，采用 C30 混凝土，HRB400 级钢筋，对称配筋，计算所需纵向钢筋截面面积。

4. 矩形截面受压构件尺寸 $b\times h=250$ mm×300 mm，$l_0=2.4$ m，采用 C30 混凝土，HRB400 级钢筋，$M_d=\pm 65$ kN·m，$N_d=132$ kN，试对截面进行对称配筋并进行截面校核。

5. 某一矩形截面偏心受压柱，截面尺寸 $b\times h=300$ mm×400 mm，计算长度 $l_0=4$ m，采用 C30 混凝土，HRB400 级纵向钢筋，$N_d=188$ kN，$M_d=120$ kN·m，试对截面进行配筋并校核。

## B  偏心受压构件考核答案

### 一、填空题

1. 300 mm  1.5～3.0  工字形  箱形
2. 0.5%  0.6%  0.2%
3. $x_b=\xi_b h_0$  $x\leqslant \xi_b h_0$  $x>\xi_b h_0$
4. $\eta e_0>0.3 h_0$  $\eta e_0\leqslant 0.3 h_0$
5. 12 mm  30～40 mm
6. 800 mm  14 mm  8  50 mm  60～75 mm
7. 2～3 m  14～18 mm

## 二、选择题

1. B　2. A　3. C　4. C　5. C　6. A　7. B　8. B　9. A
10. C　11. C

## 三、判断题

1. √　2. ×　3. √　4. √　5. ×　6. ×　7. √　8. ×　9. √
10. ×　11. ×　12. √　13. √　14. √　15. √

## 四、名词解释

1. 纵向弯曲：钢筋混凝土在承受偏心力作用后，由于柱内存在初始弯矩 $Ne_0$，将产生纵向弯曲变形 $f$。变形后各截面所受的弯矩不再是 $Ne_0$，而变成 $N(e_0+f)$。这种现象称为二阶效应，又称纵向弯曲。

2. 对称布筋：矩形偏心受压构件的纵向钢筋一般集中布置在弯矩作用方向的截面两对边位置上，以 $A_s$ 和 $A_s'$ 分别代表离偏心压力较远一侧和较近一侧的钢筋面积。当 $A_s = A_s'$ 时，称为对称布筋。

3. 非对称布筋：矩形偏心受压构件的纵向钢筋一般集中布置在弯矩作用方向的截面两对边位置上，以 $A_s$ 和 $A_s'$ 分别代表离偏心压力较远一侧和较近一侧的钢筋面积。当 $A_s \neq A_s'$ 时，称为非对称布筋。

4. 界限破坏：从理论上讲，在大、小偏心受压构件之间一定存在一个分界线，这种构件的破坏特点是受拉钢筋应力达到屈服强度的同时，受压混凝土边缘纤维的应变也恰好达到混凝土的极限压应变，通常将这种破坏称为"界限破坏"。界限破坏时的混凝土受压区高度一般以 $x_b = \xi_b h_0$ 表示。

## 五、问答题

1. 答：钢筋混凝土偏心受压构件随相对偏心距的大小及纵向钢筋配筋情况不同，有以下两种主要破坏形态：受拉破坏——大偏心受拉破坏；受压破坏——小偏心受压破坏。

2. 答：大偏心的破坏过程和特征与适筋的双筋受弯截面相似，有明显预兆，为延性破坏。一般发生在相对偏心距较大的情况下，故习惯上称为大偏心受压破坏。其破坏是始于受拉钢筋先屈服，故称为受拉破坏。

　　小偏心受压构件的破坏一般是受压区边缘混凝土的应变达到极限压应变，受压区混凝土被压碎；同一侧的钢筋压应力达到屈服强度，而另一侧的钢筋，不论受拉还是受压，其应力均达不到屈服强度。破坏前构件横向变形无明显的急剧增长，为脆性破坏。由于这种破坏一般发生于相对偏心距较小的情况，其破坏始于混凝土被压碎，故又称受压破坏。

3. 答：在求解过程中，未知数个数多于建立的方程个数，所以需要补充条件。

　　对于大偏心构件，从充分利用混凝土的抗压强度、使受拉和受压钢筋的总用量最少的原则出发，近似取 $\xi = \xi_b$，即 $x = \xi_b h_0$ 为补充条件。

　　对于小偏心受压的一般情况，远离偏心压力一侧的纵向钢筋无论受拉还是受压，其应力一般均未达到屈服强度，显然，$A_s$ 可取等于受压构件截面一侧钢筋的最小配筋量，可得 $A_s = \rho_{\min}' bh = 0.002bh$。按照 $A_s = 0.002bh$ 补充条件后，剩下两个未知数 $x$ 与 $A_s'$，则可利用基本公式来进行设计计算。

4. 答：作用：防止纵向钢筋局部压曲，并与纵向钢筋形成钢筋骨架。

要求：必须做成封闭式，箍筋直径不小于纵向钢筋直径的 1/4，且不小于 8 mm。

间距：(1)不大于 15$d$、构件截面最小尺寸、400 mm 中的最小值。

(2)纵筋搭接范围内，箍筋间距不大于 10$d$ 且不大于 200 mm。

(3)当纵筋配筋率大于 3%时，箍筋间距不大于 10$d$ 且不大于 200 mm。

附加箍筋：当截面长边 $h \geqslant 600$ mm 时，应在长边 $h$ 方向设置直径为 10～16 mm 的纵向构造钢筋。必要时，相应地设置附加或复合箍筋，以保持钢筋骨架刚度。

5. 答：当相对偏心距 $e_0/h$ 较大且受拉钢筋配置得不太多时，在荷载作用下，靠近偏心压力 $N$ 的一侧受压，另一侧受拉。随荷载增大，受拉区混凝土出现横向裂缝，裂缝开展时，受拉钢筋 $A_s$ 的应力增长较快，首先达到屈服。中性轴向受压边移动，受压区混凝土压应力迅速增大；最后，受压钢筋 $A_s'$ 屈服，混凝土达到极限压应变而被压碎。

6. 答：(1)当纵向受压偏心距很小时，构件截面将全部受压，中性轴位于截面形心轴线外。破坏时，靠近压力 $P$ 一侧混凝土压应变达到极限压应变，钢筋 $A_s'$ 达到其屈服强度，而离纵向压力较远一侧的混凝土和钢筋均未达到其抗压强度。

(2)纵向压力偏心距很小，但当离纵向压力较远一侧钢筋 $A_s$ 数量较少，而靠近纵向力 $N$ 一侧钢筋 $A_s'$ 较多时，截面的实际中性轴就不在混凝土截面形心轴 0—0 处，而向右偏移至 1—1 轴。这样，截面靠近纵向力 $N$ 的一侧，即原来压应力较大而 $A_s'$ 布置较多的一侧，将负担较小的压应力；而远离纵向力 $N$ 的一侧，即原来压应力较小而 $A_s$ 布置过少的一侧，将负担较大的压应力。

(3)当纵向偏心距较小时，或偏心距较大而远离纵向力一侧的钢筋较多时，截面大部分受压而小部分受拉，中性轴距受拉钢筋很近，钢筋中的拉应力很小，达不到屈服强度。

7. 答：矩形、T 形、工字形和圆形截面偏心受压构件，其偏心距增大系数应按下列公式计算：

$$\eta = 1 + \frac{1}{1\,300 e_0/h_0}\left(\frac{l_0}{h}\right)^2 \xi_1 \xi_2$$

$$\xi_1 = 0.2 + 2.7\frac{e_0}{h_0} \leqslant 1$$

$$\xi_2 = 1.15 - 0.01\frac{l_0}{h} \leqslant 1$$

式中 $l_0$——构件的计算长度；

$h_0$——截面有效高度，$h_0 = h - a_s$；

$h$——截面高度，对圆形截面，取 $h = 2r$；

$\xi_1$——荷载偏心率对截面曲率的影响系数；

$\xi_2$——构件长细比对截面曲率的影响系数。

8. 答：在进行偏心受压构件设计时，纵向钢筋数量未知，$\xi$ 值尚无法计算，因此尚不能用 $\xi$ 与 $\xi_b$ 的关系来进行判断。可根据经验，当 $\eta e_0 \leqslant 0.3 h_0$ 时，假定为小偏心受压构件；当 $\eta e_0 > 0.3 h_0$ 时，假定为大偏心受压构件。

9. 答：(1)近似取 $\xi = \xi_b$，即 $x = \xi_b h_0$ 为补充条件。

(2)令 $N = \gamma_0 N_d$、$M_u = N e_s$，可得到受压钢筋的截面面积：

$$A'_s = \frac{Ne_s - f_{cd}bh_0^2\xi_b(1-0.5\xi_b)}{f'_{cd}(h_0-a'_s)} \geqslant \rho'_{min}bh$$

$\rho_{min}$ 为截面一侧（受压）钢筋的最小配筋率，$\rho_{min}=0.2\%=0.002$。

(3)当计算的 $A'_s < \rho_{min}bh$ 或为负值时，首先应按照 $A'_s \geqslant \rho_{min}bh$ 选择钢筋并布置 $A'_s$，然后按 $A'_s$ 为已知的情况继续计算求 $A_s$。

当计算 $A'_s \geqslant \rho_{min}bh$ 时，取 $\sigma_s = f_{sd}$，则所需要的钢筋 $A_s$ 为

$$A_s = \frac{f_{sd}bh_0\xi_b + f'_{sd}A'_s - N}{f_{sd}} \geqslant \rho_{min}bh$$

$\rho_{min}$ 为截面一侧（受拉）钢筋的最小配筋率。

(4)根据构造要求布筋。

10. 答：(1)对于小偏心受压的一般情况，远离偏心压力一侧的纵向钢筋无论受拉还是受压，其应力一般均未达到屈服强度。显然，$A_s$ 可取等于受压构件截面一侧钢筋的最小配筋量。可得，$A_s = \rho'_{min}bh = 0.002bh$。

(2)按照 $A_s = 0.002bh$ 补充条件后，剩下两个未知数 $x$ 与 $A'_s$，则可利用基本公式来进行设计计算。

首先计算受压区高度 $x$ 的值，令 $N=\gamma_0 N_d$。

$$Ne'_s = -f_{sd}bx\left(\frac{x}{2}-a'_s\right) + \sigma_s A_s(h_0-a'_s)$$

$$\sigma_s = \varepsilon_{cu}E_s\left(\frac{\beta h_0}{x}-1\right)$$

即得到关于 $x$ 的一元三次方程，方程中的各系数计算表达式为

$$Ax^3 + Bx^2 + Cx + D = 0$$
$$A = -0.5f_{cd}b$$
$$B = f_{cd}ba'_s$$
$$C = \varepsilon_{cu}E_s A_s(a'_s-h_0) - Ne'_s$$
$$D = \beta\varepsilon_{cu}E_s A_s(h_0-a'_s)h_0$$

而 $e'_s = \eta e_0 - h/2 + a'_s$。

求得 $x$ 值后，即可得到相应的相对受压区高度 $\xi = x/h_0$。若 $\xi \leqslant \xi_b$，则改为按大偏心受压构件进行计算。

(3)当 $h/h_0 > \xi \geqslant \xi_b$ 时，截面为部分受压、部分受拉。这时以 $\xi = x/h_0$ 代入公式 $\sigma_s = \varepsilon_{cu}E_s\left(\frac{\beta h_0}{x}-1\right)$，求得钢筋 $A_s$ 中的应力 $\sigma_s$ 值，再将钢筋面积 $A_s$、钢筋应力计算值 $\sigma_s$ 以及 $x$ 值代入式 $\gamma_0 N_d \leqslant f_{cd}bx + f'_{sd}A'_s - \sigma_s A_s$ 中，即可求得所需钢筋面积 $A'_s$ 值，且应满足 $A'_s \geqslant \rho'_{min}bh$。

(4)当 $\xi \geqslant h/h_0$ 时，截面为全截面受压。受压混凝土应力图形渐趋丰满，但实际受压区最多也只能为截面高度 $h_0$。所以，在这种情况下，就取 $x=h$，则钢筋 $A'_s$ 可直接由下式计算：

$$A'_s = \frac{Ne_s - f_{sd}bh(h_0-h/2)}{f'_{sd}(h_0-a'_s)} \geqslant \rho'_{min}bh$$

(5)根据构造要求布筋。

11. 答：(1)当按式 $\xi=\dfrac{N}{f_{cd}bh_0}$ 计算的 $\xi \leqslant \xi_b$ 时，按大偏心受压构件设计。

(2)当 $2a'_s \leqslant x \leqslant \xi_b h_0$ 时，直接利用下式计算：

$$A_s = A'_s = \dfrac{Ne_s - f_{cd}bh_0^2 \xi(1-0.5\xi)}{f'_{sd}(h_0 - a'_s)}$$

式中 $e = \eta e_0 + \dfrac{h}{2} - a_s$。

(3)根据构造要求布筋。

12. 答：(1)当按式 $\xi=\dfrac{N}{f_{cd}bh_0}$ 计算的 $\xi > \xi_b$ 时，按小偏心受压构件设计。

(2)计算截面受压区高度 $x$。《桥规》(JTG 3362—2018)规定，矩形截面对称配筋的小偏心受压构件截面相对受压区高度 $\xi$ 按下式计算：

$$\xi = \dfrac{N - f_{cd}bh_0 \xi_b}{\dfrac{Ne_s - 0.43 f_{cd}bh_0^2}{(\beta - \xi_b)(h_0 - a'_s)} + f_{cd}bh_0} + \xi_b$$

(3)求得 $\xi$ 的值后，由式 $A_s = A'_s = \dfrac{Ne_s - f_{cd}bh_0^2 \xi(1-0.5\xi)}{f'_{sd}(h_0 - a'_s)}$ 可求得所需的钢筋面积。

(4)按构造要求布筋。

13. 答：偏心受压构件需要进行两个方向的截面承载力复核，即弯矩作用平面内和垂直于弯矩作用平面的截面承载力复核。

14. 答：(1)大、小偏心受压的判别。截面承载力复核时，可先假定为大偏心受压。这时，钢筋 $A_s$ 中的应力 $\sigma_s = f_{sd}$，代入下式：

$$f_{cd}bx\left(e_s - h_0 + \dfrac{x}{2}\right) = f_{sd}A_s e_s - f'_{sd}A'_s e'_s$$

解得受压区高度 $x$，即当 $\xi \leqslant \xi_b$ 时，为大偏心受压。

(2)弯矩作用平面内截面承载力复核。

若 $2a'_s \leqslant x \leqslant \xi_b h_0$，则计算的 $x$ 即大偏心受压构件截面受压区高度，然后按式 $\gamma_0 N_d \leqslant f_{cd}bx + f'_{sd}A'_s - \sigma_s A_s$ 进行截面承载力复核。

若 $x < 2a'_s$，则按式 $\gamma_0 N_d e'_s \leqslant M_u = f_{sd}A_s(h_0 - a'_s)$ 进行截面承载力复核。

(3)垂直于弯矩作用平面的截面承载力复核。

按轴心受压构件复核垂直于弯矩作用平面的承载力。这时不考虑弯矩作用，而按轴心受压构件考虑稳定系数 $\varphi$，并取 $b$ 来计算相应的长细比。

15. 答：(1)大、小偏心受压的判别。

截面承载力复核时，可先假定为大偏心受压。这时，钢筋 $A_s$ 中的应力 $\sigma_s = f_{sd}$，代入下式：

$$f_{cd}bx\left(e_s - h_0 + \dfrac{x}{2}\right) = f_{sd}A_s e_s - f'_{sd}A'_s e'_s$$

解得受压区高度 $x$，即当 $\xi > \xi_b$ 时，为大偏心受压。

(2)弯矩作用平面内截面承载力复核。

因为在小偏心受压情况下，离偏心压力较远一侧钢筋 $A_s$ 中的应力往往达不到屈服强度。

即 $\sigma_s$ 应由 $\sigma_{si}=\varepsilon_{cu}E_s\left(\dfrac{\beta/x}{h_{0i}}-1\right)$ 确定，联合 $f_{cd}bx\left(e_s-h_0+\dfrac{x}{2}\right)=\sigma_sA_se_s-f'_{sd}A'_se'_s$，可得到 $x$ 的一元三次方程：

$$Ax^3+Bx^2+Cx+D=0$$

方程中的各系数计算表达式为

$$A=0.5f_{cd}b$$
$$B=f_{cd}b(e_s-h_0)$$
$$C=\varepsilon_{cu}E_sA_se_s+f'_{sd}A'_se'_s$$
$$D=-\beta\varepsilon_{cu}E_sA_se_sh_0$$

方程中，$e'_s$ 仍按 $e'_s=\eta e_0-h/2+a'_s$ 计算。

根据关于小偏心受压构件大量试验资料分析，并且考虑边界条件"$\xi=\xi_b$ 时，$\sigma_s=f_{sd}$；$\xi=\beta$ 时，$\sigma_s=0$"，可以将式 $\sigma_{si}=\varepsilon_{cu}E_s\left(\dfrac{\beta/x}{h_{0i}}-1\right)$ 转化为近似的线性关系式：

$$\sigma_s=\dfrac{f_{sd}}{\xi_b-\beta}(\xi-\beta),\quad -f'_{sd}\leqslant\sigma_s\leqslant f_{sd}$$

可得到关于 $x$ 的一元二次方程：

$$Ax^2+Bx+C=0$$

方程中的各系数计算表达式为

$$A=-0.5f_{cd}bh_0$$
$$B=\dfrac{h_0-a'_s}{\xi_b-\beta}f_{sd}A_s+f_{cd}bh_0a'_s$$
$$C=-\beta\dfrac{h_0-a'_s}{\xi_b-\beta}f_{sd}A_sh_0-Ne'_sh_0$$

这种近似方法适用于构件混凝土强度级别 C50 以下的普通强度混凝土情况。得到 $x$ 值后即可算出 $\xi$ 值。

当 $\dfrac{h}{h_0}>\xi>\xi_b$ 时，截面部分受压、部分受拉。首先，将计算的 $\xi$ 值代入 $\sigma_{si}=\varepsilon_{cu}E_s\left(\dfrac{\beta/x}{h_{0i}}-1\right)$，可求得钢筋 $A_s$ 的应力 $\sigma_s$ 值。然后，按照基本公式 $r_0N_d\leqslant f_{cd}bx+f'_{sd}A'_s-\sigma_sA_s$，求得截面承载力 $N_u$ 并且复核截面承载力。

当 $\xi>\dfrac{h}{h_0}$ 时，截面全部受压。在这种情况下，偏心距较小。首先，考虑近纵向压力作用点侧的截面边缘混凝土破坏，取 $\xi=\dfrac{h}{h_0}$，代入 $\sigma_{si}=\varepsilon_{cu}E_s\left(\dfrac{\beta/x}{h_{0i}}-1\right)$ 中求得钢筋 $A_s$ 中的应力 $\sigma_s$。然后，由 $\gamma_0N_d\leqslant f_{cd}bx+f'_{sd}A'_s-\sigma_sA_s$ 求得截面承载力 $N_u$。

(3) 垂直于弯矩作用平面的截面承载力复核。

按轴心受压构件复核垂直于弯矩作用平面的承载力。这时不考虑弯矩作用，而按轴心受压构件考虑稳定系数 $\varphi$，并取 $b$ 来计算相应的长细比。

16. 答：圆形截面偏心受压构件的纵向受力钢筋通常是沿圆周均匀布置的。对于一般钢筋混凝土圆形截面偏心受压柱，纵向钢筋的直径不宜小于 12 mm，保护层厚度不小于 30~

40 mm。桥梁工程中采用的钻孔灌注桩，直径不小于 800 mm，桩内纵向受压钢筋的直径不宜小于 14 mm，钢筋不宜少于 8 根，钢筋净间距不宜小于 50 mm，混凝土保护层不小于 60～75 mm，箍筋间距为 200～400 mm。对直径较大的桩，为了加强钢筋骨架的刚度，可在钢筋骨架上每隔 2～3 m 设置一道直径为 14～18 mm 的加劲箍筋。

**六、计算题**

1. 解：(1)截面设计。

因 $\dfrac{L_0}{h_0} = \dfrac{5\,000}{600} = 8.3 > 5$，故应考虑偏心距增大系数 $\eta$ 的影响。

$$\eta = 1 + \dfrac{1}{1\,300\dfrac{e_0}{h_0}}\left(\dfrac{L_0}{h}\right)^2 \xi_1 \xi_2$$

式中 $e_0 = \dfrac{M_d}{N_d} = \dfrac{180}{1\,300} \times 10^3 = 138.5\,(\text{mm})$；

$h_0 = h - a_s = 600 - 45 = 555\,(\text{mm})$（假设 $a_s = a_s' = 45\,\text{mm}$）；

$L_0 = 5\,000\,\text{mm}$；

$h = 600\,\text{mm}$；

$\xi_1 = 0.2 + 2.7\dfrac{e_0}{h_0} = 0.2 + 2.7 \times \dfrac{138.5}{555} = 0.874$；

$\xi_2 = 1.15 - 0.01\dfrac{L_0}{h} = 1.15 - 0.01 \times \dfrac{5\,000}{600} = 1.067 > 1$，取 $\xi_2 = 1$。

代入上式，得：

$$\eta = 1 + \dfrac{1}{1\,300 \times \dfrac{138.5}{555}} \times \left(\dfrac{5\,000}{600}\right)^2 \times 0.874 \times 1 = 1.187$$

计算偏心距：

$$e_s = \eta e_0 + \dfrac{h}{2} - a_s = 1.187 \times 138.5 + \dfrac{600}{2} - 45 = 419.4\,(\text{mm})$$

$$e_s' = \eta e_0 - \dfrac{h}{2} + a_s' = 1.187 \times 138.5 - \dfrac{600}{2} + 45 = -90.6\,(\text{mm})$$

$\eta e_0 = 1.187 \times 138.5 = 164.4\,(\text{mm}) < 0.3 h_0 = 166.5\,\text{mm}$，可先按小偏心受压构件计算。

取 $A_s = \rho_{\min}' bh = 0.002 \times 350 \times 600 = 420\,(\text{mm}^2)$。

$A = -0.5 f_{cd} b h_0 = -0.5 \times 13.8 \times 350 \times 555 = -1\,340\,325$

$B = \dfrac{h_0 - a_s'}{\xi_b - \beta} f_{sd} A_s + f_{cd} b h_0 a_s' = \dfrac{555 - 45}{0.53 - 0.8} \times 330 \times 420 + 13.8 \times 350 \times 555 \times 45$

$= -141\,170\,750$

$C = -\beta \dfrac{h_0 - a_s'}{\xi_b - \beta} f_{sd} A_s h_0 - N e_s' h_0$

$= -0.8 \times \dfrac{555 - 45}{0.53 - 0.8} \times 330 \times 420 \times 555 - 1\,300 \times 10^3 \times (-90.6) \times 555$

$= 1.876\,071 \times 10^{11}$

利用 $Ax^2 + Bx + C = 0$，解得 $x = 319\,\text{mm} > \xi_b h_0 = 0.53 \times 555 = 294.15\,(\text{mm})$，确定为小

偏心受压构件。

则 $\sigma_s = \varepsilon_{cu} E_s \left( \dfrac{\beta/x}{h_0} - 1 \right) = 0.0033 \times 2 \times 10^5 \times \left( \dfrac{0.8}{0.575} - 1 \right) = 258.26 \text{(MPa)}$，为拉应力。

$$A'_s = \dfrac{\gamma_0 N_d - f_{cd}bx + \sigma_s A_s}{f'_{sd}} = \dfrac{1\,300 \times 10^3 - 13.8 \times 350 \times 319 + 258.26 \times 420}{330}$$
$$= -400.9 \text{(mm}^2) < 0$$

取 $A'_s = \rho'_{\min}bh = 0.002 \times 350 \times 600 = 420 \text{(mm}^2)$。

每侧选择选 3⌀14（外径 16.2 mm），供给的 $A_s = A'_s = 462 \text{ mm}^2$，布置成一排，所需截面最小宽度 $b_{\min} = 2 \times 30 + 2 \times 30 + 3 \times 16.2 = 168.6 \text{(mm)} < b = 350 \text{ mm}$，仍取 $a_s = 45 \text{ mm}$，$h_0 = 555 \text{ mm}$。

(2) 截面复核。

1) 在垂直于弯矩作用平面的截面复核。

长细比 $\dfrac{l_0}{b} = \dfrac{5\,000}{350} = 14.3$，由表查得 $\varphi = 0.913$，则

$$N_u = 0.9\varphi(f_{cd}A + f_{sd}A_s) = 0.9 \times 0.913 \times (13.8 \times 350 \times 600 + 330 \times 462 \times 2)$$
$$= 2\,631.84 \text{(kN)} > \gamma_0 N_d = 1\,300 \text{ kN}$$

满足要求。

2) 在弯矩作用平面内的截面复核。

$a_s = a'_s = 45 \text{ mm}$，$A_s = 462 \text{ mm}^2$，$A'_s = 462 \text{ mm}^2$，$h_0 = 555 \text{ mm}$。由计算公式得 $\eta = 1.187$，则 $\eta e_0 = 164.40 \text{ mm}$，$e_s = 419.4 \text{ mm}$，$e'_s = -90.6 \text{ mm}$，如图 1-26 所示。

$A = 0.5 f_{cd} b h_0 = 0.5 \times 13.8 \times 350 \times 555 = 1\,340\,325$

$B = f_{cd} b h_0 (e_s - h_0) - \dfrac{f_{sd} A_s e_s}{\xi_b - \beta}$

$= 13.8 \times 350 \times 555 \times (419.4 - 555) - \dfrac{330 \times 462 \times 419.4}{0.53 - 0.8}$

$= -126\,674\,940$

$C = \left( \dfrac{\beta f_{sd} A_s e_s}{\xi_b - \beta} + f'_{sd} A'_s e'_s \right) h_0$

$= \left[ \dfrac{0.8 \times 330 \times 462 \times 149.4}{0.53 - 0.8} + 330 \times 462 \times (-90.6) \right] \times 555$

$= -112\,814\,758\,980$

解得 $x = 341 \text{ mm} > \xi_b h_0 = 0.53 \times 555 = 294.15 \text{(mm)}$，确定为小偏心受压构件。

则 $\sigma_s = \varepsilon_{cu} E_s \left( \dfrac{\beta/x}{h_0} - 1 \right) = 0.0033 \times 2 \times 10^5 \times \left( \dfrac{0.8}{0.614} - 1 \right)$

$= 199.93 \text{(MPa)}$

为拉应力。

$N_u = f_{cd} b x + f'_{sd} A'_s - \sigma_s A_s = 13.8 \times 350 \times 340 + 330 \times$

$462 - 199.93 \times 462$

$= 1\,702 \text{(kN)} > \gamma_0 N_d = 1\,300 \text{ kN}$

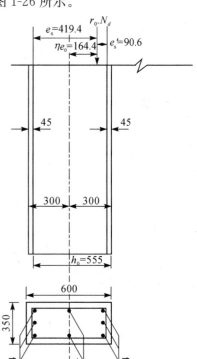

图 1-26 偏心受压构件计算简图及配筋（单位：mm）

承载力合格。

2. 解：（1）截面设计。

因 $\dfrac{L_0}{h_0}=\dfrac{5\,000}{450}=11.1>5$，故应考虑偏心距增大系数 $\eta$ 的影响。

$$\eta=1+\dfrac{1}{1\,300\dfrac{e_0}{h_0}}\left(\dfrac{L_0}{h}\right)^2 \xi_1\xi_2$$

式中  $e_0=\dfrac{M_d}{N_d}=\dfrac{129}{200}\times 10^3=645(\text{mm})$；

$h_0=h-a_s=450-45=405(\text{mm})$（假设 $a_s=a_s'=45\text{ mm}$）；

$L_0=5\,000\text{ mm}$；

$h=450\text{ mm}$；

$\xi_1=0.2+2.7\dfrac{e_0}{h_0}=0.2+2.7\times\dfrac{645}{405}=4.5>1$，取 $\xi_1=1$；

$\xi_2=1.15-0.01\dfrac{L_0}{h}=1.15-0.01\times\dfrac{5\,000}{450}=1.039>1$，取 $\xi_2=1$。

代入上式得：

$$\eta=1+\dfrac{1}{1\,300\times\dfrac{645}{405}}\times\left(\dfrac{5\,000}{450}\right)^2\times 1\times 1=1.060$$

计算偏心距：

$$e_s=\eta e_0+\dfrac{h}{2}-a_s=1.060\times 645+\dfrac{450}{2}-45=863.7(\text{mm})$$

$$e_s'=\eta e_0-\dfrac{h}{2}+a_s'=1.060\times 645-\dfrac{450}{2}+45=503.7(\text{mm})$$

因 $\dfrac{\eta e_0}{h_0}=1.060\times\dfrac{645}{405}=1.69$，显然为大偏心受压构件，取 $\sigma_s=f_{sd}=330\text{ MPa}$。

$$x=\xi_b h_0=0.53\times 405=214.65(\text{mm})$$

$$A_s'=\dfrac{\gamma_0 N_d e_s-f_{cd}bx\left(h_0-\dfrac{x}{2}\right)}{f_{sd}'(h_0-a_s')}=\dfrac{1\times 200\times 10^3\times 863.7-13.8\times 350\times 214.65\times\left(405-\dfrac{214.65}{2}\right)}{330\times(405-45)}$$
$$=-1\,143.7(\text{mm}^2)$$

$A_s'$ 出现负值，则应改为按构造要求取 $A_s'=0.002bh=0.002\times 350\times 450=315(\text{mm}^2)$，选 3⌀12（外径 13.9 mm），供给的 $A_s'=339\text{ mm}^2$，仍取 $a_s'=45\text{ mm}$。

$$x=h_0-\sqrt{h_0^2-\dfrac{2[\gamma_0 N_d e_s-f_{sd}'A_s'(h_0-a_s')]}{f_{cd}b}}$$
$$=405-\sqrt{405^2-\dfrac{2\times[1.0\times 200\times 10^3\times 863.7-330\times 339\times(405-45)]}{13.8\times 350}}$$
$$=74.6(\text{mm})<2a_s'$$

求得受拉钢筋截面面积为

$$A_s=\dfrac{\gamma_0 N_d e_s'}{f_{sd}(h_0-a_s')}=\dfrac{1.0\times 200\times 10^3\times 503.7}{330\times(405-45)}=848(\text{mm}^2)$$

选 3⌀20(外径 22.7 mm)，供给的 $A_s=942 \text{ mm}^2$，布置成一排，所需截面最小宽度 $b_{\min}=2\times30+2\times30+3\times22.7=118.1(\text{mm})<b=350 \text{ mm}$，仍取 $a_s=45 \text{ mm}$，$h_0=405 \text{ mm}$(图 1-27)。

(2)截面复核。

1)在垂直于弯矩作用平面的截面复核。

长细比 $\dfrac{l_0}{b}=\dfrac{5\,000}{350}=14.3$，由表查得 $\varphi=0.913$，则

$$\begin{aligned}N_u &= 0.9\varphi(f_{cd}A+f_{sd}A_s)\\ &=0.9\times0.913\times[13.8\times350\times450+330\times(942+339)]\\ &=2\,133.3(\text{kN})>\gamma_0 N_d=200 \text{ kN}\end{aligned}$$

满足要求。

2)在弯矩作用平面内的截面复核。

$a_s=a_s'=45 \text{ mm}$，$A_s=942 \text{ mm}^2$，$A_s'=339 \text{ mm}^2$，$h_0=405 \text{ mm}$。由计算公式得 $\eta=1.060$，则 $\eta e_0=683.7 \text{ mm}$，$e_s=863.7 \text{ mm}$，$e_s'=503.7 \text{ mm}$。

假定为大偏心受压，即取 $\sigma_s=f_{sd}$，得混凝土受压区高度 $x$ 为

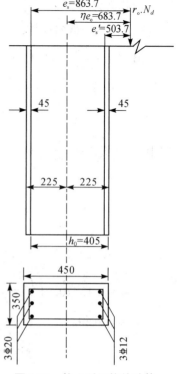

图 1-27 偏心受压构件计算简图及配筋(单位：mm)

$$\begin{aligned}x &= (h_0-e_s)+\sqrt{(h_0-e_s)^2+\dfrac{2f_{sd}A_s(e_s-e_s')}{f_{cd}b}}\\ &=(405-863.7)+\sqrt{(405-863.7)^2+\dfrac{2\times330\times942\times(863.7-503.7)}{13.8\times350}}\\ &=48(\text{mm})<2a_s'=2\times45=90(\text{mm})\end{aligned}$$

且 $<\xi_b h_0=0.53\times405=214.65(\text{mm})$。

故确定为大偏心受压构件。

$$N_u=\dfrac{f_{sd}A_s(h_0-a_s')}{e_s'}=\dfrac{330\times942\times(405-45)}{503.7}$$
$$=222.18(\text{kN})>\gamma_0 N_d=200 \text{ kN}$$

计算结果表明，结构的承载力是足够的。

3. 解：

因 $\dfrac{L_0}{h}=\dfrac{5\,000}{600}=8.33>5$，故应考虑偏心距增大系数 $\eta$ 的影响。

$$\eta=1+\dfrac{1}{1\,300\dfrac{e_0}{h_0}}\left(\dfrac{L_0}{h}\right)^2\xi_1\xi_2$$

式中 $e_0=\dfrac{M_d}{N_d}=\dfrac{247}{1\,900}\times10^3=130(\text{mm})$；

$h_0=h-a_s=600-45=555(\text{mm})$(假设 $a_s=a_s'=45 \text{ mm}$)；

$L_0=5\,000 \text{ mm}$；

$h=600 \text{ mm}$；

$$\xi_1 = 0.2 + 2.7 \frac{e_0}{h_0} = 0.2 + 2.7 \times \frac{130}{555} = 0.832;$$

$$\xi_2 = 1.15 - 0.01 \frac{L_0}{h} = 1.15 - 0.01 \times \frac{5\,000}{600} = 1.067 > 1, 取 \xi_2 = 1。$$

代入上式得：$\eta = 1 + \frac{1}{1\,300 \times \frac{130}{555}} \times \left(\frac{5\,000}{600}\right)^2 \times 0.832 \times 1 = 1.190$

计算偏心距：

$$e_s = \eta e_0 + \frac{h}{2} - a_s = 1.190 \times 130 + \frac{600}{2} - 45 = 409.7 (\text{mm})$$

$$e'_s = \eta e_0 - \frac{h}{2} + a'_s = 1.190 \times 130 - \frac{600}{2} + 45 = -99.1 (\text{mm})$$

$$\xi = \frac{\gamma_0 N_d}{f_{cd} b h_0} = \frac{1.0 \times 1\,500 \times 10^3}{13.8 \times 400 \times 555} = 0.62 > \xi_b = 0.53$$

按小偏心受压构件设计：

$$\xi = \frac{N - f_{cd} b h_0 \xi_b}{\frac{N e_s - 0.43 f_{cd} b h_0^2}{(\beta - \xi_b)(h_0 - a'_s)} + f_{cd} b h_0} + \xi_b$$

$$= \frac{1.0 \times 1\,900 \times 10^3 - 13.8 \times 400 \times 555 \times 0.53}{\frac{1\,900 \times 10^3 \times 409.7 - 0.43 \times 13.8 \times 400 \times 555^2}{(0.8 - 0.53)(555 - 45)} + 13.8 \times 400 \times 555} + 0.53$$

$$= 0.611 > \xi_b = 0.53$$

$$A_s = A'_s = \frac{N e_s - f_{cd} b h_0^2 \xi (1 - 0.5\xi)}{f'_{sd}(h_0 - a'_s)}$$

$$= \frac{1\,900 \times 10^3 \times 409.7 - 0.611 \times (1 - 0.5 \times 0.611) \times 13.8 \times 400 \times 555^2}{330 \times (555 - 45)}$$

$$= 339 \text{ mm}^2 < 0.002bh = 0.002 \times 400 \times 600 = 480 (\text{mm}^2)$$

每侧选择 3⌀16（外径 18.4 mm），供给的 $A_s = A'_s = 603 \text{ mm}^2$，布置成一排，所需截面最小宽度 $b_{\min} = 2 \times 30 + 2 \times 30 + 3 \times 18.4 = 175.2 (\text{mm}) < b = 350 \text{ mm}$，取 $a_s = 40 \text{ mm}$，$h_0 = 560 \text{ mm}$，如图 1-28 所示。

4. 解：（1）截面设计。

因 $\frac{L_0}{h} = \frac{2\,400}{300} = 8 > 5$，故应考虑偏心距增大系数 $\eta$ 的影响。

$$\eta = 1 + \frac{1}{1\,300 \frac{e_0}{h_0}} \left(\frac{L_0}{h}\right)^2 \xi_1 \xi_2$$

式中 $e_0 = \frac{M_d}{N_d} = \frac{65}{132} \times 10^3 = 492.4 (\text{mm})$；

$h_0 = h - a_s = 300 - 45 = 255 (\text{mm})$（假设 $a_s = a'_s = 45 \text{ mm}$）；

$L_0 = 2\,400 \text{ mm}$；

$h = 300 \text{ mm}$；

$\xi_1 = 0.2 + 2.7 \frac{e_0}{h_0} = 0.2 + 2.7 \times 492.4/255 = 5.4 > 1$，取 $\xi_1 = 1$；

$$\xi_2 = 1.15 - 0.01 \frac{L_0}{h} = 1.15 - 0.01 \times \frac{2\,400}{300} = 1.07 > 1,\ \text{取}\ \xi_2 = 1。$$

代入上式得：$$\eta = 1 + \frac{1}{1\,300 \times \frac{492.4}{255}} \left(\frac{2\,400}{300}\right)^2 \times 1 \times 1 = 1.025$$

计算偏心距：

$$e_s = \eta e_0 + \frac{h}{2} - a_s = 1.025 \times 492.4 + \frac{300}{2} - 45 = 609.7(\text{mm})$$

$$e_s' = \eta e_0 - \frac{h}{2} + a_s' = 1.025 \times 492.4 - \frac{300}{2} + 45 = 399.7(\text{mm})$$

$$\xi = \frac{\gamma_0 N_d}{f_{cd} b h_0} = \frac{1.0 \times 132 \times 10^3}{0.8 \times 13.8 \times 250 \times 255} = 0.188 < \xi_b = 0.53$$

按大偏心受压构件计算：

$$x = \xi h_0 = 0.188 \times 255 = 47.94(\text{mm}) < 2a_s' = 90\ \text{mm}$$

$$A_s = A_s' = \frac{\gamma_0 N_d e_s'}{f_{sd}(h_0 - a_s')} = \frac{1.0 \times 132 \times 10^3 \times 399.7}{330 \times (255 - 45)} = 761(\text{mm}^2)$$

$$> 0.002bh = 0.002 \times 250 \times 300 = 150(\text{mm}^2)$$

每侧选择 3Φ18（外径 20.5 mm），供给的 $A_s = A_s' = 763\ \text{mm}^2$，布置成一排，所需截面最小宽度 $b_{\min} = 2 \times 30 + 2 \times 30 + 3 \times 20.5 = 181.5(\text{mm}) < b = 250\ \text{mm}$，仍取 $a_s = 40\ \text{mm}$，$h_0 = 260\ \text{mm}$，如图 1-29 所示。

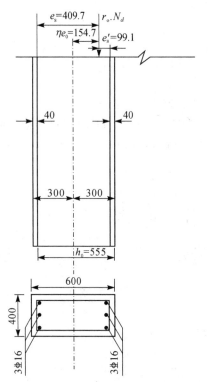

图 1-28 偏心受压构件计算简图及配筋（单位：mm）

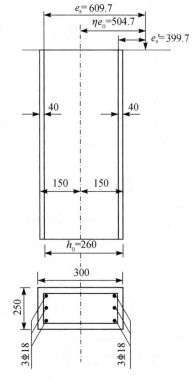

图 1-29 偏心受压构件计算简图及配筋（单位：mm）

(2)截面复核。

1)在垂直于弯矩作用平面的截面复核。

长细比 $l_0/b=2\,400/250=9.6$，由表查得，$\varphi=0.984$，则

$$N_u=0.9\varphi(f_{cd}A+f_{sd}A_s)$$
$$=0.9\times0.984\times(13.8\times250\times300+330\times763\times2)$$
$$=1\,363(kN)>N=132\,kN$$

满足要求。

2)在弯矩作用平面内的截面复核。

由图 1-29 可得到 $a_s=a'_s=40\,mm$，$A_s=A'_s=963\,mm^2$，$h_0=260\,mm$。

由公式得，$\eta=1.025$，则 $\eta e_0=504.7\,mm$，$e_s=609.7\,mm$，$e'_s=399.7\,mm$。

假定为大偏心受压，即取 $\sigma_s=f_{sd}$，得混凝土受压区高度 $x$：

$$x=(h_0-e_s)+\sqrt{(h_0-e_s)^2+\frac{2f_{sd}A_s(e_s-e'_s)}{f_{cd}b}}$$
$$=(260-609.7)+\sqrt{(260-609.7)^2+\frac{2\times330\times763\times(609.7-399.7)}{13.8\times250}}$$
$$=41.4(mm)<2a'_s=2\times40=80(mm) \text{且} <\xi_b h_0=0.53\times555=294(mm)$$

故确定为大偏心受压构件。

$$N_u=\frac{f_{sd}A_s(h_0-a'_s)}{e'_s}=\frac{330\times763\times(260-40)}{399.7}=138.59(kN)>132\,kN$$

满足要求。

5. 解：(1)截面设计。

因 $\dfrac{L_0}{h}=\dfrac{4\,000}{400}=10>5$，故应考虑偏心距增大系数 $\eta$ 的影响。

$$\eta=1+\frac{1}{1\,300\dfrac{e_0}{h_0}}\left(\frac{L_0}{h}\right)^2\xi_1\xi_2$$

式中 $e_0=\dfrac{M_d}{N_d}=\dfrac{120}{188}\times10^3=638(mm)$；

$h_0=h-a_s=400-40=360(mm)$（假设 $a_s=a'_s=40\,mm$）；

$L_0=5\,000\,mm$；

$h=400\,mm$；

$\xi_1=0.2+2.7\dfrac{e_0}{h_0}=0.2+2.7\times\dfrac{638}{360}=4.99>1$，取 $\xi_1=1$；

$\xi_2=1.15-0.01\dfrac{L_0}{h}=1.15-0.01\times10=1.05>1$，取 $\xi_2=1$。

代入上式得：

$$\eta=1+\frac{1}{1\,300\times\dfrac{638}{360}}\times(10)^2\times1\times1=1.04$$

计算偏心距：

$$e_s = \eta e_0 + \frac{h}{2} - a_s = 1.04 \times 638 + \frac{400}{2} - 40 = 824 \text{(mm)}$$

$$e'_s = \eta e_0 - \frac{h}{2} + a'_s = 1.04 \times 638 - \frac{400}{2} + 40 = 503.5 \text{(mm)}$$

因 $\frac{\eta e_0}{h_0} = 1.04 \times 638/360 = 1.8$，显然为大偏心受压构件，取 $\sigma_s = f_{sd} = 330$ MPa。

$$x = \xi_b h_0 = 0.53 \times 360 = 190.8 \text{(mm)}$$

$$A'_s = \frac{\gamma_0 N_d e_s - f_{cd} b x \left(h_0 - \frac{x}{2}\right)}{f'_{sd}(h_0 - a'_s)}$$

$$= \frac{1.0 \times 188 \times 10^3 \times 824 - 13.8 \times 300 \times 190.8 \times \left(360 - \frac{190.8}{2}\right)}{330 \times (360 - 40)}$$

$$= -512.3 \text{(mm}^2\text{)}$$

$A'_s$ 出现负值，则应改为按构造要求取 $A'_s = 0.002bh = 0.002 \times 300 \times 360 = 216 \text{(mm}^2\text{)}$，选 3⌀12（外径 13.9 mm），供给的 $A'_s = 339$ mm²，取 $a'_s = 40$ mm。

$$x = h_0 - \sqrt{h_0^2 - \frac{2 \times [\gamma_0 N_d e_s - f'_{sd} A'_s (h_0 - a'_s)]}{f_{cd} b}}$$

$$= 360 - \sqrt{360^2 - \frac{2 \times [1.0 \times 188 \times 10^3 \times 824 - 280 \times 339 \times (360 - 45)]}{13.8 \times 300}}$$

$$= 91.6 \text{(mm)} < \xi_b h_0 = 0.53 \times 360 = 190.8 > 2a'_s = 80 \text{ mm}$$

求得受拉钢筋截面面积为

$$A_s = \frac{f_{cd} b x + f'_{sd} A'_s - N}{f_{sd}}$$

$$= \frac{13.8 \times 300 \times 91.2 + 330 \times 339 - 188 \times 10^3}{330}$$

$$= 918 \text{(mm}^2\text{)}$$

选 3⌀20（外径 22.7 mm），供给的 $A_s = 942$ mm²，布置成一排，所需截面最小宽度 $b_{min} = 2 \times 30 + 2 \times 30 + 3 \times 22.7 = 188.1 \text{(mm)} < b = 300$ mm，取 $a_s = 40$ mm，$h_0 = 360$ mm，如图 1-30 所示。

(2) 截面复核。

1) 在垂直于弯矩作用平面的截面复核。

长细比 $l_0/b = 4\,000/300 = 13$，由表查得，$\varphi = 0.935$，则

$$N_u = 0.9\varphi(f_{cd} A + f_{sd} A_s)$$

$$= 0.9 \times 0.935 \times [13.8 \times 300 \times 400 + 330 \times (942 + 339)]$$

$$= 1\,749.25 \text{(kN)} > \gamma_0 N_d = 188 \text{ kN}$$

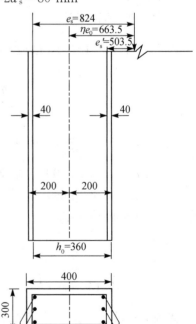

图 1-30 偏心受压构件计算简图及配筋（单位：mm）

满足要求。

2)在弯矩作用平面内的截面复核。

$a_s = a'_s = 40$ mm，$A_s = 942$ mm²，$A'_s = 339$ mm²，$h_0 = 360$ mm。由计算公式得，$\eta = 1.04$，则 $\eta e_0 = 663.52$ mm，$e_s = 824$ mm，$e'_s = 503.5$ mm。

假定为大偏心受压，即取 $\sigma_s = f_{sd}$，得混凝土受压区高度 $x$ 为

$$x = (h_0 - e_s) + \sqrt{(h_0 - e_s)^2 + 2\frac{f_{sd}A_s e_s - f'_{sd}A'_s e'_s}{f_{cd}b}}$$

$$= (360 - 824) + \sqrt{(360-824)^2 + 2 \times \frac{330 \times 942 \times 824 - 330 \times 339 \times 503.5}{13.8 \times 300}}$$

$$= 94.4 (\text{mm}) > 2a'_s = 2 \times 40 = 80 (\text{mm}) \text{ 且} < \xi_b h_0 = 0.53 \times 360 = 190.8 (\text{mm})$$

故确定为大偏心受压构件。

$$N_u = f_{cd}bx + f'_{sd}A'_s - \sigma_s A_s$$
$$= 13.8 \times 300 \times 94.4 + 330 \times 339 - 330 \times 942$$
$$= 191.826 (\text{kN}) > \gamma_0 N = 188 \text{ kN}$$

满足要求。

计算结果表明，结构的承载力是足够的。

# 第九章　钻孔灌注桩施工

**学习要点：**

本章主要介绍了钢筋混凝土钻孔灌注桩的基本构造及施工工艺和注意事项，为学生解决钻孔灌注桩施工的实际问题打下基础。

1. 掌握钻孔灌注桩的施工工序。
2. 掌握钻孔灌注桩施工前需要做的准备工作，埋设护筒时需注意的问题，钻孔灌注桩的钢筋笼制作安装时要注意的问题。
3. 掌握钻孔施工方法的种类及特点，钻孔施工时需要注意的问题。
4. 掌握灌注混凝土时的注意事项。

## A　钻孔灌注桩施工考核内容

### 一、填空题

1. 钻孔灌注桩的主要工序有施工前的准备、（　　）、（　　）、（　　）、吊放钢筋笼、灌注混凝土等。
2. 护筒多采用（　　）和（　　）护筒两种。
3. 护筒内径宜比桩径大（　　）mm。
4. 泥浆制备应选用（　　）、（　　）和添加剂按适当配合比配置而成。

5. 骨架入孔一般用吊机，无吊机时，可采用（　　）、（　　）。
6. 钢筋骨架的制作和吊放的允许偏差为：主筋间距（　　）；箍筋间距（　　）；骨架外径（　　）；骨架倾斜度（　　）；骨架保护层厚度（　　）；骨架中心平面位置（　　）；骨架顶端高程（　　），骨架底面高程（　　）。
7. 钻孔施工方法有（　　）、（　　）、（　　）、（　　）等。
8. 我国现用旋转钻机按泥浆循环的程序不同，分为（　　）与（　　）两种。
9. 清孔的方法有（　　）、（　　）、（　　）及用砂浆置换钻渣清孔法等。
10. 混凝土配置时，可采用（　　）水泥、（　　）水泥、（　　）水泥或（　　）水泥。
11. 使用矿渣水泥时，应采取防离析措施，水泥的初凝时间不宜早于（　　），水泥的强度等级不宜低于（　　）。

## 二、选择题

1. 护筒中心竖直线应与桩中心线重合，除设计另有规定外，平面允许误差为（　　）mm，竖直线倾斜不大于1%，干处可实测定位，水域可依靠导向架定位。
   A. 20　　　　B. 30　　　　C. 40　　　　D. 50
2. 旱地、筑岛处护筒可采用（　　），护筒底部和四周所填黏质土必须分层夯实。
   A. 冲击钻成孔法　　B. 挖坑埋设法　　C. 冲抓锥成孔法　　D. 抽浆法
3. 护筒高度宜高出地面（　　）m。
   A. 0.1　　　　B. 0.2　　　　C. 0.3　　　　D. 0.4
4. 护筒高度宜高出水面（　　）m。
   A. 0.5～1.0　　B. 1.0～2.0　　C. 2.0～2.5　　D. 2.5～3.0
5. 护筒埋置深度应根据设计要求或桩位的水文地质情况确定，一般情况埋置深度宜为（　　）m。
   A. 0.5～1.0　　B. 1.0～2.0　　C. 2.0～4.0　　D. 4.0～4.5
6. 护筒埋置深度特殊情况应加深，以保证钻孔和灌注混凝土的顺利进行。有冲刷影响的河床，应沉入局部冲刷线以下不小于（　　）m。
   A. 0.5～1.0　　B. 1.0～1.5　　C. 1.5～4　　D. 4.0～4.5
7. 注意主筋在50 cm范围内接头数量不能超过截面主筋根数的（　　）%。
   A. 20　　　　B. 30　　　　C. 40　　　　D. 50
8. 护筒中心竖直线应与桩中心线重合，除设计另有规定外，竖直线倾斜不大于（　　）%。
   A. 1　　　　B. 2　　　　C. 3　　　　D. 4

## 三、判断题

1. 施工放样：用全站仪准确放出各桩位中心，用骑马桩固定位置，用经纬仪测量地面标高，确定钻孔深度。（　　）
2. 当钻孔内有承压水时，应高于稳定后的承压水位1.0 m以上。（　　）
3. 护筒连接处要求筒内无突出物，应耐拉、压，不漏水。（　　）
4. 应在骨架外侧设置控制保护层厚度的垫块，其间距竖向为2 m，横向圆周不得少于2处。骨架顶端应设置吊环。（　　）

5. 冲击钻孔成孔深度一般不宜超过 50 m。（    ）

6. 冲抓锥法成孔深度宜小于 50 m。（    ）

7. 导管是灌注水下混凝土的重要工具，一般选用刚性导管。（    ）

8. 配置混凝土集料的最大粒径不应大于导管内径的 1/8～1/6 和钢筋最小净距的 1/4，同时不应大于 40 mm。（    ）

### 四、名词解释

1. 钻孔灌注桩
2. 冲击钻进成孔法
3. 冲抓锥成孔法
4. 旋转钻进成孔法
5. 正循环回转法
6. 反循环回转法

### 五、问答题

1. 钻孔灌注桩施工前需要做哪些准备工作？
2. 埋设护筒时需注意哪些问题？
3. 泥浆在钻孔中的作用是什么？
4. 钻孔灌注桩的钢筋笼制作安装时要注意哪些问题？
5. 钻孔施工方法有哪几种？各有什么特点？
6. 钻孔施工时需要注意什么问题？
7. 钻孔灌注桩在灌注前为什么要清孔？
8. 清孔有什么要求？
9. 水下混凝土如何配置？
10. 灌注混凝土时有哪些注意事项？
11. 简述钻孔灌注桩的特点。
12. 简述埋设护筒的作用。
13. 简述冲击钻进成孔法主要采用的机具。

## B  钻孔灌注桩施工考核答案

### 一、填空题

1. 桩位放样   埋设护筒   钻孔清孔
2. 钢   钢筋混凝土
3. 200～400
4. 水   高塑性黏土
5. 钻机钻架   灌注塔架
6. ±10 mm   ±20 mm   ±10 mm   ±0.5％   ±20 mm   20 mm   ±20 mm   ±50 mm
7. 冲击钻成孔法   冲抓锥成孔法   正循环回转法   反循环回转法

8. 正循环　反循环

9. 抽浆法　换浆法　掏渣法　喷射清孔法

10. 火山灰　粉煤灰　普通硅酸盐　硅酸盐

11. 2.5 h　42.5

## 二、选择题

1. D　2. B　3. C　4. B　5. C　6. B　7. D　8. A

## 三、判断题

1. ×　2. √　3. √　4. ×　5. √　6. ×　7. √　8. √

## 四、名词解释

1. 钻孔灌注桩：钻孔灌注桩就是现场采用钻孔机械（人工）将地层钻挖成预定孔径和深度的孔后，将预制成一定形状的钢筋骨架放入孔内，然后在孔内灌入流动的混凝土而形成桩基。

2. 冲击钻进成孔法：利用钻锤（重为 10～35 kN）不断地提锤、落锤，反复冲击孔底土层，把土层中的泥砂、石块挤向四壁或打成碎渣，钻渣悬浮于泥浆中，利用掏渣筒取出，直至设计孔深。

3. 冲抓锥成孔法：用兼有冲击和抓土作用的冲抓锤，通过钻架，用带离合器的卷扬机操纵。靠冲锤自重（重为 10～20 kN）冲下使抓土瓣锥尖张开插入土层，然后由卷扬机提升锥头收拢抓土瓣将土抓出，弃土后继续冲抓钻进成孔。

4. 旋转钻进成孔法：利用钻具的旋转切削土体钻进，并在钻进的同时采用循环泥浆的方法护壁排渣，继续钻进成孔。

5. 正循环回转法：在钻进的同时，泥浆泵将泥浆压进泥浆笼头，通过钻杆中心从钻头喷入钻孔内，泥浆挟带钻渣沿钻孔上升，从护筒顶部排浆孔排出至沉淀池，钻渣在此沉淀而泥浆仍进入泥浆池循环使用。

6. 反循环回转法：先将泥浆用泥浆泵送至钻孔内，然后从钻头的钻杆下口吸进，通过钻杆中心排出到沉淀池，泥浆沉淀后再循环使用。

## 五、问答题

1. 答：(1)认真进行施工放样：用全站仪准确放出各桩位中心，用骑马桩固定位置，用水准仪测量地面标高，确定钻孔深度。

(2)根据地质资料，确定科学合理的钻孔方法和钻孔设备，架设好电力线路，配备适合的变压器。若用柴油机提供动力，则应购置与设备动力相匹配的柴油机和充足的燃油。混凝土搅拌机、电焊机、钢筋切割机，以及水泥、砂石材料均要在钻孔开始前准备妥当。

(3)埋设护筒。

(4)泥浆的制备和规定。

(5)钢筋笼制作。

2. 答：(1)护筒内径宜比桩径大 200～400 mm。

(2)护筒中心竖直线应与桩中心线重合，除设计另有规定外，平面允许误差为 50 mm，竖直线倾斜不大于1%，干处可实测定位，水域可依靠导向架定位。

(3)旱地、筑岛处护筒可采用挖坑埋设法，护筒底部和四周所填黏质土必须分层夯实。

(4)护筒设置，应严格注意平面位置、竖向倾斜。两节护筒的连接质量均需符合上述要求。沉入时，可采用压重、振动、锤击并辅以筒内除土的方法。

(5)护筒高度宜高出地面 0.3 m 或水面 1.0~2.0 m。当钻孔内有承压水时，应高于稳定后的承压水位 2.0 m 以上。若承压水位不稳定或稳定后承压水位高出地下水位很多，应先做试桩，鉴定在此类地区采用钻孔灌注桩基的可行性。当处于潮水影响地区时，应高于最高施工水位 1.5~2.0 m，并应采用稳定护筒内水头的措施。

(6)护筒埋置深度应根据设计要求或桩位的水文地质情况确定，一般情况埋置深度宜为 2~4 m，特殊情况应加深以保证钻孔和灌注混凝土的顺利进行。有冲刷影响的河床，应沉入局部冲刷线以下不小于 1.0~1.5 m。

(7)护筒连接处要求筒内无突出物，应耐拉、压，不漏水。

3. 答：(1)在钻孔内产生较大的悬浮压力，可防止坍孔。

(2)泥浆向孔外土层渗漏，在钻进过程中，由于钻头的活动，孔壁表面形成一层胶泥，具有护壁作用，同时将孔内水流切断，能稳定孔内水位。

(3)泥浆比重大，具有浮渣作用，利于钻渣的排出。

4. 答：(1)注意主筋在 50 cm 范围内接头数量不能超过截面主筋根数的 50%，加强筋直径要准确。

(2)箍筋要预先调直，螺旋筋要布置在主筋外侧；定位筋应均匀对称地焊接在主筋外侧。

(3)长桩骨架宜分段制作，分段长度应根据吊装条件确定，应确保不变形，接头应错开。

(4)应在骨架外侧设置控制保护层厚度的垫块，其间距竖向为 2 m，横向圆周不得少于 4 处，骨架顶端应设置吊环。

(5)骨架入孔一般用吊机，无吊机时，可采用钻机钻架、灌注塔架。起吊应按骨架长度的编号入孔。

(6)钢筋骨架的制作和吊放的允许偏差为：主筋间距±10 mm；箍筋间距±20 mm；骨架外径±10 mm；骨架倾斜度±0.5%；骨架保护层厚度±20 mm；骨架中心平面位置 20 mm；骨架顶端高程±20 mm，骨架底面高程±50 mm。

5. 答：钻孔施工方法有冲击钻进成孔法、冲抓锥成孔法、正循环回转法、反循环回转法等。

冲击钻进成孔法的特点是能够节省人力，施工效率较高，锥下沉时有些钻渣被挤入孔壁，起到加强孔壁并增加土层与桩间的侧摩阻力的作用，但不能钻斜孔，本方法适合于含有漂卵石、大块石的土层及岩层，也能用于其他土层，成孔深度一般不宜超过 50 m。

冲抓锥成孔法的特点是机械简单、成本低，不需钻杆，但施工自动化程度低，需人工操作，清运渣土劳动强度大，施工速度较慢。

正循环回转法即在钻进的同时，泥浆泵将泥浆压进泥浆笼头，通过钻杆中心从钻头喷入钻孔内，泥浆挟带钻渣沿钻孔上升，从护筒顶部排浆孔排出至沉淀池，钻渣在此沉淀而泥浆仍进入泥浆池循环使用。

反循环回转法钻机的钻进及排渣效率较高，但在接长钻杆时装卸较麻烦，如钻渣粒径超过钻杆内径(一般为 120 mm)，易堵塞管路，则不宜采用。

6. 答：(1)钻机就位前，应对钻孔的各项准备工作进行检查，包括场地与钻机座落处的平整和加固，主要机具的检查和安装。

(2)必须及时填写施工记录表，交接班时应交代钻进情况及下一班应注意的事项。

(3)钻机底座和顶端要平稳，在钻进和运行中不应产生位移和沉陷。

(4)钻孔作业应分班连续进行，经常对钻孔泥浆性能指标进行检验，不符合要求时要及时改正。

(5)无论采用何种方法钻孔，开孔的孔位必须准确。开钻时均应慢速钻进，待导向部位或钻头全部进入地层后，方可加速钻进。

(6)用正、反循环钻孔(含潜水钻)均应采用减压钻进，即钻机的主吊钩始终要承受部分钻具的重力，而孔底承受的钻压不超过钻具重力之和(扣除浮力)的 80%。

(7)全护筒法钻进时，为使钻机安装平正，压进的首节护筒必须竖直。钻孔开始后应随时检测护筒水平位置和竖直线，如发现偏移，应将护筒拔出，调整后重新压入钻进。

(8)钻孔排渣、提钻头除土或因故停钻时，应保持孔内具有规定的水位和要求的泥浆相对密度和黏度。处理孔内事故或因故停钻，必须将钻头提出孔外。

7. 答：清孔的目的是除去孔底沉淀的钻渣和泥浆，以保证灌注的钢筋混凝土质量，保证桩的承载力。

8. 答：(1)钻孔深度达到设计标高后，应对孔深、孔径进行检查，符合技术规范要求后方可清孔。

(2)在吊入钢筋骨架后，灌注水下混凝土之前，应再次检查孔内泥浆性能指标和孔底沉淀厚度，如超过规定，应进行第二次清孔，符合要求后方可灌注水下混凝土。

(3)不论采用何种清孔方法，在清孔排渣时，必须注意保持孔内水头，防止坍孔。

(4)无论采用何种方法清孔，清孔后应从孔底提出泥浆试样，进行性能指标试验，试验结果应符合规范的规定。灌注水下混凝土前，孔底沉淀土厚度应符合规范的规定。

(5)不得用加深钻孔深度的方式代替清孔。

9. 答：(1)可采用火山灰水泥、粉煤灰水泥、普通硅酸盐水泥或硅酸盐水泥，使用矿渣水泥时，应采取防离析措施。水泥的初凝时间不宜早于 2.5 h，水泥的强度等级不宜低于 42.5。

(2)粗集料宜优先选用卵石，如采用碎石，宜适当增加混凝土配合比的含砂率。集料的最大粒径不应大于导管内径的 1/8～1/6 和钢筋最小净距的 1/4，同时不应大于 40 mm。细集料宜采用级配良好的中砂。

(3)混凝土配合比的含砂率宜采用 0.4～0.5，水胶比宜采用 0.5～0.6。有试验依据时，含砂率和水胶比可酌情增大或减小。

(4)混凝土拌合物应有良好的和易性，在运输和灌注过程中应无显著离析、泌水现象。灌注时应保持足够的流动性，其坍落度宜为 180～220 mm。混凝土拌合物中宜掺用外加剂、粉煤灰等材料。

(5)每立方米水下混凝土的水泥用量不宜小于 350 kg，当掺有适宜数量的减水缓凝剂或粉煤灰，可不少于 300 kg。混凝土拌合物的配合比，可在保证水下混凝土顺利灌注的条件下，按照有关混凝土配合比设计方法计算确定。

(6)对沿海地区(包括有盐碱腐蚀性地下水地区)，应配制防腐蚀混凝土。

10. 答：(1)导管应试拼装，球塞应通过试验，施工时严格按试拼的位置安装。应冲水加压检查有无漏水现象，导管不宜过长，要连接可靠、便于装拆，以保证拆卸时中断混凝土灌注时间最短。

(2)初次灌注混凝土时，导管下口至孔底的距离为 25～40 cm，导管埋入深度以不小于 1 m 为宜。

(3)首批灌注混凝土的数量应能满足导管首次埋置深度(≥1.0 m)和填充导管底部的需要。

(4)保证灌注的连续性，灌注在任何情况下都不得中断。应经常测探井孔内混凝土面的位置，正确掌握导管的提升量，埋入混凝土的深度不小于 2～6 m。

(5)灌注的桩项标高应比设计标高高出 0.5～1.0 m，待开挖基坑浇承台时凿除(俗称灌注的破桩头)，目的是将孔内泥浆全部排除，保证桩体成桩质量。

(6)混凝土拌合物运至灌注地点时，应检查其均匀性和坍落度等，如不符合要求，应进行第二次拌和，二次拌和后仍不符合要求时，不得使用。

(7)为防止钢筋骨架上浮，当灌注的混凝土顶面距钢筋骨架底部 1 m 左右时，应降低速度。当混凝土拌合物上升到骨架底口 4 m 以上时，提升导管，使其底口高于骨架底部 2 m 以上，这样即可恢复正常灌注速度。

(8)使用全护筒灌注水下混凝土时，当混凝土面进入护筒后，护筒底部始终应在混凝土面以下，随着导管的提升，逐步上拔护筒，护筒内的混凝土灌注高度，不仅要考虑导管及护筒将提升的高度，还要考虑因上拔护筒引起的混凝土面的降低，以保证导管的埋置深度和护筒底面低于混凝土面。要边灌注边排水，保持护筒内水位稳定，不至过高，造成反穿孔。

11. 答：钻孔灌注桩的特点是施工噪声和振动小；施工速度快，受气候影响较小，与地基土质无关，在各种地基上均可适用；但因混凝土是在泥浆中灌注的，质量较难控制。要注意孔壁易坍塌形成流砂及孔底沉淀的处理等问题。

12. 答：埋设护筒的作用是保持比地下水位高的水头，增加孔内的静水压力，稳定孔壁、防止坍孔；隔离地表水、保护孔口地面、固定桩孔位置和起到钻头导向的作用。

13. 答：冲击钻进成孔法主要采用的机具有定型的冲击式钻机(包括钻架、动力、起重装置等)、冲击钻头、转向装置、掏渣筒等，也可采用 30～50 kN 带离合器的卷扬机配合钢、木钻架及动力组成简易冲击机。

# 钢筋混凝土受压构件项目示例

有一根直径为 1.5 m 钻孔灌注桩，桩计算长度为 $l_0=7.5$ m，承受的轴向力设计值 $N_d=$ 19 350 kN，弯矩设计值 $M_d=3\ 991.8$ kN·m，结构重要性系数 $r_0=1$。拟采用 C30 混凝土，$f_{cd}=13.8$ MPa，HRB400 级钢筋，$f'_{sd}=330$ MPa。试进行截面配筋，并编写钻孔灌注桩施工的施工过程。

## 一、桩的截面设计

桩的半径 $r=1\,500/2=750(\mathrm{mm})$，混凝土保护层厚度取 60 mm，桩的长细比 $\dfrac{L_0}{d}=\dfrac{7.5\times 10^3}{1\,500}=5$，故不考虑桩的纵向弯曲，取 $\eta=1$。

偏心距 $e_0'=\eta e_0=M_d/N_d=3\,991.8\times 10^6/19\,350\times 10^3=206(\mathrm{mm})$

$$\eta\dfrac{e_0}{r}=1.1\times\dfrac{206}{750}=0.30$$

取 $\rho f_{sd}/f_{cd}=0.18$，查表可得：$\varphi=0.795\,3$。

$$\gamma_0 N_d\leqslant \varphi A f_{cd}$$

$\gamma_0 N_d=0.795\,3\times\pi\times 750^2\times 13.8=19\,394(\mathrm{kN})$

$N_{du}/(\gamma_0 N_d)=19\,394/19\,350=1.002$，计算轴向力 $N_{du}$ 与轴力计算值基本相等，所得配筋面积 $A_s=\rho\pi r^2=\dfrac{0.18}{330}\times 13.8\times 750^2=4\,234\,(\mathrm{mm}^2)$。

拟选用 ⌀20 钢筋，则选 14 根 ⌀20，供给钢筋截面面积 $A_s=4\,399\,\mathrm{mm}^2$，$r_s=750-\left(60+\dfrac{22.7}{2}\right)=678.65(\mathrm{mm})$。

钢筋间距 $\dfrac{2\pi r_s}{n}=\dfrac{2\times 3.14\times 678.65}{14}=304(\mathrm{mm})$。

实际配筋率 $\rho=\dfrac{A_s}{\pi r^2}=\dfrac{4\,399}{3.14\times 750^2}=0.002\,5=0.25\%$

偏心受压构件计算简图及配筋如图 1-31 所示。

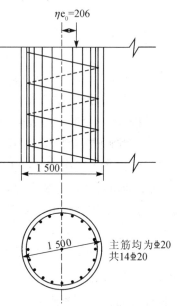

图 1-31 偏心受压构件计算简图及配筋(单位：mm)

## 二、钻孔灌注桩施工过程

某钻孔灌注桩，桩的直径为 1.2 m，桩长为 7.5 m，采用 C25 混凝土，受压主筋配置 20⌀20，螺旋形箍筋选择直径为 8 mm 的，箍筋间距为 12 cm，根据土质、桩径大小、入土深度和机具设备等条件，施工时适合采用正循环旋转钻机和抽浆清孔，试简要叙述此桩的施工过程及相关步骤的质量控制要求。

(1)施工准备。根据已定出的墩台纵横中心轴线直接定出桩基础轴线和各基桩桩位，应用全站仪设置固定标志或控制桩，以便施工时随时校核。

(2)做钻孔前的准备工作。

1)施工前应将场地平整好，以便安装钻架进行钻孔。

2)埋置护筒。

3)制备泥浆。准备数量充足和性能合格的黏土和膨润土调制泥浆，先将土加水浸透，然后用搅拌机或人工拌制，按不同地层情况严格控制泥浆浓度，为了回收泥浆原料和减少环境污染，应设置泥浆循环净化系统，调制泥浆的黏土塑性指数不宜小于 15。

4)钢筋笼制作。在钻孔之前或者钻孔的同时要制作好钢筋笼,以便成孔、清孔后尽快下放钢筋笼、灌注混凝土,以防止坍孔事故的发生。

按设计要求的受压主筋配置 20ϕ20,螺旋形箍筋选择直径为 8 mm 的,箍筋间距为 12 cm,制备钢筋,制作钢筋笼,钢筋笼的质量好坏直接影响整个桩的强度,所以钢筋笼应严格按图纸尺寸要求制作。

在制作过程中应注意,在任一焊接接头中心至钢筋直径的 35 倍且不小于 500 mm 的长度区段内,同一根钢筋不得有两个接头。在该区段内的受拉区有接头的,受力钢筋截面面积不宜超过受力钢筋总截面面积的 50%,在受压区和装配式构件间的连接钢筋不受此限制。螺旋筋布置在主筋外侧,定位筋应均匀对称地焊接在主筋外侧。

下放钢筋笼之前应对其进行质量检查,保证钢筋根数、位置、净距、保护层厚度等满足要求。

5)安装钻机或钻架。在钻孔过程中,成孔中心必须对准桩位中心,钻机(架)必须保持平稳,不发生位移、倾斜和沉陷。钻机(架)安装就位时,应详细测量,底座应用枕木垫实塞紧,顶端应用缆风绳固定平稳,并在钻孔过程中经常检查。

(3)钻孔。利用钻具的旋转切削土体钻进,在钻进的同时,泥浆泵将泥浆压进泥浆龙头,通过钻杆中心从钻头喷入钻孔内,泥浆挟带钻渣沿钻孔上升,从护筒顶部排浆孔排出至沉淀池,钻渣在此沉淀而泥浆仍进入泥浆池循环使用。

1)钻孔注意事项。在钻孔过程中应防止坍孔、孔形扭歪或孔偏斜,把钻头埋住或掉进孔内等事故。因此,钻孔时应注意以下几点:

①在钻孔过程中,始终要保持钻孔护筒内水位要高出筒外 1~1.5 m 的水位差和护壁泥浆的要求(泥浆比重为 1.1~1.3、黏度为 10~25 s、含砂率≤6% 等),以起到护壁固壁作用,防止坍孔。若发现漏水(漏浆)现象,应找出原因并及时处理。

②在钻孔过程中,应根据土质等情况控制钻进速度,调整泥浆稠度,以防止坍孔及钻孔偏斜、卡钻和旋转钻机负荷超载等情况发生。

③钻孔宜一气呵成,不宜中途停钻,以免坍孔。若坍孔严重,应回填重钻。

④在钻孔过程中,应加强对桩位、成孔情况的检查工作。

终孔时应对桩位、孔径、形状、深度、倾斜度及孔底土质等情况进行检验,合格后立即清孔、吊放钢筋笼,灌注混凝土。

2)钻孔常见事故及预防、处理措施。常见的钻孔事故有坍孔、钻孔偏斜、扩孔与缩孔、钻孔漏浆、掉钻落物、糊钻、形成梅花孔、卡钻、钻杆折断等。其处理方法如下:

①遇有坍孔,首先应认真分析原因和查明位置,然后进行处理。坍孔不严重时,可回填至坍孔位置以上,并采取改善泥浆性能、加高水头、埋深护筒等措施,继续钻进。坍孔严重时,应立即将钻孔全部用砂或小砾石夹黏土回填,暂停一段时间后,查明坍孔原因,采取相应措施重钻。坍孔部位不深时,可采取深埋护筒法,将护筒周围土夯填实,重新钻孔。

②遇有钻孔偏斜、弯曲时,一般可在偏斜处吊住钻锥反复扫孔,使钻孔正直。偏斜严重时,应回填黏性土到偏斜处,待沉积密实后重新钻进。

③遇有扩孔、缩孔时,应采取防止坍孔和钻锥摆动过大的措施。缩孔是钻锥磨损过甚、

焊补不及时或因地层中有遇水膨胀的软土、黏土泥岩造成的。对前者，应及时补焊钻锥；对后者，应用失水率小的优质泥浆护壁。对已发生的缩孔，宜在该处用钻锤上下反复扫孔以扩大孔径。

④钻孔漏浆时，如护筒内水头不能保持，宜采取将护筒周围回填土筑实、增加护筒埋置深度、适当减小水头高度或加稠泥浆、倒入黏土慢速转动等措施；用冲击法钻孔时，还可填入片石、碎卵石土，反复冲击以增强护壁。

⑤由于钻锥的转向装置失灵、泥浆太稠、钻锥旋转阻力过大或冲程太小，钻锥来不及旋转，易发生梅花孔（或十字槽孔，多见于冲击钻孔），可采用片石或卵石与黏土的混合物回填钻孔，重新冲击钻进。

⑥糊钻、埋钻常出现于正、反循环（含潜水钻机）回转法钻进和冲击法钻进中，遇此情况时，应对泥浆稠度、钻渣进出口、钻杆内径大小、排渣设备进行检查计算，并控制适当的进尺。若已严重糊钻，则应停钻，提出钻锥，清除钻渣。冲击钻锥糊钻时，应减小冲程、降低泥浆稠度，并在黏土层上回填部分砂、砾石。遇到坍方或其他原因造成埋钻时，应使用空气吸泥机吸出埋钻的泥砂，提出钻锥。

⑦卡钻常发生在冲击钻孔时，卡钻后不宜强提，只宜轻提，轻提不动时，可用小冲击钻锥冲击或用冲、吸的方法将钻锥周围的钻渣松动后再提出。

⑧掉钻落物时，宜迅速用打捞叉、钩、绳套等工具打捞；若落物已被泥砂埋住，应先清除泥砂，使打捞工具接触落体后再行打捞。

在任何情况下，处理钻孔事故时，严禁施工人员进入没有护筒或其他防护设施的钻孔中处理故障。

(4)清孔。用空气吸泥机吸出含钻渣的泥浆而达到清孔目的。由风管将压缩空气输进排泥管，使泥浆形成密度较小的泥浆空气混合物，在水柱压力下沿排泥管向外排出泥浆和孔底沉渣，同时用水泵向孔内注水，保持水位不变直至喷出清水或沉渣厚度达到设计要求为止。

清孔的质量要求：

1)清孔后，孔底沉淀厚度应符合规定要求：对于端承桩，应不大于设计规定值；对于摩擦桩，应符合设计要求（当无设计要求时，对直径小于等于 1.5 m 的桩，沉淀厚度小于等于 300 mm；对直径大于 1.5 m 或桩长大于 40 m 或土质较差的桩，沉淀厚度小于等于 500 mm）。

孔底沉淀厚度的测量，可在清孔后用取样盒（开口铁盒）吊到孔底，灌注混凝土前取出，直接量测沉淀在盒内的沉渣厚度即沉淀厚度。

2)清孔后，泥浆指标要求：相对密度 1.03～1.10，黏度 17～20 s，含砂率小于 2%，胶体率大于 98%。

(5)吊放钢筋骨架。按设计要求预先焊成钢筋笼骨架，整体或分段就位，吊入钻孔。钢筋笼骨架吊放前，应检查孔底深度是否符合要求；孔壁有无妨碍骨架吊放和正确就位的情况。钢筋骨架吊装可利用钻架或另立扒杆进行。吊放时，应避免骨架碰撞孔壁，并保证骨架外混凝土保护层厚度，应随时校正骨架位置。钢筋骨架达到设计标高后，应将其牢固定位于孔口。钢筋骨架安置完毕后，须再次进行孔底检查，有时须进行二次清孔，达到要求后即可灌注水下混凝土。

(6)灌注水下混凝土。

1)灌注方法及有关设备。采用直升导管法灌注水下混凝土。将导管居中插入到离孔底 0.30~0.40 m(不能插入孔底沉积的泥浆中),导管上口接漏斗,在接口处设隔水栓,以隔绝混凝土与导管内水的接触。在漏斗中存备足够数量的混凝土后,放开隔水栓使漏斗中存备的混凝土连同隔水栓向孔底猛落,将导管内的水挤出,混凝土从导管下落至孔底堆积,并使导管埋在混凝土内,此后向导管连续灌注混凝土。导管下口埋入孔内混凝土下 1~1.5 m 深,以保证钻孔内的水不可能重新流入导管。随着混凝土不断由漏斗、导管灌入钻孔,钻孔内初期灌注的混凝土及其上面的水或泥浆不断被顶托升高,相应地不断提升导管和拆除导管,直至钻孔灌注混凝土完毕。

2)对混凝土材料的要求。为保证水下混凝土的质量,混凝土材料应满足以下要求:

①进行混凝土配合比设计时,要将混凝土等级提高 20%。

②混凝土应有必要的流动性,坍落度宜在 180~220 mm 范围内。

③每立方米混凝土水泥用量不少于 360 kg,水胶比宜用 0.5~0.6,并可适当提高含砂率(宜采用 40%~50%),使混凝土有较好的和易性。

④为防卡管,石料尽可能用卵石,适宜直径为 5~30 mm,最大粒径不超过 40 mm。

3)灌注水下混凝土的注意事项。灌注水下混凝土是钻孔灌注桩施工最后一道带有关键性的工序,其施工质量将严重影响到成桩质量,施工中应注意以下几点:

①混凝土拌和必须均匀,尽可能缩短运输距离和减小颠簸,防止混凝土离析而发生卡管事故。

②灌注混凝土必须连续作业,一气呵成,避免因任何原因中断灌注,因此混凝土的搅拌与运输设备应满足连续作业的要求,孔内混凝土上升到接近钢筋笼架底处时,应防止钢筋笼架被混凝土顶起。

③在灌注过程中,要随时测量和记录孔内混凝土灌注标高和导管入孔长度,提管时控制和保证导管埋入混凝土面内有 3~5 m 深度。防止导管提升过猛,管底提离混凝土面或埋入过浅,而使导管内进水造成断桩夹泥。另外,也要防止导管埋入过深,而造成导管内混凝土压不出或导管被混凝土埋住凝结,不能提升,导致中止浇灌而形成断桩。

④灌注的桩顶标高应比设计值预加一定的高度,此范围的浮浆和混凝土应凿除,以确保桩顶混凝土的质量,预加高度一般为 0.5 m,深桩应酌量增加。待桩身混凝土达到设计强度,按规定检验后方可灌注系梁、盖梁或承台。

**项目二**

# 预应力混凝土结构

## 第十章 预应力混凝土结构的基本概念及材料

**学习要点：**

本章主要介绍了预应力混凝土结构的基本概念及其特点，预应力钢筋与高强度混凝土能相互作用的基本原理，同时介绍了预应力混凝土结构的分类。这些是掌握后续的有关预应力混凝土结构承载能力、变形等设计计算及施工的基础。

1. 掌握预应力混凝土构件的工作原理。预应力混凝土改善了普通混凝土构件抗裂性差、刚度小、变形大、不能充分利用高强材料、适用范围受到限制的缺陷，可以运用到有防水、抗渗要求的特殊环境及大跨、重荷载结构。

2. 与普通混凝土构件不同，预应力混凝土采用的是高强度材料。应采用高强钢筋和高强混凝土，对这两种材料的选材要求和物理力学指标要重点学习。

3. 掌握预应力混凝土结构的详细分类，尤其是预应力度、先张法、后张法的概念及其施工工艺特点等。施加预应力的方法有先张法和后张法。先张法是依靠预应力钢筋和混凝土粘结力传递预应力的。在构件端部有预应力传递长度。后张法是依靠锚具传递预应力的，端部处于局部受压的应力状态。

### A 预应力混凝土结构的基本概念及材料考核内容

#### 一、填空题

1.《桥规》(JTG 3362—2018)根据预应力大小(严格定义为预应力度)，将预应力混凝土划分为（　　）、（　　）和（　　）三大类。

2. 部分预应力混凝土分为（　　）和（　　）两种情况。

3. 对混凝土施加预应力，从施工工艺上有（　　）和（　　）之分。

4. 在预应力混凝土构件中，有（　　）和（　　）两大类钢筋。

5. 预应力构件中常用的预应力钢筋种类有（　　）、（　　）和（　　）。

6. 后张法是依靠（　　）来传递和保持预加应力的；先张法则是依靠（　　）来传递并保

持预加应力的。

7. 在预应力钢筋的张拉施工时，应采用双控，即控制（　　）和（　　）。

8. 预应力混凝土构件对混凝土的基本要求有（　　）、（　　）、（　　）、（　　）。

9. 预应力混凝土构件对预应力钢筋质量要求有（　　）、（　　）、（　　）以及应力松弛损失要低。

10. 我国国家标准钢绞线公称直径有（　　）、（　　）、（　　）和（　　）四种。

11. 依据钢绞线的松弛性能不同，把钢绞线分为（　　）和（　　）两种。

12. 我国生产的钢绞线的规格有（　　）、（　　）、（　　）和（　　）四种。

13. 非钢材预应力筋用作预应力筋的非钢材材料主要是指（　　）。

14. 目前，在土木工程领域应用的 FRP 主要是指（　　）、（　　）、（　　）三种。

15. 《桥规》(JTG 3362—2018)中采用的消除应力高强钢丝有（　　）、（　　）和（　　）。

16. 按照预应力钢筋和混凝土之间的粘结情况，预应力混凝土结构可分为（　　）和（　　）两种。

## 二、选择题

1. 公路桥涵受力构件的混凝土强度等级中规定，预应力混凝土构件的混凝土强度等级不应低于（　　）。
   A. C20　　　　　　B. C30　　　　　　C. C35　　　　　　D. C40

2. 其他条件相同时，预应力混凝土构件的延性比普通混凝土构件的延性（　　）。
   A. 相同　　　　　　B. 大些　　　　　　C. 小些　　　　　　D. 大很多

3. 全预应力混凝土构件在使用条件下，构件截面混凝土（　　）。
   A. 不出现拉应力　　　　　　　　B. 允许出现拉应力
   C. 不出现压应力　　　　　　　　D. 允许出现压应力

4. 构件在作用（或荷载）短期效应组合下控制截面受拉边缘允许出现拉应力，当对拉应力加以限制时，为（　　）。
   A. 部分预应力混凝土 A 类构件　　B. 部分预应力混凝土 B 类构件
   C. 钢筋混凝土结构　　　　　　　D. 全预应力混凝土

5. 全预应力混凝土的预应力度为（　　）。
   A. $\lambda \geq 1$　　B. $\lambda = 0$　　C. $1 > \lambda > 0$　　D. $1 \geq \lambda \geq 0$

6. 先张法主要是依靠（　　）来传递并保持预加力的。
   A. 工作锚具　　　　　　　　　　B. 夹具
   C. 粘结力　　　　　　　　　　　D. 两端的千斤顶

## 三、判断题

1. 在浇灌混凝土之前张拉钢筋的方法称为先张法。（　　）

2. 预应力混凝土结构可以避免构件裂缝过早出现。（　　）

3. 在先张法中，预应力钢筋一般是依靠粘结力来锚固的，而粘结强度是随混凝土强度等级的增高而增加的，因此，混凝土强度等级不应低于C30。（　　）

4. 先张法一般仅宜生产直线配筋的中小型构件，且需配备庞大的张拉台座。（　　）

5. 预应力混凝土结构可以减小混凝土梁的竖向剪力和主拉应力。（　　）

6. 预应力反拱度不易控制，它随混凝土徐变的增加而加大。（　　）

7. 高强混凝土的弹性模量较高，徐变较小，能够减小由于混凝土弹性压缩和徐变引起的预应力损失。（　　）

8. 在后张法预应力混凝土构件的张拉端和固定端布置非预应力钢筋可以防止混凝土在高应力下开裂。（　　）

9. 精轧螺纹钢筋仅适用于中、小型预应力混凝土构件或作为箱梁的竖向、横向预应力筋。（　　）

10. 预应力混凝土结构受压区出现的拉应力超过限值或出现不超过限值的裂缝时，为部分预应力混凝土 A 类构件。（　　）

11. 消除应力钢丝和钢绞线单向拉伸应力-应变曲线有明显的流幅。（　　）

### 四、名词解释

1. 预应力混凝土结构
2. 预应力度
3. 全预应力混凝土结构
4. 部分预应力混凝土 A 类构件
5. 部分预应力混凝土 B 类构件
6. 先张法
7. 后张法

### 五、问答题

1. 我国工程中，按预应力度的概念，对加筋混凝土是如何分类的？
2. 什么是无粘结预应力混凝土结构？无粘结预应力混凝土结构有哪些优点？
3. 与普通钢筋混凝土构件相比，预应力混凝土构件有何优缺点？
4. 为什么预应力混凝土构件必须采用高强钢材，且应尽可能采用高强度等级的混凝土？
5. 对混凝土结构构件施加预应力的方法有哪几种？先张法和后张法有什么区别？试简述它们的优缺点及应用范围。

## B 预应力混凝土结构的基本概念及材料考核答案

### 一、填空题

1. 全预应力混凝土　部分预应力混凝土　钢筋混凝土
2. 预应力混凝土 A 类构件　预应力混凝土 B 类构件
3. 先张法　后张法
4. 非预应力钢筋　预应力钢筋
5. 高强钢丝　钢绞线　精轧螺纹钢筋
6. 工作锚具　粘结力
7. 张拉应力　伸长值（应变）

8. 高强度　收缩、徐变小　快硬、早强　匀质性好
9. 高强度　足够的粘结强度　良好的塑性和加工性能
10. 9.5 mm　12.7 mm　15.2 mm　17.8 mm
11. 普通钢绞线　低松弛钢绞线
12. 7φ2.5　7φ3.0　7φ4.0　7φ5.0
13. 纤维增强塑料
14. 碳素纤维增强塑料(简称 CFRP)　玻璃纤维增强塑料(简称 GFRP)　芳纶纤维增强塑料(简称 AFRP)
15. 光面钢丝　螺旋肋钢丝　刻痕钢丝
16. 有粘结预应力混凝土结构　无粘结预应力混凝土结构

## 二、选择题

1. D　　2. C　　3. A　　4. A　　5. A　　6. C

## 三、判断题

1. √　2. √　3. ×　4. √　5. √　6. √　7. √　8. √　9. √
10. ×　11. ×

## 四、名词解释

1. 预应力混凝土结构：事先人为地在混凝土或钢筋混凝土中引入内部应力，且其数值和分布恰好能将使用荷载产生的内力抵消到一个合适程度的配筋混凝土。这种预先给混凝土引入内部应力的结构，就称为预应力混凝土结构。

2. 预应力度：《桥规》(JTG 3362—2018)将预应力度($\lambda$)定义为

$$\lambda = \frac{\sigma_{pe}}{\sigma_{sl}}$$

也可定义为：由预加应力大小确定的消压弯矩 $M_0$，与外荷载产生的弯矩 $M_s$ 的比值，即 $\lambda = M_0/M_s$。

3. 全预应力混凝土结构：$\lambda \geq 1$，此类构件在作用（或荷载）短期效应组合下控制截面的受拉边缘不允许出现拉应力。

4. 部分预应力混凝土 A 类构件：短期效应组合下控制截面受拉边缘允许出现拉应力，当对拉应力加以限制时，为部分预应力混凝土 A 类构件。

5. 部分预应力混凝土 B 类构件：短期效应组合下控制截面受拉边缘允许出现拉应力，当拉应力超过限值或出现不超过限值的裂缝时，为部分预应力混凝土 B 类构件。

6. 先张法：即先张拉钢筋，后浇筑构件混凝土的方法。

7. 后张法：是先浇筑构件混凝土，待混凝土结硬后，再张拉筋束的方法。

## 五、问答题

1. 答：按预应力度分为三类：

(1) 全预应力混凝土结构：$\lambda \geq 1$。

(2) 部分预应力混凝土结构：是介于全预应力混凝土与普通钢筋混凝土之间的结构，其 $1 > \lambda > 0$。

(3)钢筋混凝土结构：λ=0。

2. 答：无粘结预应力混凝土结构是指预应力钢筋伸缩、滑动自由，不与周围混凝土粘结的预应力混凝土结构。

无粘结预应力混凝土结构在施工时不需要事先预留孔道、穿筋和张拉后灌浆等，极大地简化了常规后张法预应力混凝土结构的施工工艺，尤其适用于多跨、连续的整体现浇结构中。

3. 答：预应力混凝土构件的优点：

(1)提高了构件的抗裂度和刚度。

(2)可以节省材料，减少自重。

(3)可以减小混凝土梁的竖向剪力和主拉应力。

(4)结构质量安全可靠。施加预应力时，钢筋(束)与混凝土都同时经受了一次强度检验。

(5)预应力可作为结构构件连接的手段，促进了桥梁结构新体系与施工方法的发展。

预应力混凝土构件的缺点：

(1)预应力混凝土工艺较复杂，对施工质量要求高，因而需要配备一支技术熟练的专业队伍。

(2)需要有一定的专门设备，如张拉机具、灌浆设备等。

(3)预应力反拱度不易控制，它随混凝土徐变的增加而加大。

(4)预应力混凝土结构的开工费用较大，对于跨径小、构件数量少的工程，成本较高。

4. 答：预应力混凝土构件必须采用高强钢材的主要理由是：张拉控制应力要求较高，同时考虑减小各构件的预应力损失。

预应力混凝土与普通钢筋混凝土相比，要求使用更高强度等级的混凝土，主要理由是：

(1)为了尽量降低造价、减轻自重。因为预应力钢筋的锚具是按较高强度等级的混凝土来设计的。如果混凝土强度较低，那么，对局部承压、对端部锚固区锚具附近的混凝土抗裂性、对保证钢筋与混凝土之间的可靠粘结等都是不利的。因而会造成锚具和构件尺寸的加大及经济性差等情况。

(2)为了保证强度的均匀性，预应力混凝土构件比钢筋混凝土构件有更多的部位要承受高应力。

(3)相同水胶比条件下，较高强度等级的混凝土不太容易发生收缩裂缝，而低强度等级的混凝土在施加预应力之前就会发生收缩裂缝。

(4)高强度等级的混凝土可减少占总预应力损失中很大部分的徐变损失。

5. 答：(1)对混凝土结构构件施加预应力的方法主要有两类：一类是先张法，另一类是后张法。

(2)先张法和后张法的主要区别。

1)概念不同，先张法先张拉钢筋，后浇筑混凝土。后张法先浇筑混凝土，后张拉钢筋。

2)后张法依靠工作锚具来传递和保持预加应力。先张法则依靠粘结力来传递并保持预加应力。

3)先张法锚具可以回收,后张法锚具不可以回收。

4)需要的施工设备不同。先张法预应力混凝土构件都需要台座、千斤顶、传力横梁和夹具等设备。后张法不需要台座,但需要有可靠的锚具、千斤顶和张拉油泵等设备。

5)先张法只能张拉直线筋,适合于中小构件。后张法既能张拉直线筋,又能张拉曲线筋,适合于中大构件。

(3)先张法和后张法的特点及适用场合。先张法施工工序简单,在大批量生产时,先张法构件比较经济,质量也比较稳定。先张法一般仅适宜生产直线配筋的中小型构件,这将使施工设备和工艺复杂化,且需配备庞大的张拉台座,同时,构件尺寸大,起重、运输也不方便。

后张法能直接在混凝土构件上进行张拉,不需要台座设备,不受地点限制,适用于在施工现场制作大型构件、现浇结构(大跨度预应力混凝土框架结构、井式梁板结构等)和特殊结构(如电视塔、筒仓结构等)。后张法施工工序多,工艺较为复杂,锚固加工要求高,又不能重复使用,费用较高。

# 第十一章 预应力混凝土简支梁设计

**学习要点:**

本章主要介绍了预应力混凝土简支梁的构造;预应力混凝土受弯构件计算;预应力混凝土构件的应力和抗裂计算等。

1. 掌握预应力混凝土简支梁常用截面形式及预应力筋的选择和布置原则。了解非预应力筋的选择及布置。

2. 掌握预应力混凝土受弯构件破坏的三个主要阶段,充分认识预应力混凝土构件各项预应力损失的原因,损失的分析、计算方法和减少各项损失的措施,以及先张法、后张法各有哪些损失,第一批和第二批损失是哪些组合。

3. 掌握预应力受弯构件正截面承载能力和斜截面承载能力计算。

4. 掌握预应力受弯构件短暂和持久状况的应力计算。

5. 掌握预应力受弯构件的抗裂性验算的内容和相关控制条件,充分认识挠度验算和预拱度设置的重要性及设置原则。

## A 预应力混凝土简支梁设计考核内容

### 一、填空题

1. 在工程实践中,预应力混凝土梁常用的截面形式有(　　)、(　　)、(　　)、(　　)以及预应力工字梁现浇整体式组合截面梁。

2. 空心板的截面高度与跨度有关,一般取高跨比为(　　),板宽一般取 1 100~1 400 mm,顶板和底板的厚度均不宜小于(　　)。

3. T 形梁的高跨比一般为(　　)。下缘加宽部分的尺寸,根据布置钢筋束的构造要求确定,腹板一般取( )。

4. 槽形组合式截面抗扭刚度大,适用跨度为( ),高跨比一般为( )。

5. 预应力梁的截面形式及尺寸定得是否合理,可以用参数 $\lambda=(K_s+K_x)/h$ 来表示,$\lambda$ 通常称为截面抗弯效率指标,它与截面形式有关。一般,矩形截面的 $\lambda$ 值为( );空心板梁的 $\lambda$ 值随挖空率而变化,一般为( )。

6. 预应力混凝土梁钢筋数量估算的基本原则是按结构使用性能要求确定( )数量,极限承载力的不足部分由普通钢筋来补充。

7. 钢束弯起的曲线可采用( )、( )或( )三种形式,公路桥梁中常采用( )。

8. 预应力混凝土受弯构件,从预加应力到承受外荷载,直至最后破坏,可分为三个主要阶段,即( )、( )和( )。

9. 由于受施工因素、材料性能和环境条件等的影响,预应力钢筋在拉伸时所建立的预拉应力(称张拉控制应力)将会有所降低,这些减少的应力称为( )。

10. 预应力钢筋中的实际存余的预应力称为有效预应力,其数值取决于张拉时的( )和( )。

11. 预应力混凝土受弯构件承载力计算包括( )和( )两个部分。

12. 预应力混凝土受弯构件应力计算分为( )的应力计算和( )的应力计算。

13. 预应力混凝土结构的( )验算是正常使用极限状态计算的核心内容。

14. 预应力混凝土受弯构件的抗裂性验算包括( )验算和( )验算两个部分。

15. 预应力混凝土受弯构件的变形由两个部分组成:一部分是( )产生的反挠度,另一部分是由( )产生的挠度。

16. 钢筋从应力为零的端面至钢筋应力为 $f_{pd}$ 的截面的这一长度 $l_a$,称为( ),这一长度可保证钢筋应力达到 $f_{pd}$ 时不致被拔出。

17. 预应力混凝土梁斜截面的抗裂性验算是通过梁体混凝土( )验算来控制的。

18. 施加预应力时,混凝土立方体强度应经计算确定,但不低于设计强度的( )。

19. 影响混凝土局压强度的主要因素是( )、( )、( )。

二、选择题

1. 全预应力混凝土在使用荷载作用下,构件截面混凝土( )。
   A. 不出现拉应力  B. 允许出现拉应力
   C. 不出现压应力  D. 允许出现压应力

2. 部分预应力混凝土在使用荷载作用下,构件截面混凝土( )。
   A. 不出现拉应力  B. 允许出现拉应力
   C. 不出现压应力  D. 允许出现压应力

3. 后张法预应力混凝土构件,在混凝土预压前(第一批)的损失为( )。
   A. $\sigma_{l1}+\sigma_{l2}+\sigma_{l3}+\sigma_{l4}$  B. $\sigma_{l1}+\sigma_{l2}+\sigma_{l3}$
   C. $\sigma_{l1}+\sigma_{l2}$  D. $\sigma_{l1}+\sigma_{l3}+\sigma_{l4}$

4. 先张法预应力混凝土构件,在混凝土预压后(第二批)的损失为( )。
   A. $\sigma_{l4}+\sigma_{l5}+\sigma_{l6}$  B. $\sigma_{l4}+\sigma_{l5}+\sigma_{l1}$  C. $\sigma_{l5}$  D. $\sigma_{l4}+\sigma_{l5}$

5. 后张法预应力混凝土构件，在混凝土预压后（第二批）的损失为（　　）。
   A. $\sigma_{l4}+\sigma_{l5}+\sigma_{l6}$　　B. $\sigma_{l4}+\sigma_{l5}+\sigma_{l3}$　　C. $\sigma_{l5}$　　D. $\sigma_{l4}+\sigma_{l5}$

6. 先张法预应力混凝土构件完成第一批损失时，预应力钢筋的应力值 $\sigma_{pc}$ 为（　　）。
   A. $\sigma_{con}-\sigma_{lI}-\alpha_E\sigma_{pcI}$　B. $\sigma_{con}-\sigma_{lI}$　C. $\sigma_{con}-\sigma_{lII}-\alpha_E\sigma_{pcI}$　D. $\sigma_{con}-\sigma_{lII}$

7. 后张法预应力混凝土构件完成第一批损失时，预应力钢筋的应力值 $\sigma_{pc}$ 为（　　）。
   A. $\sigma_{con}-\sigma_{lI}-\alpha_E\sigma_{pcI}$　B. $\sigma_{con}-\sigma_{lI}$　C. $\sigma_{con}-\sigma_{lII}-\alpha_E\sigma_{pcI}$　D. $\sigma_{con}-\sigma_{lII}$

### 三、判断题

1. 预应力混凝土槽形截面梁具有抗扭刚度大，荷载横向分布均匀，承载力高，结构自重轻、节省钢材等优点，而且槽形截面运输及吊装的稳定性好。（　　）

2. 在预应力混凝土梁的截面设计时，应在综合考虑结构受力和简化施工的前提下，尽量选取 $\lambda$ 值较小的截面。（　　）

3. 对桥梁结构来说，结构使用性能要求包括抗裂性、裂缝宽度、挠度和反拱等限制。一般情况下，以抗裂性及裂缝宽度限制控制设计。（　　）

4. 预应力钢筋束的弯起点一般设在距支点 $L/8 \sim L/5$，弯起角度一般宜大于 $20°$。（　　）

5. 预应力混凝土 T 形截面梁或箱形截面梁内的箍筋，自支座中心起长度不小于两倍梁高时，应采用闭合式箍筋，其间距不宜大于 100 mm。（　　）

6. 在腹板两侧的纵向水平防收缩钢筋，其直径为 $6 \sim 8$ mm，钢筋的截面面积宜为 $(0.002 \sim 0.003)bh$，其中 $b$ 为腹板宽度，$h$ 为梁的高度。（　　）

7. 永存预应力要大于施工阶段的有效预应力值。（　　）

8. 张拉控制应力按《桥规》（JTG 3362—2018）的规定取用：对于钢丝、钢绞线，$\sigma_{con} \leqslant 0.75 f_{pk}$。（　　）

9. 为了减小温差损失，可采用两次升温分阶段养护的措施。（　　）

10. 一般来说，在各项损失中，以混凝土收缩、徐变引起的应力损失最大，此外，在后张法中，摩擦损失的数值也较大。（　　）

11. 构件短暂状况的应力计算，属施工阶段的强度计算。一般要进行正常使用极限状态计算。（　　）

12. 预应力结构中，正截面抗裂性是通过正截面混凝土的法向压应力来控制的。（　　）

13. 预应力在截面边缘产生的有效预压应力计算中，对先张法构件采用换算截面几何性质，对后张法构件采用净截面几何性质。（　　）

14. 预应力混凝土受弯构件，总挠度值的大小不能反映结构的刚度大小，因此，用挠度值来控制预应力混凝土的变形是没有意义的。（　　）

15. 当预应力产生的长期反拱值大于按作用（或荷载）短期效应组合计算的长期挠度时，可不设预拱度。（　　）

16. 张拉控制应力 $\sigma_{con}$ 只与张拉方法有关系。（　　）

17. 采用两端张拉、超张拉力可以减少由预应力钢筋与孔道壁之间的摩擦引起的损失。（　　）

18. 钢筋应力松弛是指钢筋受力后在长度不变的条件下，钢筋应力随时间的增长而降低

的现象。（　　）

19. 为了保证预应力混凝土轴心受拉构件的可靠性，除要进行构件使用阶段的承载力计算和裂缝控制验算外，还应进行施工阶段的承载力验算，以及后张法构件端部混凝土的局压验算。（　　）

20. 为了保证预应力混凝土轴心受拉构件在施工阶段混凝土不被压坏，混凝土的法向压应力 $\sigma_{cc} \leqslant 0.8 f'_{ck}$。（　　）

21. 后张法构件端部发生局部受压破坏时，混凝土的强度值大于单轴受压时的混凝土强度值，增大的幅度与局压面积周围混凝土面积的大小有关。（　　）

22. 预应力受弯构件的正截面承载力计算公式的适用条件与普通钢筋混凝土受弯构件的正截面承载力计算公式是一样的。（　　）

23. 预应力受弯构件的斜截面承载力与同条件普通混凝土受弯构件的斜截面承载力是一样的。（　　）

24. 预应力受弯构件在进行施工阶段验算时，不仅必须控制外边缘混凝土的压应力，而且必须控制预拉区外边缘混凝土的拉应力。（　　）

25. 预应力混凝土受弯构件承载力计算公式的使用条件为 $x \geqslant 2a'_s$，它是为了保证破坏时预应力受压钢筋达到屈服。（　　）

### 四、名词解释

1. 预应力损失
2. 有效预应力
3. 混凝土收缩和徐变引起的应力损失 $\sigma_{l6}$
4. 钢筋的应力松弛
5. 预应力钢筋的传递长度

### 五、问答题

1. 预应力损失分为哪几类？先张法、后张法各有哪几种预应力损失？
2. 什么是温差损失？为了减小温差损失，常采用哪些措施？
3. 什么是张拉控制应力？为什么张拉控制应力取值不能过高，也不能过低？
4. 引起预应力损失的摩擦阻力由哪几个部分组成？直线管道内的预应力钢筋与孔道接触引起的摩擦损失与哪些因素有关？
5. 为什么混凝土的收缩和徐变引起的预应力损失要一起考虑？
6. 预应力混凝土构件为什么要进行正应力验算？应验算哪两个阶段的正应力？
7. 预应力混凝土构件施工阶段混凝土应力如何控制？
8. 预应力混凝土构件使用阶段正截面抗裂性验算的限值是多少？
9. 预应力混凝土构件斜截面抗裂性验算的限值是多少？
10. 预应力混凝土受弯构件的变形由几个部分构成？如何控制？
11. 预应力混凝土受弯构件的预拱度如何设置？
12. 常用的预应力混凝土构件截面形式有哪些？它们各有哪些特点？
13. 预应力混凝土梁设计的内容有哪些？

14. 为什么先张法的张拉控制应力略高于后张法?

15. 对受弯构件的纵向受拉钢筋施加预应力后,能否提高正截面受弯承载力、斜截面受剪承载力?为什么?

16. 预应力混凝土构件为什么要进行施工阶段的验算?预应力轴心受拉构件在施工阶段的正截面承载力验算、抗裂度验算与预应力混凝土受弯构件相比较,有何区别?

17. 各种预应力损失是同时发生的吗?计算时,如何进行预应力损失的组合?

18. 预应力混凝土构件使用阶段,预应力钢筋和混凝土的应力如何控制?

19. 预应力混凝土构件使用阶段,混凝土的主应力限值有何规定?

20. 后张法预应力筋为何向梁端弯起?

21. 预应力钢筋混凝土简支 T 形梁桥梁肋为何设计成马蹄形?

22. 预应力混凝土简支梁设计的一般步骤是什么?

### 六、计算题

1. 一预应力混凝土轴心受拉构件,长 24 m,截面尺寸为 250 mm×160 mm,混凝土强度等级为 C60,螺旋肋钢丝为 10Φ^H9,先张法施工,在 100 m 台座上张拉,端头采用镦头锚具固定预应力钢筋,超张拉,并考虑蒸养时台座与预应力筋之间的温差 $\Delta t = 20$ ℃,混凝土达到强度设计值的 80% 时放松预应力筋(图 2-1)。试计算各项预应力损失值。

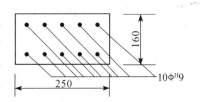

图 2-1 预应力筋尺寸及配筋图
(单位:mm)

2. 试对一后张法预应力混凝土屋架下弦杆锚具的局部受压验算(图 2-2)。已知混凝土强度等级为 C60,预应力钢筋采用刻痕钢丝,钢筋用两束 7Φ15,张拉控制应力 $\sigma_{con} = 0.75 f_{ptk}$。用 OVM 型夹具式锚具进行锚固,锚具直径为 100 mm,锚具下垫板厚度为 20 mm,端部横向钢筋采用 4Φ8 焊接网片,网片间距为 50 mm。

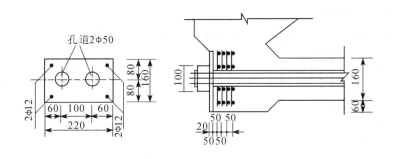

图 2-2 屋架下弦杆锚具结构尺寸及配筋图(单位:mm)

3. 已知后张法预应力工字截面梁,截面尺寸及配筋如图 2-3 所示。混凝土等级为 C55,预应力钢筋为 Φ5 的光面消除应力钢丝(普通松弛),上部配 2 束 12Φ5 的钢筋束[$A'_p = 2 \times 12 \times 19.6 = 470.4 (mm^2)$],下部配 9 束 18Φ5 的钢筋束[$A_p = 9 \times 18 \times 19.6 = 3\,175 (mm^2)$],采用钢质锥形锚具。钢丝束孔道直径 $D = 50$ mm,采用预埋金属波纹管。混凝土达到设计强度等级后张拉钢筋,直线筋一端张拉,曲线筋两端张拉。试求跨中截面的预应力损失值。

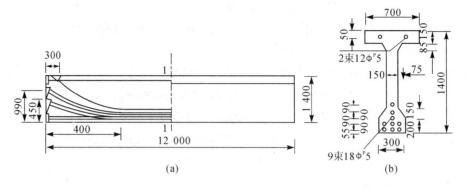

图 2-3 工字截面梁结构尺寸及配筋图(单位:mm)

# B 预应力混凝土简支梁设计考核答案

## 一、填空题

1. 空心板  T形梁  槽形截面梁  箱形截面梁

2. 1/20～1/15  80 mm

3. 1/25～1/15  160～200 mm

4. 16～30 m  1/20～1/16

5. 1/3  0.4～0.55

6. 预应力钢筋

7. 圆弧线  抛物线  悬链线  圆弧线

8. 预加应力阶段  使用阶段  破坏阶段

9. 预应力损失

10. 控制应力  预应力损失

11. 正截面承载力计算  斜截面承载力计算

12. 短暂状况  持久状况

13. 抗裂性

14. 正截面抗裂性  斜截面抗裂性

15. 预加力  荷载

16. 锚固长度

17. 主拉应力

18. 75%

19. 混凝土强度等级  局压面积 $A_l$  局部受压的计算底面面积 $A_b$

## 二、选择题

1. A  2. B  3. C  4. C  5. A  6. A  7. B

## 三、判断题

1. √  2. ×  3. √  4. ×  5. ×  6. ×  7. ×  8. √  9. √

10. √  11. ×  12. ×  13. ×  14. √  15. √  16. √  17. √  18. √
19. √  20. √  21. √  22. √  23. ×  24. √  25. ×

**四、名词解释**

1. 预应力损失：由于受施工因素、材料性能和环境条件等的影响，预应力钢筋在拉伸时所建立的预拉应力(称张拉控制应力)将会有所降低，这些降低的应力称为预应力损失。

2. 有效预应力：预应力钢筋的实际存余的预应力称为有效预应力，其数值取决于张拉时的控制应力和预应力损失，即

$$\sigma_{pe} = \sigma_{con} - \sigma_l$$

3. 混凝土收缩和徐变引起的应力损失 $\sigma_{l6}$：由于混凝土收缩和徐变的影响，预应力混凝土构件产生变形，因而引起预应力钢筋的应力损失。

4. 钢筋的应力松弛：钢筋或钢筋束在一定拉力作用下，长度保持不变，则其应力将随时间的增长而逐渐降低，这种现象称为钢筋的应力松弛，也称徐舒。

5. 预应力钢筋的传递长度：钢筋从应力为零的截面到应力增加至 $\sigma_{pe}$ 的截面的这一长度 $l_{tr}$，称为预应力钢筋的传递长度。

**五、问答题**

1. 答：预应力损失分为：

(1)预应力钢筋与孔道壁之间的摩擦引起的预应力损失。可通过两端张拉或超张拉减小该项预应力损失。

(2)锚具变形和钢筋内缩引起的预应力损失。可通过选择变形小的锚具或增加台座长度、少用垫板等措施减小该项预应力损失。

(3)预应力钢筋与承受拉力设备之间的温度差引起的预应力损失。可通过二次升温措施减小该项预应力损失。

(4)混凝土弹性压缩引起的预应力损失。可通过重复张拉先张拉过的预应力筋或超张拉减小该项预应力损失。

(5)预应力钢筋松弛引起的预应力损失。可通过超张拉减小该项预应力损失。

(6)混凝土收缩、徐变引起的预应力损失。可通过减少水泥用量、降低水胶比、保证密实性、加强养护等措施减小该项预应力损失。

先张法的预应力损失有：锚具变形、钢筋回缩和接缝压缩引起的预应力损失 $\sigma_{l2}$，预应力钢筋与台座之间的温差引起的预应力损失 $\sigma_{l3}$，混凝土的弹性压缩引起的预应力损失 $\sigma_{l4}$，预应力钢筋的应力松弛引起的预应力损失 $\sigma_{l5}$，混凝土的收缩和徐变引起的预应力损失 $\sigma_{l6}$。

后张法的预应力损失有：预应力钢筋与管道壁之间的摩擦引起的预应力损失 $\sigma_{l1}$，锚具变形、钢筋回缩和接缝压缩引起的预应力损失 $\sigma_{l2}$，混凝土的弹性压缩引起的预应力损失 $\sigma_{l4}$，预应力钢筋的应力松弛引起的预应力损失 $\sigma_{l5}$，混凝土的收缩和徐变引起的预应力损失 $\sigma_{l6}$。

2. 答：在先张法中，钢筋的张拉和临时锚固是在常温下进行的。当采用蒸汽或其他加热方法养护混凝土时，钢筋将因受热而伸长。而加力台座不受升温的影响，设置在两个加力台座上的临时锚固点间的距离保持不变，这样将使钢筋松动。降温时，钢筋与混凝土已经粘结为一体，无法恢复到原来的应力状态，于是产生了温差损失 $\sigma_{l3}$。

为了减小温差损失，可采用两次升温分阶段养护的措施。

3. 答：张拉控制应力，是指预应力钢筋在进行张拉时所控制达到的最大应力值。即预应力钢筋锚固前张拉钢筋的千斤顶所显示的总拉力除以预应力钢筋截面面积所求得的钢筋应力值。

如果张拉控制应力取值过高，则可能引起构件的某些部位开裂或端部混凝土局部压坏、构件的延性降低或产生较大塑性变形，也可能导致个别钢筋在张拉或施工过程中被拉断。

如果张拉控制应力取值过低，扣除各种应力损失，达不到设计要求，同时造成材料浪费。

4. 答：引起预应力损失的摩擦阻力由两个部分组成，即弯道影响引起的摩擦力和管道位置偏差引起的摩擦力。

对于直线管道内的预应力钢筋与孔道接触引起的摩擦损失，主要是由施工中的位置偏差和孔壁不光滑等因素造成。

5. 答：混凝土的收缩与徐变是混凝土固有的性质，它们使预应力混凝土构件缩短，预应力钢筋回缩，因而引起预应力损失。而收缩和徐变有着密切的联系，影响收缩的因素同样影响徐变的变形值，故将混凝土的收缩和徐变引起的预应力损失放在一起考虑。

6. 答：预应力混凝土构件由于施加预应力以后截面应力状态较复杂，各个受力阶段均有其不同受力特点，除计算承载力外，还要计算弹性阶段的构件应力。构件应力的计算实质上是构件强度的计算，是对构件承载力的补充。

预应力混凝土构件预加应力至承受外加作用需要经历几个不同的受力阶段，各受力阶段均有其不同的受力特点。为了保证构件在各个阶段的工作安全、可靠，除了对其破坏阶段进行承载能力计算外，还必须对使用阶段和施工阶段分别进行正截面和斜截面应力计算。

7. 答：施工阶段混凝土应力控制：

压应力：

普通混凝土：$\sigma_{cc}^t \leqslant 0.70 f'_{ck}$。

高强混凝土：$\sigma_{cc}^t \leqslant 0.5 f'_{ck}$。

拉应力：

当 $\sigma_{ct}^t \leqslant 0.7 f'_{tk}$ 时，预拉区应配置不小于 0.2% 的纵向钢筋。

当 $\sigma_{ct}^t = 1.15 f'_{tk}$ 时，预拉区应配置不小于 0.4% 的纵向钢筋。

当 $0.7 f'_{tk} < \sigma_{ct}^t < 1.15 f'_{tk}$ 时，预拉区应配置的纵向钢筋配筋率按以上两者直线内插取用，预应力 $\sigma_{ct}^t$ 不应超过 $1.15 f'_{tk}$。

8. 答：(1)全预应力混凝土构件。在作用(或荷载)短期效应组合下：

预制构件：$\sigma_{st} - 0.85 \sigma_{pc} \leqslant 0$。

分段浇筑或砂浆接缝的纵向分块构件：$\sigma_{st} - 0.8 \sigma_{pc} \leqslant 0$。

(2)部分预应力混凝土 A 类构件。

在作用(或荷载)短期效应组合下：$\sigma_{st} - \sigma_{pc} \leqslant 0.7 f_{tk}$。

在作用(或荷载)长期效应组合下：$\sigma_{lt} - \sigma_{pc} \leqslant 0$。

(3)部分预应力混凝土 B 类构件：裂缝宽度不大于 0.1~0.15 mm。

9. 答：斜截面的抗裂性是通过斜截面混凝土的主拉应力来控制的，并应符合下列条件：

(1)全预应力混凝土构件。在作用(或荷载)短期效应组合下：

预制构件：$\sigma_{tp} \leqslant 0.6 f_{tk}$。

现场现浇构件：$\sigma_{tp} \leqslant 0.4 f_{tk}$。

(2)部分预应力混凝土 A 类构件和允许开裂 B 类构件。在作用(或荷载)短期效应组合下：

预制构件：$\sigma_{tp} \leqslant 0.7 f_{tk}$。

现场现浇(包括预制拼装)构件：$\sigma_{tp} \leqslant 0.5 f_{tk}$。

10. 答：预应力混凝土受弯构件的变形由两个部分组成：一部分是预加力产生的反挠度；另一部分是由荷载产生的挠度。

预应力混凝土受弯构件在使用荷载作用下的长期挠度值(按短期荷载效应组合计算，乘以挠度长期增长系数)，在消除结构自重产生的长期挠度后，不应超过以下规定的限值：

梁式桥主梁的最大挠度处：$L/600$。

梁式桥主梁的悬臂端：$L_1/300$。

此处，$L$ 为受弯构件的计算跨径，$L_1$ 为悬臂长度。

11. 答：由于预加力的反拱作用，中小跨径的预应力混凝土梁一般不设预拱度。但大跨径预应力混凝土桥梁结构自重较大，则应设置预拱度。

预应力混凝土受弯构件的预拱度按下列规定设置：

(1)当预加力产生的长期反拱值大于按荷载短期效应组合计算的长期挠度时，可不设预拱度。

(2)当预加力产生的长期反拱值小于按荷载短期效应组合计算的长期挠度时，应设置预拱度。预拱度值按该项荷载的挠度值与预加力的长期反拱值之差采用。预拱度的设置应按最大的预拱值沿顺桥向做成平滑的曲线。

12. 答：预应力混凝土梁常用的截面形式及其特点：

(1)预应力混凝土空心板。预应力混凝土空心板一般采用预制工厂预制直线配筋的先张法生产，适用跨径为 8~20 m。后张法预应力混凝土空心板的适用跨径为 16~22 m。

(2)预应力混凝土 T 形梁。预制混凝土 T 形梁的吊装质量较大，50 m T 形梁每片达到 140 t，其跨径及质量往往受起吊设备的限制。

(3)预应力混凝土工字梁现浇整体组合式截面梁。这种梁是在预制工字梁安装定位后，再现浇横梁和桥面混凝土使截面整体化。其受力性能如同 T 形截面，但横向连系较 T 形梁好，构件吊装质量相对较轻。特别是它能较好地适用于各种斜桥，平面布置较容易。

(4)预应力混凝土槽形截面梁。槽形组合式截面具有抗扭刚度大、荷载横向分布均匀、承载力高、结构自重轻、节省钢材等优点，而且槽形截面运输及吊装的稳定性好。

(5)预应力混凝土箱形截面梁。箱形截面为闭口截面，其抗扭刚度比一般开口截面(如 T 形截面)大得多，可以使荷载分布更加均匀，跨越能力大，材料利用合理，结构自重轻，所以预应力混凝土箱形截面梁常用在连续梁及 T 形钢结构等大跨径桥梁中。

13. 答：预应力混凝土梁的设计应满足安全、适用和耐久性等方面的要求，主要包括：

（1）构件应具有足够的承载力，以满足构件对达到承载能力极限状态时具有一定的安全储备，这是保证结构安全、可靠工作的前提。这种情况是以构件可能处于最不利工作条件下，而又可能出现的荷载效应最大值来考虑的。

（2）在正常使用极限状态下，构件的抗裂性和结构变形不应超过规定的限制。对允许出现裂缝的构件，裂缝宽度也应限制在一定范围内。

（3）在持久状况使用荷载作用下，构件的截面应力（包括混凝土正截面压应力、斜截面主压应力和钢筋拉应力）不应超过规定的限值。为了保证构件在制造、运输、安装时的安全工作，对短暂状况下构件的截面应力，也要控制在规定的限值范围以内。

14. 答：因为先张法是在浇灌混凝土之前在台座上张拉钢筋，预应力钢筋中建立的拉应力就是控制应力。放张预应力钢筋后，构件产生回缩而引起预应力损失，而后张法是在混凝土构件上张拉钢筋，张拉时构件被压缩，张拉设备千斤顶所示的张拉控制应力为已扣除混凝土弹性压缩后的钢筋应力，所以先张法的张拉控制应力略高于后张法。

15. 答：对正截面受弯承载力影响不明显。因为预应力可以提高抗裂度和刚度。破坏时，预应力已经抵消掉，与非预应力钢筋混凝土受弯构件破坏特性相似。首先达到屈服，然后受压区混凝土受压边缘应变到达极限应变而破坏。提高斜截面受剪承载力，因为预应力钢筋有约束斜裂缝开展的作用，增加了混凝土剪压区高度，从而提高了混凝土剪压区所承担的剪力。

16. 答：（1）预应力混凝土构件在施工阶段，由于施加预应力，构件必须满足其承载和抗裂的要求，所以施工阶段需要验算。

（2）它们的区别为受弯构件除受压区混凝土压应力需要满足承载力、抗裂度要求之外，受拉区混凝土拉应力也需要满足相应要求。

17. 答：不是同时发生的。各阶段预应力损失值的组合见表 2-1。

表 2-1　各阶段预应力损失值的组合

| 预应力损失值的组合 | 先张法构件 | 后张法构件 |
| --- | --- | --- |
| 传力锚固时的损失（第一批）$\sigma_{lI}$ | $\sigma_{l2}+\sigma_{l3}+\sigma_{l4}+0.5\sigma_{l5}$ | $\sigma_{l1}+\sigma_{l2}+\sigma_{l4}$ |
| 传力锚固后的损失（第二批）$\sigma_{lII}$ | $0.5\sigma_{l5}+\sigma_{l6}$ | $\sigma_{l5}+\sigma_{l6}$ |

钢筋（束）的有效预应力：

(1) 预加应力阶段：$\sigma_{peI}=\sigma_{con}-\sigma_{lI}$。

(2) 使用阶段：$\sigma_{peII}=\sigma_{peI}-\sigma_{lII}=\sigma_{con}-\sigma_{lI}-\sigma_{lII}$。

18. 答：混凝土边缘最大压应力应满足 $\sigma_{cc}\leqslant 0.5f_{ck}$ 的要求。

预应力钢筋的应力应满足下列要求：

对钢丝、钢绞线：$\sigma_p=\sigma_{p0}+\Delta\sigma_p\leqslant 0.65f_{pk}$。

对精轧螺纹钢筋：$\sigma_p=\sigma_{p0}+\Delta\sigma_p\leqslant 0.8f_{pk}$。

预应力混凝土受弯构件受拉区的普通钢筋，在使用阶段的应力很小，可不必验算。

19. 答：混凝土主压应力应符合下列规定：$\sigma_{cp}^k\leqslant 0.6f_{ck}$。

混凝土的主拉应力，作为构件斜截面抗剪计算的补充，按下列规定设计箍筋：

在 $\sigma_{tp} \leqslant 0.5 f_{ck}$ 的区段，箍筋可按构造要求设置；

在 $\sigma_{tp} > 0.5 f_{ck}$ 的区段，箍筋的间距 $s_v$ 可按下式计算：

$$s_v = \frac{f_{sk} A_{sv}}{\sigma_{tp} \cdot b}$$

按上述规定计算的箍筋用量应与按斜截面承载力计算的箍筋数量进行比较，取其中较多者。

20. 答：如果不弯起，支点处的负弯矩无外力平衡；如在索界内弯起，支点处将无负弯矩。预应力筋弯起还可平衡一部分剪力。

21. 答：为了布置钢丝束，常将下缘加宽成马蹄形。下缘加宽部分的尺寸，根据布置钢筋束的构造要求确定。下缘马蹄形加宽部分的高度应与钢筋束的弯起相配合。在支点附近区段，通常是全高加宽，以适用钢筋束弯起和梁端布置锚具、安放千斤顶的需要。

22. 答：预应力混凝土简支梁设计的一般步骤是：

(1) 根据设计要求，参照已有设计图纸和资料，选择预加力体系和锚具形式，选定截面形式并初步拟定截面尺寸，选定材料规格。

(2) 根据构件可能出现的荷载效应组合，计算控制截面的设计内力（弯矩和剪力）及其相应的组合值。

(3) 从满足主要控制截面（跨中截面）在正常使用极限状态的使用要求和承载能力极限状态的强度要求出发，估算预应力钢筋和普通钢筋的数量，并进行合理的布置及纵断设计。

(4) 计算主梁截面的几何特征值。

(5) 确定张拉控制应力，计算预应力损失值。

(6) 正截面和斜截面的承载力复核。

(7) 正常使用极限状态下，构件抗裂性或裂缝宽度及变形验算。

(8) 持久状态使用荷载作用下构件截面应力验算。

(9) 短暂状态构件截面应力验算。

(10) 锚固端局部承压计算与锚固区设计。

## 六、计算题

1. 解：计算各项预应力损失：

(1) 锚具变形和钢筋内缩引起的预应力损失。

已知台座长为 100 m，设有一块垫板，锚具变形和钢筋内缩值为 2 mm。

则由下式计算损失：

$$\sigma_{l1} = \frac{a}{l} E_p = \frac{2}{100 \times 10^3} \times 2.05 \times 10^5 = 4.1 \text{(MPa)}$$

(2) 预应力钢筋与孔道壁之间的摩擦引起的预应力损失。

由于先张法直线张拉，无特殊转折，因此无此项损失。

(3) 预应力钢筋与承受拉力设备之间的温度差引起的预应力损失。

温差为 20 ℃，则

$$\sigma_{l3} = \alpha E_p \Delta t = 2 \Delta t = 2 \times 20 = 40 \text{(MPa)}$$

(4)预应力钢筋松弛引起的预应力损失。

因为 $0.7f_{ptk} < \sigma_{con} = 0.75f_{ptk} \leqslant 0.8f_{ptk}$，低松弛，所以 $\sigma_{l4} = 0.2\left(\dfrac{\sigma_{con}}{f_{ptk}} - 0.575\right)\sigma_{con} = 0.2 \times \left(\dfrac{0.75f_{ptk}}{f_{ptk}} - 0.575\right) \times 0.75 \times f_{ptk} = 41.2(\text{MPa})$。

(5)混凝土收缩、徐变引起的预应力损失。

该项损失为第二批损失。因为

$$\alpha_{Ep} = \dfrac{E_p}{E_c} = \dfrac{2.05 \times 10^5}{3.6 \times 10^4} = 5.69$$

$$\rho = \dfrac{A_p + A_s}{A_0} = \dfrac{10 \times 3^2 \times 3.14}{40\,000 + 5.69 \times 3^2 \times 3.14} = 0.7\%$$

$$\sigma_{lI} = \sigma_{l1} + \sigma_{l3} + \sigma_{l4} = 4.1 + 40 + 41.2 = 85.3(\text{MPa})$$

$$\sigma_{pc} = \dfrac{(\sigma_{con} - \sigma_{lI})A_p}{A_c + \alpha_{Es}A_s + \alpha_{Ep}A_p} = \dfrac{(1\,177.5 - 85.3) \times 9 \times 3.14}{40\,000 + 5.69 \times 9 \times 3.14} = 0.77(\text{MPa})$$

则

$$\sigma_{l5} = \dfrac{45 + 280\dfrac{\sigma_{pc}}{f'_{cu}}}{1 + 15\rho} = \dfrac{45 + 280 \times \dfrac{0.77}{0.8 \times 60}}{1 + 15 \times 0.7\%} = 44.79(\text{MPa})$$

2. 解：(1)端部受压区截面尺寸验算。

OVM 锚具的直径为 100 mm，垫板厚为 20 mm。局部受压面积可按压力从锚具边缘在垫板中沿 45°扩散的面积计算；在计算局部受压底面面积时，可近似按所围矩形计算代替两个圆面积。

$$A_l = 220 \times (100 + 2 \times 20) = 30\,800(\text{mm}^2)$$

锚具下局部受压底面积：

$$A_b = 220 \times (140 + 2 \times 60) = 57\,200(\text{mm}^2)$$

混凝土局部受压净面积：

$$A_{ln} = 30\,800 - 2 \times \dfrac{\pi}{4} \times 50^2 = 26\,873(\text{mm}^2)$$

$$\beta_l = \sqrt{\dfrac{A_b}{A_l}} = \sqrt{\dfrac{57\,200}{30\,800}} = 1.36$$

当 $f_{cu,k} = 60$ MPa 时，按直线内插法得 $\beta_c = 0.933$，则

$F_l = 1.2\sigma_{con}A_p = 1.2 \times 0.75 \times 1\,570 \times 274.8$

$= 388.3(\text{kN}) < 1.35\beta_c\beta_l f_c A_{ln} = 1.35 \times 0.933 \times 1.36 \times 27.5 \times 26\,875 = 1\,266(\text{kN})$

满足要求。

(2)局部受压承载力计算。

间接钢筋采用 4ϕ8 方格焊接网片(HPB300)，间距为 $s$。

$$A_{cor} = 250 \times 250 = 62\,500(\text{mm}^2) > A_l = 30\,800\ \text{mm}^2$$

$$\beta_{cor} = \sqrt{\dfrac{A_{cor}}{A_l}} = \sqrt{\dfrac{62\,500}{30\,800}} = 1.425$$

间接钢筋的体积配筋率：

$$\rho_v = \frac{n_1 A_{s1} l_1 + n_2 A_{s2} l_2}{A_{cor} s} = \frac{4 \times 50.3 \times 250 + 4 \times 50.3 \times 250}{62\ 500 \times 50} = 0.032$$

当 $f_{cu,k} = 60$ MPa 时，按直线内插法得 $\alpha = 0.925$，按下式计算：

$$(0.9\beta_c \beta_1 f_c + 2\alpha\rho_v \beta_{cor} f_y) A_{ln}$$
$$= (0.9 \times 0.933 \times 1.322 \times 27.5 + 2 \times 0.925 \times 0.032 \times 1.425 \times 210) \times 26\ 875$$
$$= 1\ 296.5 (kN) > F_l = 388.2\ kN$$

满足要求。

3. 解：(1) 截面特性。

$$\alpha_{Es} = \frac{E_s}{E_c} = \frac{2.05 \times 10^5}{3.55 \times 10^4} = 5.77$$

为计算方便，将图 2-4 中的截面编号列表(见表 2-2)。其中⑥、⑦为钢筋截面面积，⑧、⑨为孔面积。

净截面特性值分别为：

$A'_n = 3\ 184.7 \times 10^2\ mm^2$

$$y_n = \frac{\sum S_i}{A_n} = \frac{261\ 490.5 \times 10^3}{3\ 184.7 \times 10^2} = 821.1 (mm)$$

$$I_n = \sum I_{i0} + \sum I_{ia} - y_n \sum S_i$$
$$= 1\ 488\ 380 \times 10^4 + 27\ 024\ 442 \times 10^4 - 821.1 \times 261\ 490.5 \times 10^3$$
$$= 7\ 041\ 757 \times 10^4 (mm^2)$$

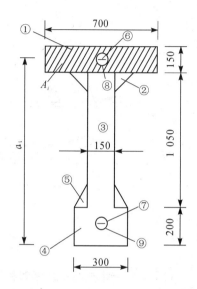

图 2-4 截面分块示意图

(2) 预应力拉张控制应力。

$\sigma_{con}$、$\sigma'_{con}$ 均可取为 $0.75 f_{pk}$，$f_{pk}$ 取为 $1\ 570$ N/mm², $\sigma_{con} = \sigma'_{con} = 0.75 \times 1\ 570 = 1\ 177.5$ (N/mm²)。

表 2-2 截面特性值计算表

| 截面编号 | $A_i$ | $a_i$ | $s_i = A_i a_i$ | $I_{ia} = A_i a_i^2$ | $I_{i0}$ |
|---|---|---|---|---|---|
| ① | $150 \times 700 = 1\ 050$ | 132.5 | 139 125 | 184 340 62 | 19 688 |
| ② | $75 \times 85 = 63.8$ | 122.2 | 7 796 | 952 715 | 256 |
| ③ | $150 \times 1\ 050 = 1\ 575$ | 72.5 | 114 187 | 8 278 594 | 1 447 030 |
| ④ | $300 \times 200 = 600$ | 10 | 6 000 | 60 000 | 20 000 |
| ⑤ | $75 \times 150 = 112$ | 25 | 2 800 | 70 000 | 1 406 |
| ⑥ | $470.4 \times 5.77 = 27$ | 135 | 3 645 | 492 075 | — |
| ⑦ | $3175 \times 5.77 = 183$ | 17.6 | 3 220.8 | 56 686 | — |
| ⑧ | $2 \times \pi \times 50^2/4 = 39.3$ | 135 | 5 305.5 | 716 243 | — |
| ⑨ | $9 \times \pi \times 50^2/4 = 176.8$ | 17.6 | 3 112 | 54 766 | — |
| $\sum_1^5 - \sum_8^9$ | $A_n = 3\ 184.7$ | — | 261 490.5 | 27 024 362 | 1 488 380 |
| $\sum_1^7 - \sum_8^9$ | $A_0 = 3\ 394.7$ | — | 268 358 | 27 573 123 | 1 488 380 |

(3)预应力损失值。

为计算清楚,将钢丝束编号,如图 2-5 所示。图中,1~5 为弯起钢筋束,6~11 为直线钢筋束。

1)钢筋与管道之间的摩擦引起的预应力损失 $\sigma_{l1}=\sigma_{con}[1-e^{-(\mu\theta+kx)}]$。

采用预埋金属波纹管,$k=0.0015$,$\mu=0.25$。

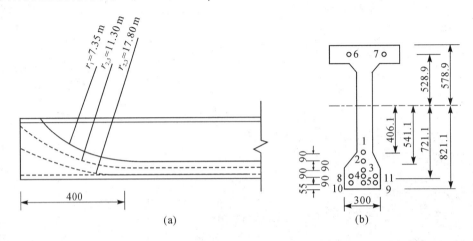

图 2-5 钢丝束编号(单位:mm)

对采用两端张拉的曲线钢筋和一端张拉的直线预应力筋,计算截面到张拉端的距离都近似取 $x=6$ m,从张拉端至孔道曲线部分切线的夹角分别为 $\theta_1=30°$,$\theta_{2,3}=20°30'$,$\theta_{4,5}=12°50'$。

将角度化为弧度,$\theta_1=\dfrac{30}{57.3}=0.523$ rad,$\theta_{2,3}=0.358$ rad,$\theta_{4,5}=0.224$ rad,代入公式得:

钢丝束 1:$\sigma_{l1}=\sigma_{con}[1-e^{-(\mu\theta+kx)}]=1\,177.5\times[1-e^{-(0.0015\times6+0.25\times0.523)}]=153.6(\text{N/mm}^2)$。

钢丝束 2、3:$\sigma_{l1}=1\,177.5\times[1-e^{-(0.0015\times6+0.25\times0.358)}]=110.5(\text{N/mm}^2)$。

钢丝束 4、5:$\sigma_{l1}=1\,177.5\times[1-e^{-(0.0015\times6+0.25\times0.224)}]=74.1(\text{N/mm}^2)$。

钢丝束 6~11:$\sigma_{l1}=1\,177.5\times[1-e^{-(0.0015\times6)}]=10.5(\text{N/mm}^2)$。

2)锚具变形、钢筋回缩和接缝压缩引起的预应力损失 $\sigma_{l2}$。

锚具变形、钢筋回缩和接缝压缩引起的预应力损失:$\sigma_{l2}=\dfrac{\sum\Delta L}{L}E_p$。

对直线钢丝束(6、7、8、9、10、11),采用钢质锥形锚具,锚具变形和钢筋压缩值 $\Delta L=6$ mm,直线筋为一端张拉,故 $L=12$ m。$E_s=2.05\times10^5$ N/mm²,代入式中得:

$$\sigma_{l2}=\dfrac{\sum\Delta L}{L}E_p=\dfrac{6}{12\,000}\times2.05\times10^5=102.5(\text{N/mm}^2)$$

对直线弯起钢丝束 1~5,由于反摩擦影响,$\sigma_{l2}$ 影响不到跨中截面,故这些预应力筋的 $\sigma_{l2}=0$,预应力损失 $\sigma_{l1}+\sigma_{l2}$:

钢丝束 1:$\sigma_{l1}+\sigma_{l2}=153.6$ N/mm²。

钢丝束 2、3:$\sigma_{l1}+\sigma_{l2}=110.5$ N/mm²。

钢丝束 4、5：$\sigma_{l1}+\sigma_{l2}=74.1 \text{ N/mm}^2$。

钢丝束 6~11：$\sigma_{l1}+\sigma_{l2}=113.0 \text{ N/mm}^2$。

扣除预应力损失 $\sigma_{l1}+\sigma_{l2}$ 后，预应力钢筋的合力 $N_p$（$N_p=\sigma_{pe}A_p$，$\sigma_{pe}=\sigma_{con}-\sigma_{l1}-\sigma_{l2}$）：

$N_p = N_{p1}+N_{p2,3}+N_{p4,5}+N_{p6,7}+N_{p8\sim11}$

$= 352.8 \times (1\,177.5-153.6)+2\times 352.8\times(1\,177.5-110.5)+2\times 352.8\times(1\,177.5-74.1)+2\times 352.8\times(1\,177.5-113)+4\times 352.8\times(1\,177.5-113)$

$= 3\,895.3 \text{(kN)}$

$N_p$ 对净截面重心的偏心距 $e_{pn}$：

$$e_{pn}=\frac{\sum \sigma_{pc}y_{pn}-\sigma'_{pc}A'_p y'_{pn}}{\sigma_{pe}A_p+\sigma'_{pe}A'_p}$$

$$=\frac{361.2\times 406.1+752.8\times 541.1+778.6\times 721.1+1\,502.22\times 721.1-500.36\times 528.9}{3\,895.3}$$

$= 496.5 \text{(mm)}$

3）混凝土弹性压缩所引起的预应力损失 $\sigma_{l4}$。

后张法预应力构件，由混凝土弹性压缩引起的预应力损失的简化算法公式为

$$\sigma_{l4}=\frac{m-1}{2}\alpha E_p \Delta \sigma_{pe}$$

$$\Delta\sigma_{pc}=\frac{N_p}{m}\left(\frac{1}{A_n}+\frac{e_{pn}\cdot e_{pn}}{I_n}\right)=\frac{3\,895.3\times 10^3}{11}\times\left(\frac{1}{3\,184.7\times 10^2}+\frac{496.5^2}{70\,411\,757\times 10^4}\right)$$

$= 2.35 \text{(N/mm}^2)$

故

$$\sigma_{l4}=\frac{m-1}{2}\alpha E_p \Delta\sigma_{pe}=10/2\times 5.77\times 2.35=67.80 \text{(N/mm}^2)$$

4）钢筋松弛引起的预应力损失 $\sigma_{l5}$。

$$\sigma_{l5}=\Psi\xi\left(0.52\frac{\sigma_{pe}}{f_{pk}}-0.26\right)\sigma_{pe}$$

$$\sigma_{pe}=\sigma_{con}-\sigma_{l1}-\sigma_{l2}-\sigma_{l4}$$

一次拉张，$\Psi=1.0$，采用普通松弛钢筋，$\xi=1.0$。

钢丝束 1：$\sigma_{pe}=1\,177.5-153.6-67.80=956.10 \text{(N/mm}^2)$。

钢丝束 2、3：$\sigma_{pe}=1\,177.5-110.5-67.80=999.20 \text{(N/mm}^2)$。

钢丝束 4、5：$\sigma_{pe}=1\,177.5-74.1-67.80=1\,035.60 \text{(N/mm}^2)$。

钢丝束 6~11：$\sigma_{pe}=1\,177.5-113.0-67.80=996.7 \text{(N/mm}^2)$。

钢丝束 1：$\sigma_{l5}=0.52\times\frac{956.10^2}{1\,570}-0.26\times 956.10=54.18 \text{(N/mm}^2)$。

钢丝束 2、3：$\sigma_{l5}=0.52\times\frac{999.20^2}{1\,570}-0.26\times 999.20=70.89 \text{(N/mm}^2)$。

钢丝束 4、5：$\sigma_{l5}=0.52\times\frac{1\,035.60^2}{1\,570}-0.26\times 1\,035.60=85.96 \text{(N/mm}^2)$。

钢丝束 6~11：$\sigma_{l5}=0.52\times\frac{996.7^2}{1\,570}-0.26\times 996.7=69.89 \text{(N/mm}^2)$。

5)混凝土收缩和徐变引起的预应力损失 $\sigma_{l6}$。

$$\rho = \frac{A_p + A_s}{A_n} = \frac{3\,175}{3\,184.7 \times 10^2} = 0.009\,970$$

$$\rho' = \frac{A_p' + A_s'}{A_n} = \frac{470.4}{3\,184.7 \times 10^2} = 0.001\,477$$

$$e = \frac{A_p e_p + A_s e_s}{A_p + A_s}$$

$$= \frac{352.8 \times 406.1 + 352.8 \times 541.1 + 2 \times 352.8 \times 721.1 + 4 \times 352.8 \times 721.1}{9 \times 352.8}$$

$$= 646.1(\text{mm})$$

$$i^2 = I_n/A_n = 7\,041\,757 \times 10^4 / 3\,184.7 \times 10^2 = 221\,112.10(\text{mm}^2)$$

$$\rho_{ps} = 1 + \frac{e_{ps}^2}{i^2} = 1 + \frac{646.1^2}{221\,112.10} = 2.888$$

$$\rho_{ps}' = 1 + \frac{e_{ps}'^2}{i^2} = 1 + \frac{528.9^2}{221\,112.10} = 2.265$$

$$\mu = 700 + (1\,400 - 200 - 2 \times 150 - 85) \times 2 + 2 \times \sqrt{75^2 + 85^2} + \sqrt{75^2 + 150^2} + 150 \times 2 + 200 \times 2 + 300 = 3\,892.13$$

$$h = 2A/\mu = 2 \times 3\,400.8 / 3\,892.13 = 174.75$$

$t$ 为混凝土达到设计强度 80% 的龄期,$t = 14$ d,查得:$\varepsilon_{cs}(t_u, t_0) = 0.245 \times 10^{-3}$,$\phi(t_u, t_0) = 1.965$。

对高强混凝土,应乘以 $\sqrt{\frac{32.4}{f_{ck}}}$,得 $\varepsilon_{cs}(t_u, t_0) = 0.234 \times 10^{-3}$,$\phi(t, t_0) = 1.87$。

$$N_p = N_{p1} + N_{p2,3} + N_{p4,5} + N_{p6,7} + N_{p8\sim11} = 3\,648.059 \text{ kN}$$

$$e_{pn} = \frac{\sum \sigma_{pe} A_p y_{pn} - \sum \sigma_{pe}' A_p' y_{pn}'}{N_p}$$

$$= \frac{337.312 \times 406.1 + 705.035 \times 541.1 + 730.719 \times 721.1 + 1\,391.867 \times 721.1 - 468.449 \times 528.9}{3\,648.059}$$

$$= 493.77(\text{mm})$$

结构自重产生的跨中弯矩 $M_{Gk} = \frac{1}{8} \times gl^2 = \frac{1}{8} \times 8.85 \times 12^2 = 159.30(\text{kN} \cdot \text{m})$

$$\sigma_{pe} = \frac{N_p}{A_n} + \frac{N_p e_{pn}^2}{I_n} - \frac{M_{Gk}}{I_n} e_{pn}$$

$$= \frac{3\,648.059 \times 10^3}{3\,184.7 \times 10^2} + \frac{3\,648.059 \times 10^3 \times 493.77^2}{7\,041\,757 \times 10^4} - \frac{159.16 \times 10^6 \times 493.77}{7\,041\,757 \times 10^4}$$

$$= 22.97(\text{N/mm}^2)$$

$$\sigma_{pe}' = \frac{N_p}{A_n} - \frac{N_p e_{pn}^2}{I_n} y_n' + \frac{M_{Gk}}{I_n} y_n'$$

$$= \frac{3\,648.059 \times 10^3}{3\,184.7 \times 10^2} - \frac{3\,648.059 \times 10^3 \times 493.77^2}{7\,041\,757 \times 10^4} \times 528.9 + \frac{159.16 \times 10^6 \times 493.77}{7\,041\,757 \times 10^4} \times 528.9$$

$$= -0.88(\text{N/mm}^2)$$

受拉，故取 $\sigma'_{pe}=0$。

$$\sigma_{l6}(t)=\frac{0.9[E_p\varepsilon_{cs}(t,t_0)+\alpha_{Ep}\sigma_{pc}\phi(t,t_0)]}{1+15\rho\rho_{ps}}$$

$$=\frac{0.9\times(2.05\times10^5\times0.234\times10^{-3}+5.77\times22.97\times1.87)}{1+15\times0.00997\times2.888}$$

$$=185.93(N/mm^2)$$

$$\sigma'_{l6}(t)=\frac{0.9[E_p\varepsilon_{cs}(t,t_0)+\alpha_{Ep}\sigma'_{pc}\phi(t,t_0)]}{1+15\rho'\rho_{ps}}$$

$$=\frac{0.9\times(2.05\times10^5\times0.234\times10^{-3}+5.77\times0\times1.87)}{1+15\times0.001477\times2.265}$$

$$=41.11(N/mm^2)$$

第一批预应力损失：$\sigma_{lI}=\sigma_{l1}+\sigma_{l2}+\sigma_{l4}$。

钢丝束 1：$\sigma_{lI}=153.6+0+67.80=221.40(N/mm^2)$。

钢丝束 2、3：$\sigma_{lI}=110.5+0+67.80=178.30(N/mm^2)$。

钢丝束 4、5：$\sigma_{lI}=74.1+0+67.80=141.90(N/mm^2)$。

钢丝束 6~11：$\sigma_{lI}=10.5+0+67.80=78.30(N/mm^2)$。

第二批应力损失：$\sigma_{lII}=\sigma_{l1}+\sigma_{l2}+\sigma_{l4}$。

钢丝束 1：$\sigma_{lII}=54.18+185.93=240.11(N/mm^2)$。

钢丝束 2、3：$\sigma_{lII}=70.89+185.93=256.82(N/mm^2)$。

钢丝束 4、5：$\sigma_{lIi}=85.96+185.93=271.89(N/mm^2)$。

钢丝束 6，7：$\sigma_{lII}=69.89+41.11=111.00(N/mm^2)$。

钢丝束 8~11：$\sigma_{lII}=69.89+185.93=255.82(N/mm^2)$。

# 第十二章 预应力混凝土梁的施工工艺

**学习要点：**

本章主要介绍了预应力混凝土构件的制作、运输、浇筑、养护、拆模等。

1. 掌握预应力钢筋下料长度的计算，预留孔道的方法，锚具及制孔器的种类及其适用场合，千斤顶的种类及标定原则。
2. 掌握预应力混凝土构件张拉的两种方法及其施工工艺、张拉控制程序等。
3. 掌握先张法和后张法施工工艺区别和相应要点。

## A 预应力混凝土梁的施工工艺考核内容

一、填空题

1. 目前，在桥梁工程中常用的施加预应力的方法有（  ）和（  ）。
2. 后张法预应力是先（  ），后（  ），待混凝土达到设计强度后穿筋、张拉、压浆、封锚，形成预应力混凝土梁。

3. 在预应力混凝土结构张拉施工时，预应力筋的张拉应采用双控，即（　　）控制和（　　）控制。

4. 为了能在梁体混凝土内形成钢束管道，应在浇筑混凝土前安置制孔器。按照制孔的方式不同，制孔器可分为（　　）和（　　）两大类。

5. 墩式台座主要由（　　）、（　　）、横梁和定位钢板等组成。

## 二、选择题

1. 在预应力混凝土结构张拉施工时，预应力筋的张拉控制，应该以（　　）为主。
   A. 张拉应力　　　　　　　　B. 伸长值
   C. 变形值　　　　　　　　　D. 张拉时初始应力

2. 后张法预应力钢筋，实际伸长值与理论伸长值控制在（　　）％以内。
   A. 2　　　　B. 5　　　　C. 6　　　　D. 8

3. 抽拔式制孔器抽拔时间一般在混凝土初凝之后与终凝之前，其抗压强度以达（　　）MPa时为宜。
   A. 3～6　　　　B. 4～8　　　　C. 5～10　　　　D. 10～20

4. 锚具的形式繁多，依靠摩擦力锚固的锚具是（　　）。
   A. 镦头锚　　　　　　　　　B. 钢筋螺纹锚
   C. 锥形锚　　　　　　　　　D. 钢绞线压花锚

5. 千斤顶在停放（　　）不用后，重新使用前需要重新标定。
   A. 2个月　　　　B. 3个月　　　　C. 6个月　　　　D. 1年

6. 设计无要求时，应在梁体混凝土的强度达到设计强度的75％以上，混凝土养护时间不少于（　　）天时，才可进行穿束张拉。
   A. 7　　　　B. 14　　　　C. 28　　　　D. 2

7. 压浆工艺中，对于较长的孔道或曲线形孔道，以（　　）为好。
   A. 一次压注法　　B. 二次压注法　　C. 三次压注法　　D. 以上都不对

8. 在压浆操作中，曲线孔道应从孔道（　　）进行。
   A. 两端向中间　　　　　　　B. 一端向另一端
   C. 最低处向两端　　　　　　D. 施工方便的一端压注

9. 放张时，混凝土应达到设计规定的放张强度。若设计无规定，则不得低于设计混凝土强度标准值的（　　）％。
   A. 60　　　　B. 75　　　　C. 90　　　　D. 100

## 三、判断题

1. 后张法施工中的锚具不能重复使用。（　　）

2. 镦头锚具及夹具是依靠摩阻力锚固的锚具。（　　）

3. 扁型夹片锚具适用于扁薄截面构件。（　　）

4. 先张法不专设永久锚具，预应力钢筋借助于混凝土的粘结力，以获得较好的自锚性能。（　　）

5. 锥形锚主要用于钢丝束的锚固,它主要由锚圈和锚塞两个部分组成。(　　)

6. 孔道所压水泥浆的强度等级不宜低于 42.5 级普通硅酸盐水泥,或不低于 42.5 级矿渣硅酸盐水泥,水胶比为 0.4～0.45,水泥浆强度等级不低于混凝土的 80%,并不宜低于 C30。(　　)

7. 输浆管的长度最多不得超过 40 m。当超过 30 m 时,就要提高压力 100～200 kPa,以补偿输浆过程中的压力损失。(　　)

8. 墩式台座是依靠自重和土压力来平衡张拉力所产生的倾覆力矩,并依靠土的反力和摩擦力来抵抗水平位移。(　　)

### 四、问答题

1. 如何计算后张预应力筋理论伸长值?
2. 预应力筋实际伸长量的量测及计算方法是什么?
3. 后张法预应力梁的预留孔道方式有几种?
4. 在设计、制造或选择锚具、夹具时,应注意什么?
5. 按锚具的受力原理,可以把锚具划分为哪几类?
6. 孔道压浆的目的是什么?
7. 镦头锚具的工作原理是什么?
8. 在张拉时所用的千斤顶的种类有几种?其特点是什么?
9. 千斤顶在什么情况下需要标定?
10. 后张法张拉预应力筋的张拉程序是怎样的?
11. 在压浆操作中应注意哪些问题?
12. 真空灌浆工作原理是什么?
13. 真空灌浆有哪些优点?
14. 先张法所需的张拉台座有几种?
15. 先张法在进行预应力放张时有几种方法?

## B　预应力混凝土梁的施工工艺考核答案

### 一、填空题

1. 先张法　后张法
2. 预留孔道　浇筑混凝土
3. 张拉应力　伸长值
4. 预埋式制孔器　抽拔式制孔器
5. 承力架　台面

### 二、选择题

1. A　2. C　3. B　4. C　5. B　6. B　7. B　8. C　9. B

### 三、判断题

1. √　2. ×　3. √　4. √　5. √　6. √　7. √　8. √

## 四、问答题

1. 答：理论伸长值为

$$\Delta L = \frac{\bar{p}}{A_p \times E_p} \times L$$

式中 $\bar{p} = p \times \dfrac{\left[1 - \mathrm{e}^{-(kL+\mu\theta)}\right]}{kL + \mu\theta}$。

(1) 当孔道为直线时，$\theta = 0$。

$$\Delta L = \frac{p}{kA_p \times E_p} \times (1 - \mathrm{e}^{-kL})$$

(2) 当孔道为直线且无局部偏差时，$\bar{p} = p$。

$$\Delta L = \frac{p}{A_p \times E_p} \times L$$

2. 答：实际伸长量：张拉前，应调整到初应力（一般可取控制应力的 10%~20%），再开始张拉和量测伸长值。实际伸长量除张拉时测量的伸长值之外，还应加上初应力时的推算伸长值。对后张法，还应扣除混凝土结构在张拉过程中产生的弹性压缩。计算公式如下：

$$\Delta L_{实际} = \Delta L_1 + \Delta L_2 - C$$

3. 答：为了能在梁体混凝土内形成钢束管道，应在浇筑混凝土前安置制孔器。按照制孔的方式不同，可分为预埋式制孔器和抽拔式制孔器两大类。

(1) 预埋式制孔器。它包括金属波纹管、塑料波纹管等。

(2) 抽拔式制孔器。为了增加橡胶管的刚度和控制位置的准确，需在橡胶管内设置圆钢筋（又称芯棒），以便在先抽出芯棒之后，橡胶管易于从梁体内拔出。

4. 答：夹具是保证预应力混凝土安全施工和结构可靠工作的关键设备，因此，在设计、制造或选择锚、夹具时，应注意满足下列要求：

(1) 锚具零部件一般选用 45 号优质碳素结构钢制作。除了强度要求外，还应满足规定的硬度要求，加工精度高，工作安全、可靠，预应力损失小。

(2) 构造简单，制作方便，用钢量少。

(3) 张拉锚固方便，设备简单，使用安全。

5. 答：锚具的形式繁多，按其传力锚固受力原理，可分为三类：依靠摩擦力锚固的锚具，如楔形锚、锥形锚和用于锚固钢绞线的 JM 锚与夹片式群锚等；依靠承压锚固的锚具，如镦头锚、钢筋螺纹锚等；依靠粘结力锚固的锚具，如先张法的筋束锚具，以及后张法固定端的钢绞线压花锚具等。

6. 答：防止预应力钢筋锈蚀；使预应力筋与梁体混凝土粘结成整体；填充孔道的空间以防积水和冰冻。灰浆的质量也应有严格的要求，应密实、均质、有较高的抗压强度和黏度，并且应该快硬和具有较好的抗冻性。为了减少灰浆结硬时的收缩，保证孔道内密实，可在水泥浆中加入少量膨胀剂。

7. 答：先将钢丝逐一穿过锚杯的蜂窝眼，然后用专门的镦头机将钢丝端头镦粗，借镦粗头直接承压将钢丝固定于锚杯上。锚杯的外圈轧有螺纹，穿束后，在固定端将锚圈（螺帽）拧上，即可将钢束锚固于梁端。在张拉端，则先将与千斤顶连接的拉杆旋入锚杯内进行张拉，待锚杯带动钢筋或钢丝伸长到设计需要时，将锚圈沿锚杯外的螺纹旋紧顶在构件表面，再慢慢放松千斤顶，退出拉杆。于是，钢丝束的回缩力就通过锚圈和垫板传到梁体混凝土上而获得锚固。

8. 答：在张拉时所用的千斤顶有锥锚式千斤顶、拉杆式千斤顶和穿心式千斤顶三种。

(1)锥锚式千斤顶。这种千斤顶有张拉、顶锚和退楔三种功能，适用于锥形锚具的钢丝束。这种千斤顶的工作依靠高压油泵的进油与回油来控制，施加预应力的大小依靠油表读数及力筋延伸率大小来控制。

(2)拉杆式千斤顶。这种千斤顶构造简单，操作方便，适用于张拉常用螺杆式和墩头式锚、夹具的单根粗钢筋、钢筋束或碳素钢丝束。

(3)穿心式千斤顶。这种千斤顶主要用于张拉带有夹片式锚、夹具的单根钢筋、钢筋束和钢绞线束。

9. 答：千斤顶应在下列情况下进行标定：
(1)新千斤顶初次使用前。
(2)压力表受到碰撞或出现失灵现象，油压表指针不能退回零点。
(3)千斤顶、油压表和油管进行过更换或维修后。
(4)张拉100～200次或连续张拉1～2个月后。
(5)停放3个月不用后，重新使用前。
(6)张拉过程中，预应力筋突然发生成束破断。

10. 答：后张法预应力张拉程序见表2-3。

表2-3 后张法预应力张拉程序

| 预应力筋 | | 张拉程序 |
| --- | --- | --- |
| 钢筋、钢筋束 | | 0—初应力—1.05张拉应力(持荷2 min)—张拉应力(锚固) |
| 钢绞线束 | 对于夹片式等具有自锚性能的锚具 | 普通松弛力筋 0—1.03张拉应力(锚固)<br>低松弛力筋 0—初应力—张拉应力(持荷2 min锚固) |
| | 其他锚具 | 0—初应力—1.05张拉应力(持荷2 min)—张拉应力(锚固) |
| 钢线束 | 对于夹片式等具有自锚性能的锚具 | 普通松弛力筋 0—初应力—1.03张拉应力(锚固)<br>低松弛力筋 0—初应力—张拉应力(持荷2 min锚固) |
| | 其他锚具 | 0—初应力—0.15张拉应力(持荷2 min)—张拉应力(锚固) |
| 精轧螺纹钢筋 | 直线配筋时 | 0—初应力—张拉应力(持荷2 min锚固) |
| | 曲线配筋时 | 0—张拉应力(持荷2 min)—0(上述程序可反复几次)—初应力—张拉应力(持荷2 min锚固) |

11. 答：(1)准备工作时，要烧割锚外钢丝、用高压水冲洗孔道并吹去孔内积水。在冲洗孔道时，如发现串孔，则应改成两孔同时压注。

(2)开始压浆时，应先下孔道后上孔道，直线孔道应从构件的一端到另一端，曲线孔道应从孔道最低处向两端进行。

(3)每个孔道的压浆作业必须一次完成，不得中途停顿，时间超过20 min，则应用清水冲洗已压浆的孔道，重新压注。

(4)水泥浆从拌制到压入孔道的间隔时间不得超过 40 min，在此时间内，应不断地搅拌水泥浆。

(5)输浆管的长度最多不得超过 40 m。当超过 30 m 时，就要提高压力 100～200 kPa，以补偿输浆过程中的压力损失。

(6)压浆工人应戴防护眼镜，以免灰浆喷出时射伤眼睛。

(7)压浆完毕后，应认真填写压浆记录。

12. 答：先在孔道的一端采用真空泵对孔道进行抽真空，使其产生 0.08～0.1 MPa 的真空度，然后用灌浆泵将优化后的特种水泥浆从孔道的另一端灌入，直至充满整条孔道，并加以 0.5～0.7 MPa 的正压力，持压 1～2 min，以提高预应力孔道灌浆的饱满度和密实度。采用真空灌浆工艺是提高后张预应力混凝土结构安全度和耐久性的有效措施。

13. 答：(1)在真空状态下，孔道内的空气、水分以及混在水泥浆中的气泡被消除，减少孔隙、泌水现象。

(2)灌浆过程中孔道具有良好的密封性，使浆体保压及充满整个孔道得到保证。

(3)工艺及浆体的优化，消除了裂缝的产生，使灌浆的饱满性及强度得到保证。

(4)真空灌浆过程是一个连续且迅速的过程，缩短了灌浆时间。

14. 答：先张法所需的张拉台座有土墩式台座和槽式台座两种。

(1)墩式台座。墩式台座是依靠自重和土压力来平衡张拉力所产生的倾覆力矩，并依靠土的反力和摩擦力来抵抗水平位移。台座由台面、承力架、横梁和定位钢板等组成。

(2)槽式台座。当现场地质条件较差、台座又不是很长时，可以采用由台面、传力柱、横梁、横系梁等构件组成的槽式台座。

15. 答：先张法在进行预应力放张时有千斤顶放松和砂筒放松两种方法。

(1)千斤顶放松。首先，要在台座上重新安装千斤顶，将力筋稍张拉至能够逐步扭松端部固定螺帽的程度；然后，逐渐放松千斤顶，让钢筋慢慢回缩完毕为止。

(2)砂筒放松。在张拉预应力之前，在承力架和横梁之间各放一个灌满被烘干过的细砂子砂筒。张拉时，筒内砂子被压实。当需要放松预应力筋时，可将出砂口打开，使砂子慢慢流出，直至张拉力全部放松为止。

# 预应力混凝土结构项目示例

# 先张法预应力混凝土简支空心板设计

## 一、设计资料

### (一)设计荷载

本桥设计荷载等级确定为汽车荷载(公路—Ⅰ级)，人群荷载为 3.5 kN/m²。

## (二)跨径

标准跨径：$L_k = 20$ m；

计算跨径：$L = 19.50$ m；

主梁全长：19.96 m。

## (三)主要材料

### 1. 混凝土

采用 C50 混凝土浇筑预制主梁，栏杆和人行道板采用 C30 混凝土，C30 防水混凝土和沥青混凝土磨耗层；铰缝采用 C40 混凝土浇筑，封锚混凝土也使用 C40 混凝土；桥面连续采用 C30 混凝土。

### 2. 钢筋

普通钢筋主要采用 HRB400 级钢筋，预应力钢筋为钢绞线。

## (四)施工工艺

先张法施工，预应力钢绞线采用两端同时对称张拉。

## (五)计算方法及理论

极限状态法设计。

## (六)设计依据

《公路桥涵设计通用规范》(以下简称《通用规范》)(JTG D60—2015)；

《桥规》(JTG 3362—2018)。

# 二、构造布置及尺寸

空心板截面的具体尺寸如图 2-6 所示。

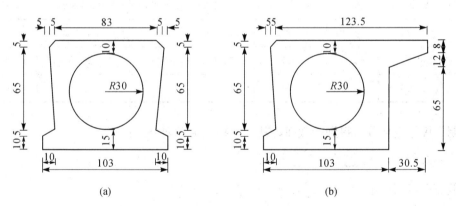

图 2-6 空心板截面构造及尺寸(单位：mm)

(a)预制中板；(b)预制边板

# 三、板的毛截面几何特性计算

本设计预制空心板的毛截面几何特性采用分块面积累加法计算，先按长和宽分别为板轮廓的长和宽的巨型计算，然后与图 2-7 中所示的挖空面积叠加，叠加时挖空部分按负面积计算,最后再用 AutoCAD 计算校核,计算成果以中板为例,见表 2-4。

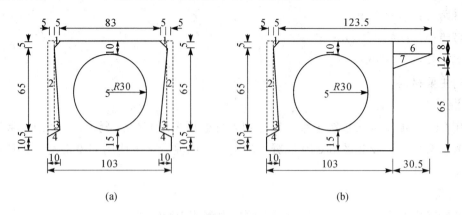

图 2-7 预制中板、边板面分块示意图(单位:mm)
(a)预制中板;(b)预制边板

表 2-4 预制中板的毛截面几何特性

| 分块号 | $A_i/\text{cm}^2$ | $Y_i/\text{cm}$ | $S_i/\text{cm}^3$ | $I_1/\text{cm}^4$ | $D_i/\text{cm}$ | $I'_1 = A_i \cdot D_i^2 /\text{cm}^4$ | $I_i = I_1 + I'_1 /\text{cm}^4$ |
|---|---|---|---|---|---|---|---|
| 1 | −25 | 1.67 | −41.68 | −34.72 | −42.90 | −46 013.24 | −46 047.96 |
| 2 | −700 | 35.00 | −24 500.00 | −285 833.34 | −9.57 | −64 087.94 | −349 921.28 |
| 3 | −325 | 48.33 | −15 708.23 | −76 284.72 | 3.76 | −4 605.98 | −80 890.70 |
| 4 | −50 | 71.67 | −3 583.35 | −69.44 | 27.10 | −36 716.72 | −36 786.16 |
| 5 | −2 827.43 | 40.00 | −113 097.20 | −636 172.51 | −4.57 | −59 009.14 | −695 181.65 |
| 6 | 8 755 | 42.50 | 372 087.50 | 5 271 239.58 | −2.07 | 37 456.17 | 5 308 695.76 |
| 合计 | 4 827.57 | 44.57 | 215 157.05 | 4 272 844.85 | — | −172 976.85 | 4 099 868.01 |
| 电算 | 4 827.566 6 | 44.57 | — | — | — | — | 4 099 867.30 |

预制中板挖空部分后得到的截面,其几何特性用下列公式计算:

毛截面面积:$A_c = \sum A_i - \sum A_{ki}$。

对截面上缘面积矩:$S_c = \sum (A_i y_i) - \sum (A_{ki} y_{ki})$。

重心至截面上缘的距离:$y_s = \dfrac{S_c}{A_c}$。

毛截面对自身重心轴的惯性矩:$I_c = \sum I_i - \sum I_{ki}$。

## 四、主梁内力计算

### (一)永久荷载(恒载)产生的内力

1. 预制空心板自重 $g_1$(一期恒载)

中板：$g_1=25\times 4\ 827.57\times 10^{-4}=12.069(kN/m)$。

2. 板间接头 $g_{21}$（二期恒载）

中板：$g_{21}=24\times(6\ 012.57-4\ 827.57)\times 10^{-4}=2.844(kN/m)$。

3. 桥面系自重（二期恒载）

(1)单侧人行道。

8 cm 方砖：$0.08\times 0.6\times 23=1.104(kN/m)$。

5 cm 砂垫层：$0.05\times 0.6\times 20=0.600(kN/m)$。

路缘石：$0.15\times 0.35\times 24=1.260(kN/m)$。

17 cm 二灰土：$0.17\times 0.6\times 19=1.938(kN/m)$。

10 cm 现浇混凝土：$0.1\times 0.6\times 24+0.05\times 0.15\times 24=1.620(kN/m)$。

人行道总重：$1.104+0.600+1.260+1.938+1.620=6.522(kN/m)$，取 6.5 kN/m。

(2)行车道部分：$0.09\times 9\times 23+0.1\times 9\times 24=40.23(kN/m)$。

(3)单侧栏杆：参照其他桥梁，取单侧 4 kN/m。

该桥面系二期恒载重力近似按各板平均分摊考虑，则每块空心板分摊的每延米桥面系重力：$g_{22}=(2\times 10.5+40.23)/10=6.123(kN/m)$。

4. 上部恒载集度汇总表（见表 2-5）

表 2-5 上部恒载集度汇总表

| 荷载 | $g_1/(kN\cdot m^{-1})$ | $g_2/(kN\cdot m^{-1})$ | $g/(kN\cdot m^{-1})$ |
| --- | --- | --- | --- |
| 中板 | 12.069 | 8.967 | 21.036 |
| 边板 | 14.511 | 7.545 | 22.056 |

5. 上部恒载内力计算

上部恒载内力计算图如图 2-8 所示，设 $x$ 为计算截面离左支座的距离，并令 $\alpha=\dfrac{x}{L}$，则主梁弯矩和剪力的计算公式分别为：$M_g=g\Omega_M=g\alpha(1-\alpha)L^2/2$，$V_g=g\Omega_V=g(1-2\alpha)L/4$。其计算结果见表 2-6。

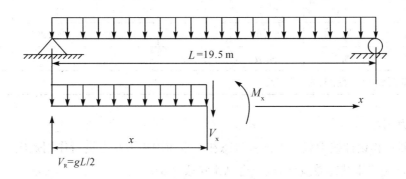

图 2-8 上部恒载内力计算图

表 2-6　上部恒载内力汇总表

| 内力 | | $M_g = g\Omega_M$ | | $V_g = g\Omega_V$ | | |
|---|---|---|---|---|---|---|
| | | L/2 | L/4 | L/2 | L/4 | 0 |
| $\Omega_M = \alpha(1-\alpha)L^2/2$ | | 45.531 25 | 35.648 437 5 | — | — | — |
| $\Omega_V = (1-2\alpha)L/4$ | | — | — | 4.875 | 5.484 375 | 9.75 |
| $g_3$ | 中板 | 573.65 | 430.24 | 58.84 | 66.19 | 117.67 |
| | 边板 | 689.73 | 517.29 | 70.74 | 79.58 | 141.48 |
| $g_2$ | 中板 | 435.18 | 319.66 | 43.71 | 49.18 | 87.43 |
| | 边板 | 358.62 | 268.97 | 36.78 | 41.38 | 73.56 |
| $g$ | 中板 | 1 008.83 | 749.9 | 102.55 | 115.37 | 205.1 |
| | 边板 | 1 048.35 | 786.26 | 107.52 | 120.96 | 215.04 |

### (二)可变荷载(活载)产生的内力

经计算,可以得到 2 号、3 号、4 号、5 号板的跨中截面、L/4 截面、支点截面的弯矩和剪力,计算结果汇总于表 2-7 中。

表 2-7　各板活载内力标准值

| 板号 | 荷载类别 | 弯矩/(kN·m) | | | 剪力/kN | | |
|---|---|---|---|---|---|---|---|
| | | 支点 | L/4 | L/2 | 支点 | L/4 | L/2 |
| 1 | 汽车 | 0.00 | 289.84 | 386.46 | 71.75 | 57.54 | 39.79 |
| | 人群 | 0.00 | 22.66 | 30.21 | 12.23 | 4.02 | 2.05 |
| 2 | 汽车 | 0.00 | 291.09 | 388.12 | 173.56 | 54.48 | 39.95 |
| | 人群 | 0.00 | 20.25 | 27.00 | 4.15 | 3.03 | 1.27 |
| 3 | 汽车 | 0.00 | 292.08 | 389.44 | 173.62 | 64.35 | 40.09 |
| | 人群 | 0.00 | 18.01 | 24.02 | 3.67 | 2.67 | 1.13 |
| 4 | 汽车 | 0.00 | 294.00 | 392.27 | 173.75 | 64.81 | 40.37 |
| | 人群 | 0.00 | 16.61 | 22.15 | 3.41 | 2.46 | 1.04 |
| 5 | 汽车 | 0.00 | 296.07 | 394.75 | 173.86 | 65.22 | 40.62 |
| | 人群 | 0.00 | 16.07 | 21.42 | 3.30 | 2.38 | 1.01 |

注:表中的汽车内力值没有计入冲击系数。

### (三)内力组合

公路桥涵结构设计按承载能力极限状态和正常使用极限状态进行作用效应组合。

1. 承载能力极限状态效应组合(组合结果见表 2-8)

$$M_d = 1.2 \times M_{Gk} + 1.4 \times (1+\mu) \times M_{Q1k} + 0.75 \times 1.4 \times M_{Q2k}$$

$$V_d = 1.2 \times V_{Gk} + 1.4 \times (1+\mu) \times V_{Q1k} + 0.75 \times 1.4 \times V_{Q2k}$$

**表 2-8 空心板各板内力组合表**

| 序号 | 荷载情况 | | 弯矩/(kN·m) | | | 剪力/kN | | |
|---|---|---|---|---|---|---|---|---|
| | | | 支点 | $L/4$ | $L/2$ | 支点 | $L/4$ | $L/2$ |
| 一期恒载 | | 中板 | 0.00 | 430.24 | 573.65 | 117.67 | 66.19 | 58.84 |
| | | 边板 | 0.00 | 517.29 | 689.73 | 141.48 | 79.58 | 70.74 |
| 二期恒载 | | 中板 | 0.00 | 319.66 | 435.18 | 87.43 | 49.18 | 43.71 |
| | | 边板 | 0.00 | 268.97 | 358.62 | 73.56 | 41.38 | 36.78 |
| 恒载总重 | | 中板 | 0.00 | 749.90 | 1 008.83 | 205.10 | 115.37 | 102.55 |
| | | 边板 | 0.00 | 786.26 | 1 048.35 | 215.04 | 120.96 | 107.52 |
| 1号板 | 基本组合 | | 0.00 | 1 461.71 | 1 948.95 | 393.74 | 247.49 | 198.97 |
| 2号板 | 基本组合 | | 0.00 | 1 417.50 | 1 900.76 | 545.87 | 241.27 | 192.41 |
| 3号板 | 基本组合 | | 0.00 | 1 416.67 | 1 899.66 | 545.44 | 250.85 | 192.49 |
| 4号板 | 基本组合 | | 0.00 | 1 418.71 | 1 902.38 | 545.37 | 251.40 | 192.87 |
| 5号板 | 基本组合 | | 0.00 | 1 421.29 | 1 905.78 | 545.43 | 252.00 | 193.26 |
| 控制设计的计算内力 | | 边板(1) | 0.00 | 1 461.71 | 1 948.95 | 393.74 | 247.49 | 198.97 |
| | | 中板(5) | 0.00 | 1 421.29 | 1 905.78 | 545.43 | 252.00 | 193.26 |

2. 正常使用极限状态效应组合

(1)作用频遇值效应组合。

$$M_{sd}=M_{Gk}+0.7M_{Q1k}+0.4M_{Q2k}$$

$$V_{sd}=V_{Gk}+0.7V_{Q1k}+0.4V_{Q2k}$$

组合结果见表 2-9。

(2)作用准永久值效应组合。

$$M_{ld}=M_{Gk}+0.4M_{Q1k}+0.4M_{Q2k}$$

$$V_{ld}=V_{Gk}+0.4V_{Q1k}+0.4V_{Q2k}$$

组合结果见表 2-10。

从表 2-8 可以看出，弯矩以边板控制设计，但 1 号板和 5 号板的跨中弯矩相接近，而剪力以 5 号板控制设计。

**表 2-9 频遇值效应组合表**

| 序号 | 荷载情况 | | 弯矩/(kN·m) | | | 剪力/kN | | |
|---|---|---|---|---|---|---|---|---|
| | | | 支点 | $L/4$ | $L/2$ | 支点 | $L/4$ | $L/2$ |
| | 恒载总重 | 中板 | 0 | 749.9 | 1 008.83 | 205.1 | 115.37 | 102.55 |
| | | 边板 | 0 | 786.26 | 1 048.35 | 215.04 | 120.96 | 107.52 |
| 1号板 | 恒载 | | 0 | 786.26 | 1 048.35 | 215.04 | 120.96 | 107.52 |
| | 0.7×汽 | | 0 | 202.888 | 270.522 | 50.225 | 40.278 | 27.853 |
| | 人 | | 0 | 22.66 | 30.21 | 12.23 | 4.02 | 2.05 |
| | 频遇值组合 | | 0 | 1 011.808 | 1 349.082 | 277.495 | 165.258 | 137.423 |

续表

| 序号 | 荷载情况 | 弯矩/(kN·m) | | | 剪力/kN | | |
|---|---|---|---|---|---|---|---|
| | | 支点 | L/4 | L/2 | 支点 | L/4 | L/2 |
| 5号板 | 恒载 | 0 | 749.9 | 1 008.83 | 205.1 | 115.37 | 102.55 |
| | 0.7×汽 | 0 | 207.249 | 276.325 | 121.702 | 45.654 | 28.434 |
| | 0.4×人 | 0 | 16.07 | 21.42 | 3.3 | 2.38 | 1.01 |
| | 频遇值组合 | 0 | 973.219 | 1 306.575 | 330.102 | 163.404 | 131.994 |

表 2-10  准永久值效应组合表

| 序号 | 荷载情况 | | 弯矩/(kN·m) | | | 剪力/kN | | |
|---|---|---|---|---|---|---|---|---|
| | | | 支点 | L/4 | L/2 | 支点 | L/4 | L/2 |
| | 恒载总重 | 中板 | 0 | 749.9 | 100.83 | 205.1 | 115.37 | 102.55 |
| | | 边板 | 0 | 786.26 | 1 048.35 | 215.04 | 120.96 | 107.52 |
| 1号板 | 恒 | | 0 | 786.26 | 1 048.35 | 215.04 | 120.96 | 107.52 |
| | 0.4×汽 | | 0 | 115.936 | 154.584 | 28.7 | 23.016 | 15.916 |
| | 0.4×人 | | 0 | 9.064 | 12.084 | 4.892 | 1.608 | 0.82 |
| | 准永久值组合 | | 0 | 911.26 | 1 215.018 | 248.632 | 145.584 | 124.256 |
| 5号板 | 恒 | | 0 | 749.9 | 1 008.83 | 205.1 | 115.37 | 102.55 |
| | 0.4×汽 | | 0 | 118.428 | 157.9 | 69.544 | 26.088 | 16.248 |
| | 0.4×人 | | 0 | 6.428 | 8.568 | 1.32 | 0.952 | 0.404 |
| | 准永久值组合 | | 0 | 874.756 | 1 175.298 | 275.964 | 142.41 | 119.202 |

## 五、预应力钢筋的面积估算及布置

### (一)预应力钢筋的面积估算

1. 按极限状态抗弯承载能力估算

内力包络图如图 2-9 所示。

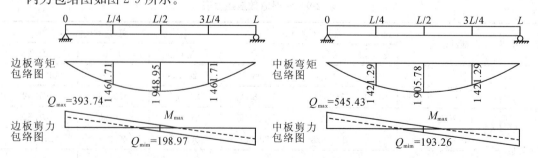

图 2-9  内力包络图(单位：mm)

由式 $f_{pd}A_{pl}=f_{cd}bx$ 和 $\gamma_0 M_d = f_{cd}bx\left(h_0 - \dfrac{x}{2}\right)$ 可以求得预应力钢筋面积：

$$A_{pl} = \dfrac{f_{cd}bh_0}{f_{pd}}\left(1 - \sqrt{1 - \dfrac{2\gamma_0 M_d}{f_{cd}bh_0^2}}\right)$$

边板预应力钢筋的面积：

$$A_{pl} = \dfrac{22.4 \times 1.03 \times 0.79}{1\,260} \times \left(1 - \sqrt{1 - \dfrac{2 \times 1.0 \times 1\,948.95 \times 10^3}{22.4 \times 10^6 \times 1.03 \times 0.79^2}}\right) = 2\,112 (\text{mm}^2)$$

中板预应力钢筋的面积：

$$A_{pl} = \dfrac{22.4 \times 1.03 \times 0.79}{1\,260} \times \left(1 - \sqrt{1 - \dfrac{2 \times 1.0 \times 1\,905.78 \times 10^3}{22.4 \times 10^6 \times 1.03 \times 0.79^2}}\right) = 2\,060 (\text{mm}^2)$$

用选定的单根预应力钢筋束的面积 $A_{pd}$ 除以 $A_{pl}$，可得所需要的预应力筋束数。

单根预应力钢筋束的面积：$A_{pd} = 7 \times \dfrac{\pi \times 5^2}{4} = 137.375 (\text{mm}^2)$。

中板所需筋束数：$n_1 = \dfrac{A_{pl}}{A_{pd}} = \dfrac{2\,060}{137.375} = 15$（根）。

2. 施工和使用阶段的应力要求估算

空心板的几何特性采用毛截面几何特性以简化计算。

(1)按预加应力阶段应力控制条件，可以得到该阶段所需要的预应力钢筋承受的拉力。

1)按预拉区边缘混凝土拉应力控制条件可得公式：

$$\dfrac{1}{N_p} \geqslant \dfrac{e_{pn}y_n^s/r_c^2 - 1}{A_c(M_{G1k}y_n^s/I_c - [\sigma_{ct}]_1)}$$

2)按预压区边缘混凝土压应力控制条件可得公式：

$$\dfrac{1}{N_p} \geqslant \dfrac{1 + e_{pn}y_n^x/r_c^2}{A_c(M_{G1k}y_n^x/I_c + [\sigma_{cc}]_1)}$$

其轴心抗压强度标准值 $f_{ck} = 29.6$ MPa，放张时构件下缘混凝土压力限制值：

$$[\sigma_{cc}]_1 = 0.7 f_{ck} = 0.7 \times 29.6 = 20.72 (\text{MPa})$$

中板：$\dfrac{1}{N_p} \geqslant \dfrac{e_{pn}y_n^s/r_c^2 - 1}{A_c(M_{G1k}y_n^s/I_c - [\sigma_{ct}]_1)}$

$$= \dfrac{e_{pn} \times 445.6/8.492\,6 \times 10^4 - 1}{4\,827.57 \times 10^2 \times [573.65 \times 10^6 \times 445.6/4\,099\,868.007 \times 10^4 - (-1.757)]}$$

$$= \dfrac{5.247 \times 10^{-3} e_{pn} - 1}{0.385\,8 \times 10^7}$$

所以，$\dfrac{1}{N_p} \times 10^7 \geqslant 0.013\,6 e_{pn} - 2.592 (A)$。

中板：$\dfrac{1}{N_p} \geqslant \dfrac{1 + e_{pn}y_n^x/r_c^2}{A_c(M_{G1k}y_n^x/I_c + [\sigma_{cc}]_1)}$

$$= \dfrac{1 + e_{pn} \times 404.3/8.492\,6 \times 10^4}{4\,827.57 \times 10^2 \times (575.65 \times 10^6 \times 404.3/4\,099\,868.007 \times 10^4 + 20.72)}$$

$$= \dfrac{1 + 4.761 \times 10^{-3} e_{pn}}{1.274 \times 10^7}$$

所以，$\frac{1}{N_p} \times 10^7 \geqslant 0.00374 e_{pn} + 0.785 (B)$。

(2)按使用阶段应力控制条件，可以得到该阶段所需要的预应力钢筋承受的拉力。截面几何特性近似采用毛截面几何特性，且全部预应力损失张拉控制应力的30%来估算，则有效预加力 $N_{peⅡ} = \sigma_p A_p = 0.7 \sigma_k A_p = 0.525 f_{pk} A_{p2}$，$\alpha = \frac{N_{peⅡ}}{N_{peⅠ}} = \frac{0.525 f_{pk} A_{p2}}{0.675 f_{pk} A_{p2}} = 0.78$。

1)按受拉区不开裂控制条件，即全预应力条件可得公式：

$$\frac{1}{N_p} \leqslant \frac{\alpha(1 + e_{pn} y_n^x / r_c^2)}{A_c[-[\sigma_{cc}]_2 + (M_{G1k} + M_{G2k} + M_{Q1k} + M_{Q2k}) y_n^x / I_c]}$$

2)按受压区边缘混凝土压应力控制条件可得公式：

$$\frac{1}{N_p} \geqslant \frac{\alpha(1 - e_{pn} y_n^s / r_c^2)}{A_c[[\sigma_{cc}]_2 - (M_{G1k} + M_{G2k} + M_{Q1k} + M_{Q2k}) y_n^s / I_c]}$$

由前面计算可知：

$$M_{G1k} + M_{G2k} + M_{Q1k} + M_{Q2k} = 689.73 + 358.62 + 386.62 + 30.21 = 1465.18 (kN \cdot m)$$

$$[\sigma_{ct}]_2 = 0, \quad [\sigma_{cc}]_2 = 0.5 \times 32.4 = 16.2 (MPa)$$

中板：$\frac{1}{N_p} \leqslant \frac{\alpha(1 + e_{pn} y_n^x / r_c^2)}{A_c[-[\sigma_{ct}]_2 + (M_{G1k} + M_{G2k} + M_{Q1k} + M_{Q2k}) y_n^x / I_c]}$

$$= \frac{0.78 \times (1 + e_{pn} \times 404.3 / 8.4926 \times 10^4)}{4827.57 \times 10^2 \times (0 + 404.3 \times 10^6 \times 1425 / 4099868.007 \times 10^4)}$$

$$= \frac{0.78 + 3.713 \times 10^{-3} e_{pn}}{0.6759 \times 10^7}$$

所以，$\frac{1}{N_p} \times 10^7 \leqslant 1.154 + 0.00549 e_{pn} (C)$。

中板：$\frac{1}{N_p} \geqslant \frac{\alpha(1 - e_{pn} y_n^s / r_c^2)}{A_c[[\sigma_{cc}]_2 - (M_{G1k} + M_{G2k} + M_{Q1k} + M_{Q2k}) y_n^s / I_c]}$

$$= \frac{0.78 \times (1 - e_{pn} \times 445.6 / 8.4926 \times 10^4)}{4827.57 \times 10^2 \times (16.2 - 1425 \times 10^6 \times 445.6 / 4099868.007 \times 10^4)}$$

$$= \frac{0.78 - 4.093 \times 10^{-3} e_{pn}}{0.0344 \times 10^7}$$

所以，$\frac{1}{N_p} \times 10^7 \geqslant 22.674 - 0.1198 e_{pn} (D)$。

$N_p$ 应满足上述四个不等式的要求，可以用图解法求得。如图2-10所示，A、B、C、D 四条线所围成的阴影即可供选择的范围。

由图2-10可知，当边板取 $e_y = 380$ mm 时，$\frac{1}{N_p} \times 10^7 = 3.0$，即 $N_p = 3333.3$ kN。此时

$$A_{p2} = \frac{3333.3 \times 10^3}{0.675 \times 1860} = 2.654 \times 10^3 (mm^2)$$

所以，所需预应力钢筋的束数为

$$n_2 = \frac{A_{p2}}{A_{pd}} = \frac{2.654 \times 10^3}{139.98} = 19.0 (根)$$

当中板取 $e_y=350$ mm 时，$\dfrac{1}{N_p}\times 10^7=3.05$，即 $N_p=3\,278$ kN。此时

$$A_{p2}=\dfrac{3\,278\times 10^3}{0.675\times 1\,860}=2.611\times 10^3\,(\text{mm}^2)$$

所以，所需预应力钢筋的束数为

$$n_2=\dfrac{A_{p2}}{A_{pd}}=\dfrac{2.611\times 10^3}{139.98}=18.7\,(\text{根})$$

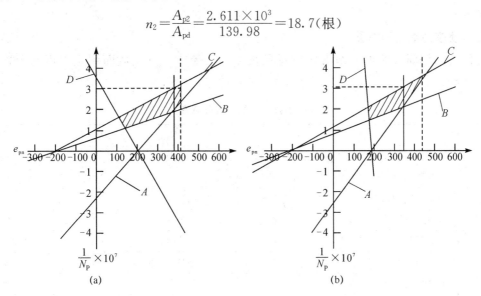

图 2-10 预应力钢筋可行区图
(a)边板；(b)中板

### 3. 根据预应力构件正常使用的抗裂性要求估算钢筋面积

其计算公式为

$$N_{pe}\geqslant \dfrac{\dfrac{M_s}{W}}{0.85\left(\dfrac{1}{A}+\dfrac{e_p}{W}\right)}$$

近似采用构件的跨中毛截面几何特性。

边板：$A_c=580\,457$ mm$^2$，$W=112\,304\,223$ mm$^3$，设 $a_p=5$ cm，$e_p=43.6-5=38.6$(cm)；

$M_s=1\,349.08$ kN·m；$N_{pe}\geqslant \dfrac{\dfrac{1\,349.08\times 10^6}{112\,304\,223}}{0.85\times\left(\dfrac{1}{580\,457}+\dfrac{386}{112\,304\,223}\right)}=2\,738.95\,(\text{kN})$

估算 $\sigma_{con}-\sum\sigma_{li}=0.75\sigma_{con}=1\,046.25$ MPa，$A_p=\dfrac{N_{pe}}{0.75\sigma_k}=2\,618$ mm$^2$，$n=\dfrac{A_p}{A_{pd}}=\dfrac{2\,618}{139.98}=18.7\,(\text{根})$

中板：$A_c=482\,757$ mm$^2$，$W=101\,482\,000$ mm$^3$，设 $a_p=5$ cm，$e_p=44.6-5=39.6$(cm)；

$M_s=1\,305.565$ kN·m；$N_{pe}\geqslant \dfrac{\dfrac{1\,305.565\times 10^6}{101\,482\,000}}{0.85\times\left(\dfrac{1}{482\,757}+\dfrac{354}{101\,482\,000}\right)}=2\,722.3\,(\text{kN})$

估算 $\sigma_{con} - \sum\sigma_{li} = 0.75\sigma_{con} = 1\ 046.25\ \text{MPa}$，$A_p = \dfrac{N_{pe}}{0.75\sigma_k} = 2\ 602\ \text{mm}^2$，$n = \dfrac{A_p}{A_{pd}} = \dfrac{2\ 602}{139.98} = 18.6$（根）

根据上述 1、2、3 条的估算结果，暂定边板和中板各布置 $\phi^s 15.2$ 钢绞线 19 根，均匀布置在底板。

### (二) 预应力钢筋的布置

失效后的钢筋有效长度即失效位置见表 2-11。跨中、支点截面预应力钢筋布置图如图 2-11 所示。

表 2-11　钢筋失效长度表

| 钢筋编号 | 边板 | | | | 中板 | | | |
|---|---|---|---|---|---|---|---|---|
| | 根数 | 两端失效位置/m | 失效长度/cm | 有效长度/m | 根数 | 失效位置/m | 失效长度/cm | 有效长度/cm |
| 1 | 5 | 距跨中 9.975 | 0 | 1 995 | 5 | 距跨中 9.975 | 0 | 1 995 |
| 2 | 2 | 距跨中 8.4 | 345 | 1 680 | 2 | 距跨中 8.2 | 355 | 1 640 |
| 3 | 2 | 距跨中 7.85 | 425 | 1 570 | 2 | 距跨中 7.62 | 471 | 1 524 |
| 4 | 2 | 距跨中 7.3 | 535 | 1 460 | 2 | 距跨中 6.99 | 597 | 1 398 |
| 5 | 2 | 距跨中 6.70 | 655 | 1 340 | 2 | 距跨中 6.31 | 733 | 1 262 |
| 6 | 2 | 距跨中 6.06 | 783 | 1 212 | 2 | 距跨中 5.54 | 887 | 1 108 |
| 7 | 2 | 距跨中 5.34 | 927 | 1 068 | 2 | 距跨中 4.65 | 1 065 | 930 |
| 8 | 2 | 距跨中 4.51 | 1 093 | 902 | 2 | 距跨中 3.55 | 1 285 | 710 |

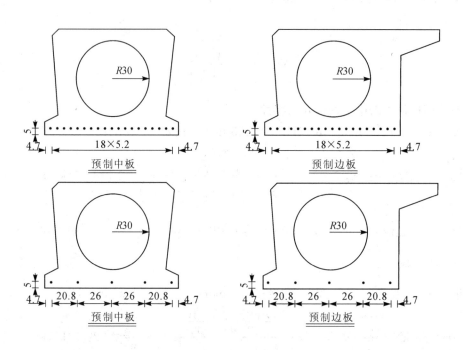

图 2-11　跨中、支点截面预应力钢筋布置图（单位：cm）

## 六、主梁换算截面几何特性计算

1. 换算截面面积

$$\alpha_{Ep} = \frac{E_p}{E_c} = 1.95 \times 10^5 / (3.45 \times 10^4) = 5.65$$

$$A_0 = A_c + (\alpha_{Ep} - 1)A_p = 482\,757 + (5.65 - 1) \times 2\,660 = 495\,126 (mm^3)$$

2. 换算截面重心位置

预应力钢筋换算截面对空心毛截面重心的净距为

$$S_0 = (\alpha_{Ep} - 1)A_p \times (y_x - a_p) = (5.65 - 1) \times 2\,660 \times (404 - 50) = 4\,378\,626 (mm^3)$$

换算截面到毛截面重心的距离：$d_0 = \dfrac{S_0}{A_0} = 4\,378\,626 / 495\,096 = 9 (mm)$

因此，换算截面重心至下缘距离和预应力钢筋重心的距离：

$$y_{0x} = 404 - 9 = 395 (mm)，\quad e_{p0} = y_{0x} - a_p = 395 - 50 = 345 (mm)$$

换算截面重心至上缘距离：$y_{0s} = 446 + 9 = 455 (mm)$

3. 换算截面惯性矩

$$\begin{aligned} I_0 &= I_c + A_c d_0^2 + (\alpha_{Ep} - 1)A_p e_{p0}^2 \\ &= 40\,998\,680\,070 + 482\,757 \times 9^2 + (5.65 - 1) \times 2\,660 \times 345^2 \\ &= 42\,551\,000\,000 (mm^4) \end{aligned}$$

4. 换算截面弹性抵抗矩

下缘：$W_{0x} = \dfrac{I_0}{y_{0x}} = 42\,551\,000\,000 / 395 = 107\,724\,050 (mm^3)$。

上缘：$W_{0s} = \dfrac{I_0}{y_{0s}} = 42\,551\,000\,000 / 455 = 93\,518\,681 (mm^3)$。

由于其他截面和跨中截面的预应力钢筋重心位置一致，将忽略钢筋受力面积的减少对换算截面的重心位置的影响。

## 七、主梁截面强度计算

### (一)正截面强度计算

将空心板截面按照等面积、等惯性矩和形心不变的原则换算成如图 2-12 所示的工字形截面，换算方法如下：

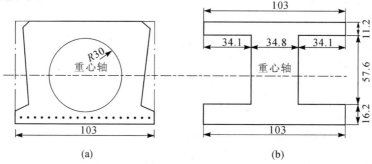

图 2-12 空心板截面等效成工字形截面(单位：cm)

(a)简化前的中板截面；(b)简化后的中板截面

按面积相等：$b_k \times h_k = 1\,100 + \dfrac{\pi \times 60^2}{4} = 3\,927.43\,(\text{cm}^2)$。

按惯性矩相等：$\dfrac{b_k h_k^3}{12} = 1\,085\,339\,\text{cm}^4$。

联立求解上述两式得：$b_k = 68.2\,\text{cm}$，$h_k = 57.6\,\text{cm}$。

这样，在空心板截面高度、宽度以及圆孔的形心位置都不变的条件下，等效工字形截面尺寸为

上翼板厚度：$h_i' = y_1 - \dfrac{1}{2} h_k = 40 - \dfrac{1}{2} \times 57.6 = 11.2\,(\text{cm})$。

下翼板厚度：$h_f' = y_2 - \dfrac{1}{2} h_k = 45 - \dfrac{1}{2} \times 57.6 = 16.2\,(\text{cm})$。

腹板厚度：$b = b_i - b_k = 103 - 68.2 = 34.8\,(\text{cm})$。

同理，边板简化后的 $b_k = 54.4\,\text{cm}$，$h_k = 52.0\,\text{cm}$，$b = 48.6\,\text{cm}$，$h_i' = 14.0\,\text{cm}$，$h_f' = 19.0\,\text{cm}$。

截面有效高度 $h_0 = 850 - 50 = 800\,(\text{cm})$，C50 的混凝土 $f_{cd} = 22.4\,\text{MPa}$，$\Phi^s 15.2(7\Phi^s 5)$ 钢绞线的抗拉设计强度 $f_{pd} = 1\,260\,\text{MPa}$。

中板跨中截面最大计算弯矩 $M_d = 1\,905.78\,\text{kN} \cdot \text{m}$，$h_i' = 112\,\text{mm}$，$b = 348\,\text{mm}$，由水平力平衡，即 $\sum H = 0$，可求得所需混凝土受压区面积 $A_{cc}$ 为

$$A_{cc} = \dfrac{f_{pd} A_p}{f_{cd}} = \dfrac{1\,260 \times 2\,660}{22.4} = 149\,625\,(\text{mm}^2) > 1\,030 \times 112 = 115\,360\,(\text{mm}^2)$$

说明 $x$ 轴位于腹板内，属于第二类 T 形梁截面。

所以，$x = \dfrac{\dfrac{1\,260 \times 2\,660}{22.4} - (1\,030 - 348) \times 112}{348} = 210\,(\text{mm}) < \xi_b h_0 = 320\,\text{mm}^2$。

截面的抗力矩：

$$M_{ud} = f_{cd} \left[ bx \left(h_0 - \dfrac{x}{2}\right) + (b_f' - b) h_f' \left(h_0 - \dfrac{h_f'}{2}\right)\right]$$

$$= 22.4 \times 10^6 \times \left[ 348 \times 210 \times \left(800 - \dfrac{210}{2}\right) + (1\,030 - 348) \times 112 \times \left(800 - \dfrac{112}{2}\right)\right] \times 10^{-12}$$

$$= 2\,410.7\,(\text{kN} \cdot \text{m}) > \gamma_0 M_d = 1\,905.78\,\text{kN} \cdot \text{m}，满足要求。$$

**(二)斜截面强度验算**

1. 箍筋设计

(1)复核主梁截面尺寸。根据《桥规》(JTG 3362—2018)，矩形、T 形和工字形截面的受弯构件，其抗剪截面应符合下列要求：

$$\gamma_0 V_d \leqslant 0.51 \times 10^{-3} \sqrt{f_{cu,k}}\, b h_0$$

由上述计算可知：

中板：$V_d = 545.43\,\text{kN}$，$f_{cu,k} = 50$，$b = 348\,\text{mm}$，$h_0 = 850 - 50 = 800\,(\text{mm})$。

代入上式得：$V_{ud} = 0.51 \times 10^{-3} \times \sqrt{50} \times 348 \times 800 = 1\,004\,(\text{kN})$。

$\gamma_0 V_d = 1.0 \times 545.43 = 545.43\,(\text{kN}) < 1\,004\,\text{kN}$。

边板：$V_d=393.74$ kN，$f_{cu,k}=50$，$b=486$ mm，$h_0=850-50=800$(mm)。

代入上式得：$V_{ud}=0.51\times10^{-3}\times\sqrt{50}\times486\times800=1\,402$(kN)。

$\gamma_0 V_d=1.0\times393.74=393.74$(kN)$<1\,402$ kN。

所以截面尺寸满足要求。

(2)核算是否需要根据计算配置箍筋：$\gamma_0 V_d\leqslant 0.50\times10^{-3}\alpha_2 f_{td}bh_0$。可不进行斜截面抗剪承载力的验算，仅需要按《桥规》(JTG 3362—2018)构造要求配置箍筋。

中板：$0.50\times10^{-3}\alpha_2 f_{td}bh_0=0.50\times10^{-3}\times1.25\times1.83\times348\times800=318.4$(kN)$<\gamma_0 V_d=545.43$ kN

对照内力汇总表各计算截面控制设计的剪力值，边板可以按构造配置箍筋，中板沿跨长相当一部分区段需按计算要求配置箍筋。为构造和施工方便，本设计预应力混凝土空心板不设斜筋，故计算剪力全部由混凝土和箍筋承担。为设计方便，可假定跨中距离为 $x$ 的截面处的建立按直线变化，弯矩按二次抛物线变化。

(3)剪力图划分。

1)剪力包络图如图 2-13 所示，剪力分配图如图 2-14 所示。

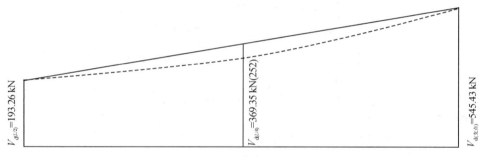

图 2-13　剪力包络图

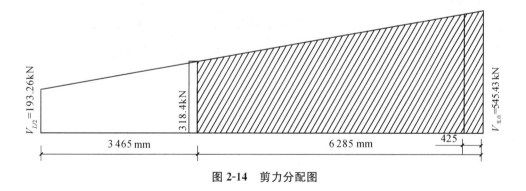

图 2-14　剪力分配图

2)计算不需要配置计算。

剪力筋区段长度 $x$：由 $\dfrac{x}{975}=\dfrac{318.4-193.26}{545.43-193.26}$，求得 $x=3\,465$ mm。

按计算设置剪力钢筋梁段长度 $L_1=9\,750-3\,465=6\,285$(mm)。

3)计算 $V'_d$（距支座中心 $h/2$ 处截面的计算剪力）。

$$\frac{h}{2}=850/2=425\text{(mm)}$$

$$V'_d = 193.26 + (9\,750 - 425) \times \frac{545.43 - 197.26}{9\,750} = 530.08 \text{(kN)}$$

剪力全部由混凝土和箍筋来承担。

(4)箍筋设计。

采用 ⊥10 的双肢箍筋(HRB400 级钢筋)，$A_{sv} = 78.54 \text{ mm}^2$，则：

$$A_{sv} = n_{sv} A_{sv} = 2 \times 78.54 = 157.08 \text{(mm}^2)$$

一般受弯构件中箍筋常按等间距布置，为计算简便，计算公式中截面有效高度 $h_0$ 取跨中及支点截面的平均值 $h_0 = 800 \text{ mm}$。

跨中纵向配筋百分率：$P = 100\rho = \frac{A_p}{bh_0} = \frac{100 \times 2\,660}{348 \times 800} = 0.96 < 2.5$。

支点纵向配筋百分率：$P = 100\rho = \frac{A_p}{bh_0} = \frac{100 \times 669.9}{348 \times 800} = 0.25 < 2.5$。

纵向配筋百分率：$P = \frac{0.96 + 0.25}{2} = 0.605$。

由混凝土和箍筋承受全部计算剪力的条件得：

$$\gamma_0 V'_d = V_{cs} = \alpha_1 \alpha_2 \alpha_3 0.45 \times 10^{-3} bh_0 \sqrt{(2 + 0.6P)\sqrt{f_{cu,k}} \rho_{sv} f_{sv}}$$

由上述计算可知：$b = 348 \text{ mm}$，$h_0 = 800 \text{ mm}$，$P = 0.605$，代入上式可得：

$$1.0 \times 530.08 = 1.0 \times 1.25 \times 1.1 \times 0.45 \times 10^{-3} \times 348 \times 800 \times \sqrt{(2 + 0.6 \times 0.605) \times \sqrt{50} \times \rho_{sv} \times 280}$$

解得 $\rho_{sv} = 0.002\,53$，$s_v = \frac{A_{sv}}{\rho_{sv} \cdot b} = \frac{157.08}{0.002\,53 \times 348} = 178 \text{(mm)}$。

2. 截面抗剪强度验算

根据箍筋设计布置图进行空心板斜截面抗剪强度验算。选择验算截面的起点位置有距支座中心 $h/2$ 处、距跨中距离 $x = 885 \text{ cm}$ 处(箍筋间距变化处)和距跨中距离 $x = 345 \text{ cm}$ 处(箍筋间距变化处)。

由《桥规》(JTG 3362—2018)可知，斜截面抗剪承载力计算应满足下式规定：

$$\gamma_0 V_d \leq V_{cs} + V_{sb} + V_{pb}$$

因剪力全部由混凝土和箍筋共同承担，故

$$\gamma_0 V_d \leq V_{cs}$$

$$V_{cs} = \alpha_1 \alpha_2 \alpha_3 0.45 \times 10^{-3} bh_0 \sqrt{(2 + 0.6P)\sqrt{f_{cu,k}} \rho_{sv} f_{sv}}$$

(1)距支座中心 $h/2$ 处。

$$\rho_{sv} = \frac{A_{sv}}{s_v \cdot b} = \frac{157.08}{100 \times 348} = 0.451\% > 0.12\%$$

$$V_{cs} = 1.0 \times 1.25 \times 1.1 \times 0.45 \times 10^{-3} \times 348 \times 800 \times \sqrt{(2 + 0.6 \times 0.25) \times \sqrt{50} \times 0.004\,51 \times 280}$$
$$= 686.2 \text{(kN)} > 530.08 \text{ kN}$$

(2)距跨中距离 $x = 885 \text{ cm}$ 处(箍筋间距变化处)。

$$V_d = 193.26 + 8\,850 \times \frac{545.43 - 193.26}{9\,750} = 512.9 \text{(kN)}$$

$$\rho_{sv} = \frac{A_{sv}}{s_v \cdot b} = \frac{157.08}{150 \times 348} = 0.301\% > 0.12\%$$

$$V_{cs}=1.0\times1.25\times1.1\times0.45\times10^{-3}\times348\times800\times\sqrt{(2+0.6\times0.25)\times\sqrt{50}\times0.003\,01\times330}$$
$$=616.6(kN)>512.9\text{ kN}$$

(3)距跨中距离 $x=345$ cm 处(箍筋间距变化处)。
$$V_d=193.26+3\,450\times\frac{545.43-193.26}{9\,750}=317.9(kN)$$
$$\rho_{sv}=\frac{A_{sv}}{s_v\cdot b}=\frac{157.08}{250\times348}=0.181\%>0.12\%$$

$$V_{cs}=1.0\times1.25\times1.1\times0.45\times10^{-3}\times348\times800\times\sqrt{(2+0.6\times0.95)\times\sqrt{50}\times0.001\,81\times330}$$
$$=475.2(kN)>317.9\text{ kN}$$

综上所述,空心板各斜截面抗剪强度均满足要求。

3. 斜截面抗弯强度

斜截面的抗弯承载力计算的基本方程式可由所有力对受压区混凝土合力作用点取矩的平衡条件求得:
$$\gamma_0 M_d \leqslant f_{sd}A_s z_s + f_{pd}A_p z_p + \sum f_{pd}A_{pd}z_{pd} + \sum f_{sd,v}A_{sv}z_{sv}$$

首先,确定最不利斜截面位置。其验算公式如下:
$$\gamma_0 V_d = \sum f_{pd}A_{pb}\sin\theta_p + \sum f_{sd,v}A_{sv}$$

由于没有设弯起钢筋,所以可以只由箍筋来承担剪力。一组(双肢)箍筋可承受的剪力为
$$f_{sd,v}A_{sv}=330\times157.08=43.98(kN)$$

(1)验算距支座中心 $h/2$ 处斜截面,箍筋间距为 10 cm,若斜截面通过 6 组箍筋时(约距支座中心 1.05 m):
$$V=6\times43.98=263.88(kN)<V_d=507.5\text{ kN}$$

(2)箍筋间距为 10 cm、15 cm,若斜截面通过 10 组箍筋时(约距支座中心 1.5 m):
$$V=10\times43.98=439.8(kN)<V_d=491.3\text{ kN}$$

(3)箍筋间距为 10 cm、15 cm,若斜截面通过 11 组箍筋时(约距支座中心 1.71 m):
$$V=11\times43.98=483.78(kN)\approx V_d=483.7\text{ kN}$$

所以,最不利的斜截面在距支座中心 1.71 m 处,此处的最大弯矩 $M_d=609.9$ kN·m。
$$f_{pd}A_p=881.874\text{ kN}<f_{cd}bh'_f=22.4\times1\,030\times112=2\,584.06(kN)$$

属于第一类 T 形梁截面。
$$x=\frac{f_{pd}A_p}{f_{cd}b}=\frac{1\,260\times699.9}{22.4\times1\,030}=38(mm)<112\text{ mm}$$

截面的抗力矩:
$$M_{ud}=f_{pd}A_p z_p + \sum f_{sd,v}A_{sv}z_{sv}=1\,260\times699.9\times762+157.08\times330\times(5\times275+6\times900)$$
$$=970.0(kN\cdot m)>\gamma_0 M_0=609.9\text{ kN·m}$$

说明斜截面满足抗弯承载能力要求。

## 八、预应力损失计算

按《桥规》(JTG 3362—2018)规定,钢绞线的张拉控制应力 $\sigma_{con}$ 取 $0.75f_{pk}$。即

$$\sigma_{\text{con}} = 0.75 \times 1\,860 = 1\,395 \text{(MPa)}$$

### (一)锚具变形、钢筋回缩引起的应力损失

计算公式:$\sigma_{l2} = \dfrac{\sum \Delta l}{l} E_p$

本设计拟采用张拉台座长为 85 m,两端同时张拉,中梁四片梁、边梁三片梁均匀分布在台座上,同时浇筑,每端按 6 mm 考虑,平均每片中梁损失为 3 mm,边梁损失为 4 mm。

中梁:$\sigma_{l2} = \dfrac{\sum \Delta l}{l} E_p = \dfrac{3}{85\,000} \times 1.95 \times 10^5 = 6.88$(MPa)。

### (二)加热养护引起的损失

为减少由于温度不均引起的损失,采用台座和混凝土构件共同受热的措施。

$$\sigma_{l3} = 2\Delta t = 2(t_2 - t_1) = 0 \text{ MPa}$$

### (三)预应力钢筋松弛引起的损失

根据《桥规》(JTG 3362—2018)规定,采用超张拉工艺,其计算公式为

$$\sigma_{l5} = \Psi \xi \left(0.52 \dfrac{\sigma_{pe}}{f_{pk}} - 0.26\right) \sigma_{pe}$$

中梁:

$$\Psi = 0.9,\ \xi = 0.3,\ f_{pk} = 1\,860 \text{ MPa}$$

$$\sigma_{pe} = \sigma_{con} - \sigma_{l2} = 1\,395 - 6.88 = 1\,388.12 \text{ (MPa)}$$

$$\sigma_{l5} = \Psi \xi \left(0.52 \dfrac{\sigma_{pe}}{f_{pk}} - 0.26\right) \sigma_{pe} = 0.9 \times 0.3 \times \left(0.52 \times \dfrac{1\,388.12}{1\,860} - 0.26\right) \times 1\,388.12$$
$$= 48.00 \text{(MPa)}$$

### (四)混凝土弹性压缩引起的应力损失

构件受压时,钢筋已与混凝土粘结,两者共同变形,由混凝土弹性压缩引起的应力损失为

$$\sigma_{l4} = \alpha_{Ep} \times \sigma_{pc}$$

$$\sigma_{pc} = \dfrac{N_{p0}}{A_0} + \dfrac{N_{p0} \times e_{p0}^2}{I_0}$$

中梁:

$$N_{p0} = (\sigma_k - \sigma_{l2} - \sigma_{l3}) A_p = (1\,395 - 6.88) \times 2\,660 = 3\,692\,399 \text{(N)}$$

$$\sigma_{pc} = \dfrac{3\,692\,399}{495\,124} + \dfrac{3\,692\,399 \times 345}{42\,509\,793\,000} \times 345 = 17.8 \text{(MPa)}$$

$$\sigma_{l4} = \alpha_{Ep} \times \sigma_{pc} = 5.65 \times 17.8 = 100.6 \text{(MPa)}$$

其余截面按跨中计算。

### (五)混凝土收缩徐变引起的应力损失

此项损失根据《桥规》(JTG 3362—2018)中式(6.2.7-1)计算,同时考虑在受压区不设预应力筋。

$$\sigma_{l6(t)} = \dfrac{0.9[E_p \varepsilon_{cs}(t, t_0) + \alpha_{Ep} \sigma_{pc} \phi(t, t_0)]}{1 + 15\rho\rho_{ps}}$$

$$\rho=\frac{A_\mathrm{p}+A_\mathrm{s}}{A}, \quad \rho_\mathrm{ps}=1+\frac{e_\mathrm{ps}^2}{i^2}$$

中板：

(1) 各参数计算。

$\rho=\dfrac{A_\mathrm{p}+A_\mathrm{s}}{A}=0.0054$；$\rho_\mathrm{ps}=1+\dfrac{e_\mathrm{ps}^2}{i^2}=2.33$；$e_\mathrm{ps}=e_\mathrm{p}=50$ mm；$i^2=\dfrac{I_0}{A_0}=85\,944$ mm；$E_\mathrm{p}=1.95\times 10^5$ MPa，$\alpha_\mathrm{Ep}=5.65$，$\sigma_\mathrm{pc}=17.8$ MPa。

(2) 徐变系数及收缩应变。

桥梁所处环境的年平均相对湿度为75%，以跨中截面计算其理论厚度$h$。

大气接触的周长$u$中不包括这些部分的长度：

$$u=1\,030+600\times\pi=2\,915\,(\mathrm{mm})$$

$$h=\frac{2A_\mathrm{c}}{u}=(2\times 482\,757)/2\,915=331\,(\mathrm{mm})$$

在$h=300$ mm 和 $h=600$ mm 之间插入 $h=331$ mm。

由此查得的徐变系数终值：

$$\varepsilon_\mathrm{cs}(\infty,14)=0.202\times 10^{-3}$$

收缩应变系数终值：

$$\phi(\infty,14)=1.78$$

$$\begin{aligned}\sigma_{l6(t)}&=\frac{0.9[E_\mathrm{p}\varepsilon_\mathrm{cs}(t,t_0)+\alpha_\mathrm{Ep}\sigma_\mathrm{pc}\phi(t,t_0)]}{1+15\rho\rho_\mathrm{ps}}\\&=\frac{0.9\times(1.95\times 10^5\times 0.202\times 10^{-3}+5.65\times 17.8\times 1.78)}{1+15\times 0.0054\times 2.33}\\&=165\,(\mathrm{MPa})\end{aligned}$$

**(六)永存预应力值**

预加力阶段：

$$\sigma_{l\mathrm{I}}=\sigma_{l2}+\sigma_{l3}+\sigma_{l4}+0.5\sigma_{l5}$$

正常使用阶段第二批损失：

$$\sigma_{l\mathrm{II}}=0.5\sigma_{l5}+\sigma_{l6}$$

全部预应力损失：

$$\sigma_l=\sigma_{l\mathrm{I}}+\sigma_{l\mathrm{II}}$$

预应力钢筋的永存预应力：

$$\sigma_{\mathrm{pe\,II}}=\sigma_\mathrm{con}-\sigma_l$$

计算结果见表2-12。

表2-12 预应力损失汇总表　　　　　　　　　　　　　　　　　　　　　　　　　MPa

| 板别 | 预应力损失值的组合 | 传力锚固时的损失 | | | | | 传力锚固后的损失 | | |
|---|---|---|---|---|---|---|---|---|---|
| | 控制应力 $\sigma_\mathrm{con}$ | $\sigma_{l2}$ | $\sigma_{l3}$ | $\sigma_{l4}$ | $0.5\sigma_{l5}$ | $\sigma_\mathrm{pe\,I}$ | $\sigma_{l5}$ | $\sigma_{l6}$ | $\sigma_\mathrm{pe\,II}$ |
| 边板 | 1 395 | 9.18 | 0 | 92.3 | 23.9 | 1 269.6 | 23.9 | 157.3 | 1 088.4 |
| 中板 | 1 395 | 6.88 | 0 | 100.6 | 24 | 1 263.5 | 24 | 165 | 1 074.5 |

## 九、空心板截面短暂状态应力验算

由于存在应力失效段，所以在钢筋面积有变化处的截面应进行放松阶段应力验算。

截面上边缘混凝土应力：

$$\sigma_{ct}^{t} = \left(\frac{N_{p0}}{A_0} - \frac{N_{p0}e_{p0}}{W_0} + \frac{M_{G1pk}}{W_{nls}}\right) \leq 0.7 f_{tk}$$

截面下边缘混凝土应力：

$$\sigma_{cc}^{t} = \left(\frac{N_{p0}}{A_0} + \frac{N_{p0}e_{p0}}{W_0} - \frac{M_{G1pk}}{W_0}\right) \leq 0.75 f_{ck}$$

计算结果见表 2-13。

## 十、空心板截面持久状况应力验算

按持久状况设计的预应力混凝土受弯构件，应计算其使用阶段正截面混凝土的法向应力，受拉钢筋的拉应力及斜截面的主拉、主压应力。计算时作用（或荷载）取其标准值，不计分项系数，汽车荷载应考虑冲击系数。

### （一）跨中截面混凝土法向正应力验算

$$\sigma_{kc} = \frac{N_{p0}}{A_0} - \frac{N_{p0}e_{p0}}{W_0} + \frac{M_{G1k}}{W_0} + \frac{M_{G2k} + M_{Q1k} + M_{Q2k}}{W_0}$$

中板：

$$\sigma_{pc} = 1\,074.5 \text{ MPa}, \quad N_{p0} = \sigma_{pc}A_p = 1\,074.5 \times 2\,660 = 2\,858.2 \text{(MPa)}$$

$$e_{p0} = 345 \text{ mm}$$

$$\sigma_{kc} = \frac{2\,858.2 \times 10^3}{495\,096} - \frac{2\,858.2 \times 10^3 \times 345}{93\,518\,681} + \frac{573.65 \times 10^6}{93\,518\,681} + \frac{(435.18 + 479.42 + 21.42) \times 10^6}{93\,518\,681}$$

$$= 11.37 \text{(MPa)} < 0.5 f_{ck} = 0.5 \times 32.4 = 16.2 \text{(MPa)}$$

其他截面的验算见表 2-14。

### （二）预应力钢筋的应力验算

按《桥规》（JTG 3362—2018）要求，正常使用阶段预应力钢筋的应力要求如下：

$$\sigma_p = (\sigma_{pc} + \alpha_{Ep}\sigma_{kt}) \leq 0.65 f_{pk}$$

式中，$\sigma_{kt}$ 为按荷载效应标准值计算的预应力钢筋重心处混凝土的法向应力扣除全部预应力损失后，预应力钢筋中的最大拉应力（$\sigma_{pe} + \sigma_p$）。

$$\sigma_p = \alpha_{Ep} \times \sigma_{kt} = \alpha_{Ep} \times \frac{M_k}{I_0} y_0$$

中梁：

$$M_k = M_{G1k} + M_{G2k} + M_{Q1k} + M_{Q2k}$$

$$= 573.65 + 435.18 + 479.42 + 21.42 = 1\,509.67 \text{(kN·m)}$$

$$I_0 = 42\,509\,793\,000 \text{ mm}^4, \quad \alpha_{Ep} = 5.65, \quad y_0 = 345 \text{ mm}$$

$$\sigma_{kt} = \frac{1\,509.67 \times 10^6 \times 345}{42\,509\,793\,000} = 12.25 \text{(MPa)}, \quad \sigma_p = 5.65 \times 12.25 = 69.21 \text{(MPa)}$$

表 2-13 中板预加力阶段的应力验算

| 序号 | 项目 | 单位 | 1 | 2 | 3 | 4 | 5 | 6 | 7 | 8 | 9 | 10 |
|---|---|---|---|---|---|---|---|---|---|---|---|---|
| | | | 跨中 | 距跨中 3.55 m | 距跨中 4.65 m | 距跨中 5.54 m | 距跨中 6.31 m | 距跨中 6.99 m | 距跨中 7.62 m | 距跨中 8.20 m | 距跨中 8.75 m | 支点 |
| 1 | $N_{p0}$ | N | 3 360 429.87 | 3 006 700.41 | 2 652 970.95 | 2 299 241.49 | 1 945 512.03 | 1 591 782.57 | 1 238 053.11 | 884 323.65 | 884 323.65 | 884 323.65 |
| 2 | $A_0$ | mm² | 495 124.233 | 493 822.419 | 492 520.605 | 491 218.791 | 489 916.977 | 488 615.163 | 487 313.349 | 486 011 | 486 011 | 486 011 |
| 3 | $N_{p0}/A_0$ | MPa | 6.79 | 6.09 | 5.39 | 4.68 | 3.97 | 3.26 | 2.54 | 1.82 | 1.82 | 1.82 |
| 4 | $e_{p0}$ | mm | 345 | 345 | 345 | 345 | 345 | 345 | 345 | 345 | 345 | 345 |
| 5 | $M_{p0}$ | N·mm | 1 159 348 305 | 1 037 311 641 | 915 274 977.8 | 793 238 314.1 | 671 201 650.4 | 549 164 986.7 | 427 128 323 | 305 091 659.3 | 305 091 659.3 | 305 091 659.3 |
| 6 | $I_0$ | mm⁴ | 42 509 793 000 | 42 354 844 883 | 42 199 896 472 | 42 044 948 064 | 41 889 999 649 | 41 735 051 235 | 41 580 102 826 | 41 425 154 415 | 41 425 154 415 | 41 425 154 415 |
| 7 | $y_{0x}$ | mm | 395 | 395 | 395 | 395 | 395 | 395 | 395 | 395 | 395 | 395 |
| 8 | $y_{0s}$ | mm | 455 | 455 | 455 | 455 | 455 | 455 | 455 | 455 | 455 | 455 |
| 9 | $M_{G1k}$ | N·mm | 601 039 000 | 524 989 000 | 470 558 000 | 415 830 000 | 360 768 000 | 306 193 000 | 205 649 000 | 195 279 000 | 139 022 000 | 27 384 000 |
| 10 | $M_{p0}-M_{G1k}$ | N·mm | 558 309 305.2 | 512 322 641.5 | 444 716 977.8 | 377 408 314.1 | 310 433 650.4 | 242 971 986.7 | 221 479 323 | 109 812 659.3 | 166 069 659.3 | 277 707 659.3 |
| 11 | $I_0/y_{0x}$ | mm³ | 107 619 729.9 | 107 227 455.4 | 106 835 180.9 | 106 442 906.5 | 106 050 632 | 105 658 357.6 | 105 266 083.1 | 104 873 808.6 | 104 873 808.6 | 104 873 808.6 |
| 12 | $I_0/y_{0s}$ | mm⁴ | 93 428 117.13 | 93 087 571.17 | 92 747 025.21 | 92 406 479.25 | 92 065 933.29 | 91 725 387.34 | 91 384 841.38 | 91 044 295.42 | 91 044 295.42 | 91 044 295.42 |
| 13 | (10/5)×7 | MPa | 5.19 | 4.78 | 4.16 | 3.55 | 2.93 | 2.30 | 2.10 | 1.05 | 1.58 | 2.65 |
| 14 | (10/5)×8 | MPa | 5.98 | 5.50 | 4.79 | 4.08 | 3.37 | 2.65 | 2.42 | 1.21 | 1.82 | 3.05 |
| 15 | $\sigma_{cc}^t = 3+13$ | MPa | 11.97 | 10.87 | 9.55 | 8.23 | 6.90 | 5.56 | 4.64 | 2.87 | 3.40 | 4.47 |
| 16 | $\sigma_{ct}^t = 14$ | MPa | 0.81 | 0.58 | 0.59 | 0.60 | 0.60 | 0.61 | 0.12 | 0.61 | 0.00 | -1.23 |
| 17 | 压应力限值 | MPa | 22.68 | 22.68 | 22.68 | 22.68 | 22.68 | 22.68 | 22.68 | 22.68 | 22.68 | 22.68 |
| 18 | 拉应力限值 | MPa | -1.855 | -1.855 | -1.855 | -1.855 | -1.855 | -1.855 | -1.855 | -1.855 | -1.855 | -1.855 |
| 19 | 拉应力限值 | MPa | -3.047 5 | -3.047 5 | -3.047 5 | -3.047 5 | -3.047 5 | -3.047 5 | -3.047 5 | -3.047 5 | -3.047 5 | -3.047 5 |

表 2-14 中板各截面混凝土正应力验算表

| 序号 | 项目 | 单位 | 1 | 2 | 3 | 4 | 5 | 6 | 7 | 8 | 9 | 10 |
|---|---|---|---|---|---|---|---|---|---|---|---|---|
| | | | 跨中 | 距跨中 3.55 m | 距跨中 4.65 m | 距跨中 5.54 m | 距跨中 6.31 m | 距跨中 6.99 m | 距跨中 7.62 m | 距跨中 8.20 m | 距跨中 8.75 m | 支点 |
| 1 | $N_{pe}$ | N | 2 857 761.69 | 2 556 944.67 | 2 256 127.65 | 1 955 310.63 | 1 654 493.61 | 1 353 676.59 | 1 052 859.57 | 752 042.55 | 752 042.55 | 135 133 |
| 2 | $A_0$ | mm² | 495 124 | 493 822 | 492 521 | 491 219 | 489 917 | 488 615 | 487 313 | 486 011 | 486 011 | 486 011 |
| 3 | $N_{pe}/A_0$ | MPa | 5.77 | 5.18 | 4.58 | 3.98 | 3.38 | 2.77 | 2.16 | 1.55 | 1.55 | 0.28 |
| 4 | $e_{p0}$ | mm | 345 | 345 | 345 | 345 | 345 | 345 | 345 | 345 | 345 | 345 |
| 5 | $M_{pe}$ | N·mm | 985 927 783.1 | 882 145 911.2 | 778 364 039.3 | 674 582 167.4 | 570 800 295.5 | 467 018 423.6 | 363 236 551.7 | 259 454 679.8 | 259 454 679.8 | 466 208 85 |
| 6 | $I_0$ | mm⁴ | 42 509 793 000 | 42 354 844 883 | 42 199 896 472 | 42 044 948 060 | 41 889 999 649 | 41 735 051 238 | 41 580 102 826 | 41 425 154 415 | 41 425 154 415 | 41 425 154 415 |
| 7 | $y_{0x}$ | mm | 395 | 395 | 395 | 395 | 395 | 395 | 395 | 395 | 395 | 395 |
| 8 | $y_{0s}$ | mm | 455 | 455 | 455 | 455 | 455 | 455 | 455 | 455 | 455 | 455 |
| 9 | $M_k$ | N·mm | 15 09 674 000 | 1 309 535 000 | 1 166 290 000 | 1 022 265 000 | 877 360 000 | 733 734 000 | 587 562 000 | 441 845 000 | 307 652 000 | 0 |
| 10 | $M_{pe}-M_k$ | N·mm | −523 746 217 | −427 389 088.9 | −387 925 960.8 | −347 682 832.7 | −306 559 704.6 | −266 715 576.5 | −224 325 448.4 | −182 390 320.3 | −48 197 320.25 | 46 620 885 |
| 11 | $I_0/y_{0x}$ | mm³ | 107 619 729.9 | 107 227 455.4 | 106 835 180.9 | 106 442 906.5 | 106 050 632 | 105 658 357.6 | 105 266 083.1 | 104 873 808.6 | 104 873 808.6 | 104 873 808.6 |
| 12 | $I_0/y_{0s}$ | mm⁴ | 93 428 117.13 | 9 308 7571.17 | 92 747 025.21 | 92 406 479.25 | 92 065 933.29 | 91 725 387.34 | 91 384 841.38 | 91 044 295.42 | 91 044 295.42 | 91 044 295.42 |
| 13 | (10/5)×7 | MPa | −4.87 | −3.99 | −3.63 | −3.27 | −2.89 | −2.52 | −2.13 | −1.74 | −0.46 | 0.44 |
| 14 | (10/5)×8 | MPa | −5.61 | −4.59 | −4.18 | −3.76 | −3.33 | −2.91 | −2.45 | −2.00 | −0.53 | 0.51 |
| 15 | $\sigma_{ct}^t=3+13$ | MPa | 0.91 | 1.19 | 0.95 | 0.71 | 0.49 | 0.25 | 0.03 | −0.19 | 1.09 | 0.72 |
| 16 | $\sigma_{cc}^t=14$ | MPa | 11.38 | 9.77 | 8.76 | 7.74 | 6.71 | 5.68 | 4.62 | 3.55 | 2.08 | −0.23 |
| 17 | 压应力限值 | MPa | 16.20 | 16.20 | 16.20 | 16.20 | 16.20 | 16.20 | 16.20 | 16.20 | 16.20 | 16.20 |
| 18 | 拉应力限值 | MPa | −1.86 | −1.86 | −1.86 | −1.86 | −1.86 | −1.86 | −1.86 | −1.86 | −1.86 | −1.86 |

$\sigma_{pe}+\sigma_p=1\,074.5+69.21=1\,143.71(\text{MPa})<0.65$，$f_{pk}=0.65\times1\,860=1\,209(\text{MPa})$ 满足规范要求。

### (三)空心板截面混凝土主应力验算

**1. 剪应力**

简支空心板在使用阶段，混凝土主应力验算一般选支点截面和 $L/4$ 截面。验算截面上的主应力验算点，取图 2-15 所示空心板等效工字形截面的重心轴(0—0 处)、上翼板与腹板交界处(1—1 处)、下翼板与腹板交界处(2—2 处)。根据《桥规》(JTG 3362—2018)，剪应力计算公式为

$$\tau=\frac{V_s s_0}{bI_0}-\frac{\sum\sigma''_{pe}A_{pb}\sin\theta_p s_n}{bI_0}$$

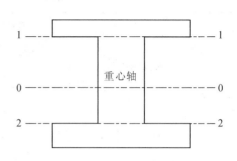

图 2-15 等效工字形截面验算

空心板截面混凝土剪应力计算见表 2-15。

**表 2-15 空心板截面混凝土剪力计算表**

| 项目 | | 支点截面 | | | $L/4$ 截面 | | | $L/8$ 截面 | | |
|---|---|---|---|---|---|---|---|---|---|---|
| | | 0—0 | 1—1 | 2—2 | 0—0 | 1—1 | 2—2 | 0—0 | 1—1 | 2—2 |
| 一期恒载作用时 | 一期恒载剪力 $V_{G1k}/N$ | 117 670 | | | 66 190 | | | 103 000 | | |
| | $I_0/\text{mm}$ | 41 425 154 415 | | | 42 199 896 472 | | | 41 580 102 826 | | |
| | $b/\text{mm}^3$ | 348 | | | 348 | | | 348 | | |
| | $S_0/\text{mm}^3$ | 66 499 566 | 46 028 640 | 53 517 015 | 66 499 566 | 46 028 640 | 55 765 640 | 66 499 566 | 46 028 640 | 53 966 205 |
| | 剪应力 $\tau_{G1k}$ | 0.54 | 0.38 | 0.44 | 0.30 | 0.21 | 0.25 | 0.47 | 0.33 | 0.38 |
| 二期恒载和活载作用时 | $V_{G2k}+V_{Q1k}+V_{Q2k}$ | 301 883 | | | 130 770 | | | 249 714 | | |
| | $I_0/\text{mm}^4$ | 41 425 154 415 | | | 42 199 896 472 | | | 41 580 102 826 | | |
| | $b/\text{mm}$ | 348 | | | 348 | | | 348 | | |
| | $S_0/\text{mm}^3$ | 66 499 | 46 028 640 | 53 517 015 | 66 499 56 | 46 028 640 | 55 765 96 | 66 499 56 | 46 028 640 | 53 966 205 |
| | 剪应力 $\tau_{G2k+Q1k+Q2k}$ | 1.39 | 0.96 | 1.12 | 0.59 | 0.41 | 0.50 | 1.15 | 0.79 | 0.93 |
| 剪应力 $\tau$ | 剪力组合 | 1.94 | 1.34 | 1.56 | 0.89 | 0.62 | 0.75 | 1.62 | 1.12 | 1.32 |

**2. 正应力**

因为空心板中不设竖向预应力钢筋，故 $\sigma_{cy}=0$。

混凝土截面重心以上部分混凝土主应力用下式计算：

$$\sigma_{kt}=\frac{N_{p0}}{A_0}-\frac{N_{p0}e_{p0}}{I_0}y_x^r+\frac{M_{G1k}}{I_0}y_x^r+\frac{M_{G2k}+M_{Q1k}+M_{Q2k}}{I_0}y_x^r$$

混凝土截面重心以下部分混凝土主应力用下式计算：

$$\sigma_{kc} = \frac{N_{p0}}{A_0} - \frac{N_{p0}e_{p0}}{I_0}y_s^x + \frac{M_{G1k}}{I_0}y_s^x + \frac{M_{G2k}+M_{Q1k}+M_{Q2k}}{I_0}y_s^x$$

空心板截面混凝土正应力计算见表 2-16。

**表 2-16 空心板截面混凝土正应力计算表**

| | 项目 | 支点截面 | | | $L/4$ 截面 | | | $L/8$ 截面 | | |
|---|---|---|---|---|---|---|---|---|---|---|
| | | 0—0 | 1—1 | 2—2 | 0—0 | 1—1 | 2—2 | 0—0 | 1—1 | 2—2 |
| 1 | 永存预加力 $N_{pe}$/N | 752 043 | | | 2 256 128 | | | 1 052 859.57 | | |
| 2 | $A_0$/mm² | 486 012 | | | 492 521 | | | 487 313 | | |
| 3 | $N_{pe}/A_0$ | 1.55 | | | 4.58 | | | 2.16 | | |
| 4 | $I_0$ | 41 425 154 415 | | | 42 199 896 472 | | | 41 580 102 826 | | |
| 5 | $y_0^x$ | 0 | 301.5 | 201.5 | 0 | 301.5 | 201.5 | 0 | 301.5 | 201.5 |
| 6 | $e_{p0}$ | 345 | | | 345 | | | 345 | | |
| 7 | $M_{pe}$ | 259 454 679.8 | | | 778 364 039.3 | | | 363 236 551.7 | | |
| 8 | $M_{G1k}+M_{G2k}+M_{Q1k}+M_{Q2k}$ | 0 | | | 1 125 547 000 | | | 660 480 000 | | |
| 9 | 7−8 | 259 454 679.8 | | | −347 182 960.8 | | | −297 243 448.4 | | |
| 10 | (9×5)/4 | 0 | 1.89 | 1.26 | 0.00 | −2.48 | −1.66 | 0.00 | −2.16 | −1.44 |
| 11 | 正应力值分量 $\sigma_{cx}$ | 1.55 | −0.34 | 2.81 | 4.58 | 7.06 | 2.92 | 2.16 | 5.12 | 0.72 |
| 12 | 正应力值分量 $\sigma_{cy}$ | 0 | 0 | 0 | 0 | 0 | 0 | 0 | 0 | 0 |
| 13 | 正应力值分量 $\sigma_{cy}+\sigma_{cx}$ | 1.55 | −0.34 | 2.81 | 4.58 | 7.06 | 2.92 | 2.16 | 5.12 | 0.72 |

**3. 截面混凝土主应力**

主拉应力：$\sigma_{tp} = \frac{\sigma_{cx}+\sigma_{cy}}{2} - \sqrt{\frac{(\sigma_{cx}-\sigma_{cy})^2}{4}+\tau^2}$

主压应力：$\sigma_{cp} = \frac{\sigma_{cx}+\sigma_{cy}}{2} + \sqrt{\frac{(\sigma_{cx}-\sigma_{cy})^2}{4}+\tau^2}$

中板截面混凝土主应力计算见表 2-17。

**表 2-17 中板截面混凝土主应力计算表**

| 项目 | | 支点 | | | $L/4$ 截面 | | | $L/8$ 截面 | | |
|---|---|---|---|---|---|---|---|---|---|---|
| | | 0—0 | 1—1 | 2—2 | 0—0 | 1—1 | 2—2 | 0—0 | 1—1 | 2—2 |
| 正应力值分量 $\sigma_{cx}+\sigma_{cy}$ | | 1.55 | −0.34 | 2.81 | 4.58 | 7.06 | 2.92 | 2.16 | 5.12 | 0.72 |
| 剪力 $\tau$ | | 1.94 | 1.34 | 1.56 | 0.89 | 0.62 | 0.75 | 1.62 | 1.12 | 1.32 |
| 主拉应力 $\sigma_{tp}$ | | −1.31 | −1.52 | −0.69 | −0.17 | −0.05 | −0.18 | −0.87 | −0.24 | −1.00 |
| 主压应力 $\sigma_{cp}$ | | 2.86 | 1.18 | 3.50 | 4.75 | 7.11 | 3.10 | 3.03 | 5.36 | 1.72 |
| 应力限值 | $[\sigma_{tp}]$ | −1.325 | −1.325 | −1.325 | −1.33 | −1.325 | −1.33 | −1.325 | −1.325 | −1.325 |
| | $[\sigma_{cp}]$ | 19.44 | 19.44 | 19.44 | 19.44 | 19.44 | 19.44 | 19.44 | 19.44 | 19.44 |

计算结果表明，主压应力满足要求。

# 先张法预应力混凝土空心板施工工艺

## 一、概况

某合同段共4座桥梁,需预制和架设先张法预应力混凝土空心板1 104片(其中16 m板204片,20 m板900片)。空心板芯模采用充气胶囊,外模采用分片拼装式钢模板。根据现行《公路工程质量检验评定标准 第一册 土建工程》(JTG F80/1—2017)要求,对最早预制的160片16 m空心板顶板厚度进行了钻孔检测,合格率很低,详见表2-18。其中有46片空心板因顶板厚度最小值达不到5 cm,与设计8 cm相差较大,按报废处理;其余114片空心板顶板厚度虽超过5 cm,但仍与新标准规定要求相差较大,采取了桥面铺装整体化层加固处理方案,造成直接经济损失50多万元。

**表2-18 采用技术措施前空心板顶板厚度实测结果汇总**

| 检测片数 | 检测点数 | 最小值/mm | 最大值/mm | 允许偏差(+5 mm,-0) | | 允许偏差(+10 mm,-0) | |
|---|---|---|---|---|---|---|---|
| | | | | 合格点数 | 合格率/% | 合格点数 | 合格率/% |
| 160 | 1 120 | 26 | 90 | 8 | 0.7 | 10 | 0.9 |

## 二、质量问题原因分析

造成预制空心板顶板厚度不足的主要原因是充气胶囊芯模定位不牢,施工过程中发生上浮。胶囊上浮与钢筋加工安装、胶囊就位固定和混凝土浇筑等工艺密切相关。必须采取相应的技术措施,才能保证空心板的预制质量。

## 三、技术措施

为确保后续空心板预制质量满足新验评标准要求,现场着重从预应力筋张拉与放张工艺、钢筋变更调整与安装、胶囊与混凝土施工要求等方面采取了相应的技术措施。

### (一)采用双向张拉、砂箱放张施工工艺

为克服千斤顶放张法易造成重新张拉应力超过控制应力使预应力筋出现断丝、崩断等问题,选用双向张拉、砂箱放张法,该方法预应力筋张拉速度快、拉力均匀、放张效果好。张拉台座如图2-16所示,张拉台座两端均设置活动横梁和固定横梁。在放张端(左端),采用2个砂箱安置于活动横梁与固定横梁之间,分别设置在两侧传力柱对应位置上,张拉前将砂箱活塞全部拉出,箱内装满干砂,让其顶着横梁,预应力筋张拉时,砂箱内砂被压

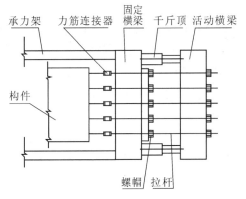

图2-16 张拉台座示意图

实，承受横梁反力；在张拉端(右端)，采用2台液压千斤顶安置于活动横梁与固定横梁之间，分别设置在两侧传力柱对应位置上，底端顶在固定横梁上，顶端顶在活动横梁上。单根钢绞线张拉在左端进行，钢绞线穿过左端活动横梁外侧定位钢板后，用夹片锚具锚定，通过1台YDCJ24D—200型穿心式液压千斤顶预先单根施加部分拉力($20\%\ \sigma_{con}$)，以确保每根钢绞线的初始长度一致、拉力均匀。多根钢绞线张拉在右端进行，钢绞线通过JM15线杆连接器(连接器连接钢绞线端配有夹片锚具，连接拉杆端配有粗螺纹丝扣)与拉杆连接，拉杆(用精轧高强度Ⅳ级螺纹钢加工而成的直径25 mm、长3 600 mm带螺钉的螺杆)另一端穿过右端的活动横梁外侧定位钢板，用高强螺帽固定，通过2台YDT1960-SA型卧式液压千斤顶按预先计算好的张拉应力从$20\%\ \sigma_{con}$分4级整体张拉到$100\%\ \sigma_{con}$，持荷载2 min后，用高强螺帽将拉杆固定在右端的固定横梁定位钢板上，然后便可将液压千斤顶慢慢回油放松归零，移到其他道张拉。

(二)改善钢筋设计与安装措施

由于空心板的顶板厚度不足主要是胶囊上浮引起的，所以做好钢筋加工、安装和胶囊牢靠定位至关重要。空心板钢筋构造横断面示意图如图2-17所示。

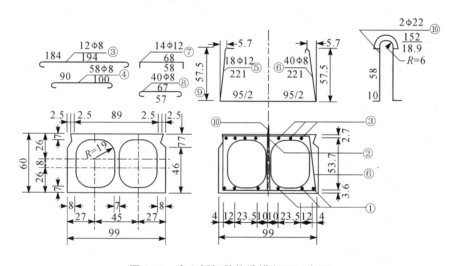

图2-17 空心板钢筋构造横断面示意图

(1)严格控制钢筋加工尺寸，特别是定位箍筋的尺寸，加工时严格控制在±5 mm内，箍筋下端的弯钩长度要满足实际需要(由原来设计10 cm长调整为8 cm长)，防止弯头扎破胶囊；其下端的弯钩角度应弯成180°。安装时严格按设计要求每隔40 cm设置一道定位钢筋，位置要准确，并用铁丝绑扎牢固，保证其受力时不脱落、不变形，从而防止胶囊偏位或造成胶囊上浮。

(2)通过对空心板钻孔检查发现，顶板厚度较薄位置基本集中在定位箍筋之间的部位，这与充气胶囊在定位箍筋之间变形较大有关，所以应采取措施限制这部分胶囊的变形。

(3)顶部架立钢筋与定位箍筋直接绑扎在一起，共同成为限制胶囊变形的定位钢筋，为了限制或降低胶囊变形，安装时应做到钢筋平直、位置准确，并与定位钢筋绑扎牢固；胶囊充气后，应再次检查调整，确保钢筋线形顺直、符合要求。

(4)钢筋应进行绑扎或点焊形成钢筋骨架,钢筋骨架与模板之间必须有足够厚度的水泥或塑料垫块,以保证钢筋保护层厚度。

### (三)做好胶囊施工工艺控制

充气胶囊应具有一定的刚度,其充气变形值应满足新检评标准及现行规范对空心板构造尺寸要求,同时按照设计要求,充气胶囊内模必须做到:

(1)在使用前应经过检查,不漏气的胶囊方可使用。胶囊每次使用后必须冲洗干净并晾干,再次使用时应涂刷隔离剂。

(2)胶囊内气压必须按厂方提供的气压(0.028 MPa)充气。从开始浇筑混凝土到胶囊放气时止,其充气压力应保持稳定。施工过程中发现胶囊漏气,要及时向胶囊内充气,使气压稳定在规定范围[(0.028±0.003)MPa],以保证孔室的设计尺寸。

(3)充气胶囊内模在底板混凝土浇筑完成后穿装,就位要准确,不可偏斜,应采取有效措施加以固定,以防止胶囊上浮和偏位。底板混凝土厚度应低于设计厚度2~3 cm,并力求平整,避免腹板混凝土浇筑后造成底板厚度偏厚、胶囊上浮或变形。同时,在浇筑混凝土时,要保证胶囊两侧混凝土有相同高度和进度,防止胶囊因两侧受压不平衡而变形,影响腹板厚度。

(4)胶囊芯模应及时拆除,且放气时间应经试验确定。原则上以混凝土强度保持构件不变形为宜,即达到能保证空心板表面不发生塌陷和裂缝问题。本工程胶囊芯模在混凝土初凝后2 h(一般在浇筑完6~8 h)开始放气抽模。

## 四、施工方法

### (一)施工前的准备工作

(1)对已进货并将投入使用的钢绞线、钢筋、水泥、砂石料、外加剂等原材料,按要求进行试验检验;对要投入使用的液压千斤顶、油压表、油泵、工作锚具、夹片、高强螺杆、螺帽、连接器进行检验标定;做好混凝土配合比设计。

(2)验收张拉台座。着重对张拉台座每一道底板的平整度、宽度、相邻道相对高差进行检测。按设计、规范要求进行模板制作、钢筋加工。按计算长度、工作长度和材料试验数据对钢绞线进行下料,有预应力筋失效部分的钢绞线逐根按设计编号串上PVC管和N18补强钢筋。

(3)做好张拉前准备工作。清理张拉座的钢板底模,并涂刷脱模剂,安装空心板底部钢筋;检查钢绞线定位钢板和预制板端头钢模定位梳子(端头模下板)的力筋孔位置是否准确;穿越钢绞线,做好钢绞线与螺杆的连接;检查千斤顶、油泵、油表安装是否准确,检查砂箱内的砂子是否受潮;检查砂箱、液压千斤顶的轴线与传力柱的轴线是否重合,检查活动横梁与固定横梁是否平行。

### (二)预应力张拉

预应力筋张拉程序:低松弛钢绞线 0→初应力($20\%\sigma_{con}$)→$100\%\sigma_{con}$(持荷载2 min锚固)。预应力筋张拉施工流程如图2-18所示。张拉分为单根初步张拉和整体分步张拉。

(1)单根初步张拉。在放张端(左端)用穿心式千斤顶按次序左右对称进行单根张拉,由油表压力读数控制施加$20\%\sigma_{con}$,记录单根钢绞线伸长值、油表读数、砂箱压缩量。

(2)整体分步张拉。在张拉端(右端)用 2 台卧式液压千斤顶配合油泵、油压表,按张拉流程再次整体张拉到 $20\%\sigma_{con}$,并逐次张拉到 $100\%\sigma_{con}$。每次张拉后都应记录钢绞线整体伸长值、油表读数、砂箱压缩量。张拉采用应力、伸长值双控指标,在张拉应力满足要求的前提下,实际伸长值与理论伸长值的差值应控制在 6% 以内,符合要求后,将钢绞线和拉杆固定好,千斤顶回油归零。

(3)张拉要求。张拉过程中活动横梁与固定横梁应始终保持平行,初应力张拉后,要详细检查钢绞线穿越部位是否有受阻、不畅问题。同时,在张拉过程中要认真观察是否有异常现象发生,若有异常,立即停止张拉,须查明原因并采取措施后,方可继续张拉。

(4)张拉完成后,应对钢绞线失效段的塑料管进行检查调整,使之符合设计要求,用胶布把塑料套固定并封住其管口。

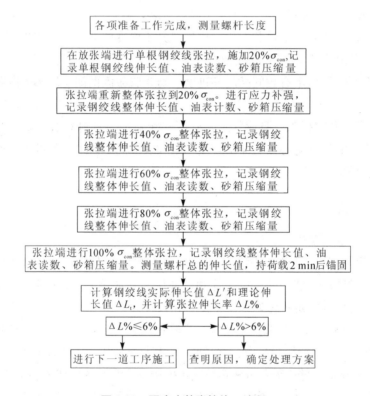

图 2-18 预应力筋张拉施工流程

**(三)钢筋骨架与外模板安装**

预应力张拉后,绑扎骨架钢筋,安装侧面钢模板,其板面之间应平整、接缝严密、不漏浆。接着安装端头钢模上板,并与端头模下板卡紧,密封好,防止混凝土浇筑时空心板端头漏浆变形。模板安装完毕后,应对其平面位置、节点联系及纵横向稳定性等进行检查,符合规范要求后,再次检查、调整钢筋骨架,确保钢筋骨架的安装符合设计和新标准要求。

**(四)混凝土浇筑**

预制空心板混凝土设计强度等级 C50,采用商品混凝土,混凝土坍落度控制在 90~150 mm。混凝土品质经检验符合要求后,卸于底部可开启的吊斗内,由 5 t 龙门吊吊到工作面上浇筑。下料口离空心板模板顶高度宜控制在30~50 cm范围内，避免混凝土产生离析或冲击胶囊芯模造成胶囊上浮或偏位。空心板混凝土分二次浇筑，先浇筑底板混凝土，采用2台直径50 mm插入式振捣器振捣密实，在相对找平后，穿装胶囊芯模，并充气到规定压力(0.028 MPa)。再次检查充气胶囊和定位钢筋，量测胶囊顶部和两侧腹板的预留尺寸，有偏位的地方都必须调整或加固，这一过程约需停顿15 min，不会超过混凝土的初凝时间。符合要求后，浇筑腹板和顶板混凝土，浇筑时由一端向另一端在芯模两侧平衡推进，2台直径50 mm插入式振捣棒一边一台对称平行插捣，每一部位的混凝土必须振捣密实，既不漏振，也不过振。混凝土振捣时，应十分小心，避免振捣棒触及冲气胶囊或碰撞定位钢筋。每处振捣完毕后，振捣棒也应边振动边徐徐提出。2名工人在后面修整、抹平，并待混凝土定浆后用压纹器将空心板顶面拉毛，槽深0.5~1.0 cm，每米10~15道。混凝土初凝后，马上覆盖土工布，浇水养护，始终保持混凝土表面湿润，养护时间不少于7天。

混凝土浇筑过程中要特别派专人监控，随时检查定位箍筋、胶囊情况，测量空心板顶板、腹板厚度。发现胶囊偏位或上浮时，应及时采取纠偏或加压措施，确保腹板和顶板厚度符合标准要求。在混凝土浇筑完初凝前，再次用小钢尺量测空心板顶板厚度，每片空心板每2 m检测1处。及时检查检测结果，以便及时掌握质量情况和决定是否采取进一步的处理措施。表2-19列出了11月份的空心板预制过程中的检测结果汇总值。

**表2-19　采用技术措施后空心板顶板厚度实测结果汇总值(11月份)**

| 检测时间 | 检测片数/片 | 检测点数/点 | 最小值/mm | 最大值/mm | 允许偏差在(+5,-0)mm点数 | 合格率/% | 允许偏差在(+10,-0)mm点数 | 合格率/% |
|---|---|---|---|---|---|---|---|---|
| 预制过程检测结果 | 100 | 1 100 | 85 | 98 | 801 | 72.8 | 996 | 90.5 |
| 预制后钻孔检测结果 | 18 | 54 | 80 | 110 | 39 | 72.2 | 48 | 88.9 |

**(五)预应力筋放张**

放张前，应将限制位移的胶囊内模、侧模、端头模都拆除。胶囊芯模是在空心板混凝土初凝后2 h开始拆除，侧模、端模在混凝土抗压强度达到2.5 MPa后拆除(一般需24 h)。根据设计要求，预应力筋放张时空心板混凝土强度必须达到设计强度80%以上，因此，同一槽最后浇筑的空心板所制取混凝土试件(与空心板同条件养护)的抗压强度值必须符合设计要求，方可放张。放张时两人分别同时打开砂箱出砂口螺栓，让砂均匀、同速的从砂箱流出。每次放张完成后，都要检测空心板的上拱度，并与设计提供的参考值进行比较，看是否有异常情况。从检测结果看，上拱度值基本在11.6 mm左右，与设计提供的11.77 mm基本吻合。雨期施工时，砂箱要覆盖，防止砂箱内的砂子受潮而影响放张。钢绞线松弛后，用砂轮机从放张端(左端)开始逐次切向张拉端(右端)。切割的钢绞线端头用防锈漆涂抹，防止生锈。待空心板强度达到设计的90%以上，把空心板起吊运出预制场，进行临时存放或直接运到桥位处安装，空心板存放时间最长不能超过60天，以防上拱度过大。

**五、改善处理后效果**

为鉴定每批空心板的最终预制质量，选取约20%的预制空心板进行顶板厚度钻孔检测，每片空心板检测2处,分别在梁长1/4和1/2位置。表2-19也列出了对应11月份的预制空心板钻孔检测结果汇总值。通过对最先预制的空心板质量问题的调查分析,采取有效的技术措施和可靠的施工方法,注重施工过程的质量控制和管理,加强施工过程和完工后的监控量测,空心板胶囊上浮问题得到有效控制,后续空心板的预制质量明显提高。采取技术措施后,顶板厚度允许偏差在(+5,-0)mm范围的合格率达到72%,在(+10,-0)mm范围的合格率达到90%左右,顶板厚度的合格率大大提高。

## 六、铺装层加固处理

根据新检评标准规定要求,预制空心板的断面尺寸为"△"标志的关键项目,其合格率不得低于90%,否则必须进行返工处理。为此,经设计单位同意,采取如下处理措施:

(1)对采用技术措施前最早预制顶板欠厚的114片16 m空心板,采取了桥面铺装整体化层的加固处理方案,即由原设计15 cm的C40混凝土、φ8单层20 cm×20 cm钢筋网,改为20 cm的C40混凝土、φ12两层10 cm×10 cm钢筋网,并在空心板铰缝处增加钩筋,使铺装层与空心板连成整体。经荷载试验表明,加固处理的桥跨结构动静力性能符合设计与规范要求,具有承受预定设计荷载的强度和刚度。

(2)对采用技术措施后预制质量明显提高的空心板,按照现行《通用规范》(JTG D60—2015)对水泥混凝土铺装层配置钢筋网的要求。采取了加密混凝土铺装层钢筋网间距的措施,即保持原设计桥面铺装(10 cm的C50钢筋混凝土加9 cm沥青混凝土)厚度和钢筋直径为8 mm不变,钢筋网间距由20 cm×20 cm调整为10 cm×8 cm,其中8 cm为横向间距。

## 七、总 结

(1)本工程采用双向张拉、砂箱放张工艺,每一道预应力筋张拉时间和放张时间分别为60 min和6 min,比起单根张拉,整体放张约需180 min,节约时间为120 min;采用了拉杆和连接器,共节省钢绞线约13.8 t,扣除拉杆和连接器费用后,节省约75万元;在整个施工过程中,也没有发生安全问题。因此,采用此施工工艺是正确的,并可达到提高功效、降低工程成本、保证工程质量的目的。

(2)新检评标准对梁(板)预制实测项目增加了断面尺寸(包括顶板、底板、腹板)并列为关键项目的要求,对确保桥梁结构受力和使用安全起到重要的作用。旧检评标准没有该项要求,有时施工过程中不会引起足够重视,则那些顶板厚度不足的桥梁就容易出现桥面裂缝、空洞或桥梁承载力大大降低等质量问题,甚至会导致桥梁坍塌。

(3)新检评标准对预制梁(板)断面尺寸提出了很高的要求,因此,胶囊芯模在工厂制作也要相应提高标准,即制作的胶囊充气变形值必须满足新标准要求。另外,采用胶囊施工时,从设计到施工方面都要有防止胶囊上浮的技术措施,方可确保梁板的预制质量。

(4)新检评标准中梁(板)预制的断面尺寸检查方法和频率为"尺量,检查2个断面"。实际检测为求操作方便,往往只在空心板的两端丈量,由于预制梁(板)两端尺寸受端头模板控制,尺寸不会有太大的偏差,这样若梁(板)内部结构尺寸有问题时也很难被发现,会给工程留下质量隐患。因此,应事先制定梁板断面尺寸的检查办法,施工过程加强监控量测,完工后对梁板进行必要的钻孔检测，特别是采用胶囊施工的梁(板)，其顶板中间部位应检测。这样，才能保证梁(板)的预制质量。

(5)新检评标准规定的梁(板)预制的断面尺寸允许偏差为(+5，-0)mm，此要求太严格。从现有的技术水平和工程造价考虑，空心板预制允许采用胶囊作芯模，但实际上空心板的断面尺寸允许偏差在(+5，-0)mm内的合格率很难达到90%。因此，建议断面尺寸允许偏差放宽为(+10，-0)mm，因为通过采取可靠的技术措施，严格管理，精心施工，合格率可达到90%以上，属平均先进水平。而且，断面尺寸允许偏差(+10，-0)mm对结构本身受力没太大影响。

## 项目三

# 圬工结构

**学习要点：**

本章主要介绍了圬工结构的基本概念与材料，从砌体种类和砌体的强度、变形进行分析，圬工结构的强度计算和施工工艺及要求。

1. 掌握圬工结构材料的特点、种类、强度与变形。
2. 掌握圬工结构材料的基本概念及性质。
3. 掌握砌筑墩台所具备的石料、砂浆与脚手架的要求，墩台砌筑施工的要点；了解圬工结构砌筑过程。

## A  圬工结构考核内容

### 一、填空题

1. 砌体结构用的块体材料一般分成（　　）和（　　）两大类。
2. 砂浆在砌体中的作用是使块体与砂浆接触表面产生（　　）和摩擦力，从而把散放的块体材料凝结成整体以承受荷载，并抹平块体表面使应力分布均匀。
3. 《公路圬工桥涵设计规范》（JTG D61—2005）规定的桥梁工程中采用的圬工材料主要有（　　）、（　　）和（　　）。
4. 砌体分为砖砌体、（　　）、（　　）和（　　）四种。
5. 砂浆按其所用的胶结材料的不同，分为（　　）、（　　）和（　　）。
6. 各类砌体，当用（　　）砌筑时，对抗压强度设计值乘以 0.85 的调整系数，以考虑其和易性差的影响。
7. 受压构件按轴向压力在截面上作用位置的不同，可分为（　　）、（　　）和（　　）。
8. 墩台砌筑施工时，砌石顺序为先（　　），再（　　），后（　　）。
9. 将砖、天然石材等用胶结材料连接成整体的结构，称为（　　）。
10. 圬工结构中的（　　）、（　　）及混凝土预制块等称为块材。
11. 在桥梁工程中，砌体种类的选用应根据结构的重要程度、（　　）、（　　）、施工条件以及材料供应情况等综合考虑。
12. 对于大体积混凝土，为了节省水泥，可在其中分层掺入含量不多于（　　）的片石，这种混凝土称为片石混凝土。

13. 砂浆的物理力学性能指标主要有砂浆的(　　)、(　　)和(　　)。

14. 砌体的受压变形模量有三种表示方法，即(　　)、(　　)及(　　)。

15. 设计中，把温度每升高(　　)℃，单位长度砌体的(　　)称为该砌体的线膨胀系数。

16. 受压构件按构件长细比的不同，可分为(　　)和(　　)。

## 二、选择题

1. 砖在中心受压的砌体中，实际上是处于(　　)的受力状态。
   A. 受压、受弯　　　　　　　　　　B. 受压、受弯、受剪
   C. 受压、受弯、局部承压　　　　　D. 受弯、受剪、局部承压

2. 块石的形状应大致方正，上下面大致平整，厚度为 200～300 mm，长度为厚度的(　　)倍。
   A. 1.5～3.0　　　B. 1.0～1.5　　　C. 1.0～2.0　　　D. 1.5～2.0

3. 桥涵结构中所用的石材强度等级不包括(　　)。
   A. MU120　　　　B. MU90　　　　C. MU50　　　　D. MU30

4. 石材强度等级采用边长为(　　)mm 的含水饱和的立方体试件的抗压强度(MPa)表示。
   A. 70.7　　　　　B. 70　　　　　　C. 100　　　　　D. 150

## 三、判断题

1. 砌体结构抗拉、抗弯强度很低，抗震能力差。(　　)

2. 砌筑片石砌体时所用砂浆量不宜超过砌体体积的 50%，以防砂浆的收缩量过大，同时也可以节省水泥用量。(　　)

3. 砌筑块石砌体，缝宽不宜过大，一般水平缝不大于 30 mm，竖缝不超过 40 mm。(　　)

4. 小石子混凝土是由胶结材料(水泥)、粗集料(细卵石或碎石，粒径不大于 20 mm)、细料石(砂)加水拌和而成。(　　)

5. 小石子混凝土砌体的抗压强度比同强度等级的砂浆砌体的抗压强度高。(　　)

6. 块材强度高，应配用强度较低的砂浆；块材强度低，宜配用强度高的砂浆。(　　)

7. 在砌筑砌体前，必须对吸水性很大的干燥块材洒水湿润其砌筑表面。(　　)

8. 砌体是由单块块材用砂浆粘结而成，它受压时的工作性能与单一均质的整体结构有很大的差别，而且砌体的抗压强度一般高于单块块材的抗压强度。(　　)

9. 砌体的抗拉、抗弯与抗剪强度取决于砌缝强度，也取决于砌缝间块材与砂浆的粘结强度。(　　)

10. 采用错缝砌筑的措施，能提高砌体的抗剪和抗拉能力。(　　)

11. 浆砌片石一般适用于高度大于 6 m 的墩台身、基础、镶面以及各种墩台身填腹。(　　)

12. 砌体较长时可分段分层砌筑，但两相邻工作段的砌筑差一般不宜超过 1.2 m；分段位置宜尽量设在沉降缝或伸缩缝处，各段水平砌缝应一致。(　　)

## 四、问答题

1. 什么是混凝土结构？什么是圬工结构？其优缺点是什么？

2. 工程上所用的石材依据什么分类？分为哪些类型？
3. 砂浆可分为哪些类型？其在砌体中有什么作用？
4. 砂浆的物理力学性能指标有哪些？
5. 为什么砌体的强度低于块材的强度？
6. 影响砌体抗压强度的主要因素有哪些？
7. 圬工结构设计计算的原则是什么？
8. 圬工受压构件正截面承载力计算的内容有哪些？简述计算方法。
9. 圬工结构承载力计算时，如何考虑偏心距和长细比的影响？
10. 墩台砌筑的一般要求有哪些？
11. 简述墩台砌筑的施工工艺。

### 五、计算题

1. 已知截面为 450 mm×650 mm 的轴心受压构件，采用 MU30 片石，M5 水泥砂浆砌筑，柱高 $l=10$ m，两端为一段固定，另一端为不移动铰，柱顶承受轴向力 $N_d=190$ kN，结构重要性系数 $\gamma_0=1$，试验算该柱的承载力。

2. 已知截面为 400 mm×600 mm 的矩形轴心受压柱，采用 MU50 粗料石、M7.5 水泥砂浆砌筑。柱高 5 m，两端铰支。该柱承受纵向计算力 $N_d=500$ kN，结构重要性系数 $\gamma_0=1$，试对该柱的承载力进行验算。

3. 已知某预制块砌体受压构件，结构安全等级为一级，截面尺寸 $b\times h=500$ mm×680 mm，该受压构件高度为 12 m，两端为固结。采用 C30 混凝土预制块，M10 水泥砂浆砌筑。该构件为偏心受压，荷载效应基本组合作用下，轴向力设计值 $N_d=450$ kN，弯矩设计值 $M_{d(y)}=75$ kN·m，进行该构件的截面复核。

4. 一等截面悬链线无铰石板拱桥。已知标准跨径 $L=30$ m，拱轴长度 $L_s=33.876$ m，拱圈厚度 $h=800$ mm，拱圈全宽 $B=8.5$ m，拱圈采用 M10 水泥砂浆，MU60 块石砌筑。拱脚截面上每米宽拱圈承受自重弯矩设计值 $M_d=200.861$ kN·m，轴向力设计值 $N_d=1\,472.40$ kN，$[e_0]=0.5y$，试验算拱脚截面的抗压承载力。

5. 一座安全等级为二级的石砌悬链线拱桥，其拱脚处水平推力组合设计值 $V_d=121.439$ kN，桥台台口受剪截面面积 $A=0.8$ m²，在其受剪面上承受的垂直压力标准值 $N_k=1\,219.62$ kN。拱脚采用 M10 水泥砂浆砌块石，试计算拱脚截面的直接抗剪承载力。

## B 圬工结构考核答案

### 一、填空题

1. 天然石材　人工砖石

2. 粘结力

3. 石材　混凝土　砂浆

4. 砌块砌体　石砌体　配筋砌体

5. 水泥砂浆　混合砂浆　石灰砂浆

6. 水泥砂浆

7. 轴向受压　单向偏压　双向偏压

8. 角石　镶面　填腹

9. 砖石结构

10. 砖　石

11. 尺寸大小　工程环境

12. 20%

13. 强度　和易性　保水性

14. 初始弹性模量　割线弹性模量　切线弹性模量

15. 1　线性伸长

16. 短柱　长柱

## 二、选择题

1. D　　2. A　　3. B　　4. B

## 三、判断题

1. √　　2. ×　　3. √　　4. √　　5. √　　6. ×　　7. √　　8. ×　　9. √

10. √　　11. ×　　12. √

## 四、问答题

1. 答：用整体浇筑的混凝土、片石混凝土或混凝土预制块构成的结构，称为混凝土结构。

通常将砖石结构及混凝土结构统称为圬工结构。

优点：

(1)易于就地取材，价格低廉。

(2)施工简便，不需特殊设备，易于掌握。

(3)具有较强的抗冲击及较大的超载能力。

(4)与钢筋混凝土结构相比，可节约水泥、钢材和木材。

缺点：

(1)自重大。

(2)砌筑工作相当繁重。

(3)砂浆和块材间的粘结相对较弱，因而，砌体结构抗拉、抗弯强度很低，抗震能力差。

2. 答：石材根据开采方法、形状、尺寸及清凿加工程序的不同，可分为以下几类：

(1)片石砌体：是由爆破开采、直接炸取的不规则石材。

(2)块石砌体：是按岩石层理放炮或锲劈而成的石材。

(3)细料石砌体：是由岩层或大块石材开劈并经粗略修凿而成。

(4)半细料石砌体：同细料石砌体，但砌缝宽度不大于15 mm。

(5)粗料石砌体：同半细料石砌体，但粗料石凹陷深度不大于20 mm。砌缝宽度不大于20 mm。

3. 答：砂浆按其所用的胶结材料的不同，可分为以下几类：

(1)水泥砂浆：胶结材料为纯水泥(不加掺合料)的砂浆，强度较高。

(2)混合砂浆：是用几种胶结材料组成的砂浆，如水泥石灰砂浆、石灰黏土砂浆等。

(3)石灰砂浆：胶结材料为石灰砂浆，强度较低。

作用：

(1)胶结作用。

(2)砂浆因填满了块材间隙，减少了砌体的透气性，从而提高了砌体的密实性、保温性与抗冻性。

4．答：砂浆的物理力学性能指标主要有砂浆的强度、和易性和保水性。

5．答：这是由于砌体虽然承受轴向均匀压力，但砌体中块材并不是均匀受压，而是处于复杂应力状态，其原因如下：

(1)砂浆层的非均匀性及块材表面的不平整，导致了块材与砂浆层并非全面接触。因此，块材在砌体受压时，实际上处于受弯、受剪与局部受压等复杂的应力状态。

(2)砌体横向变形时块材和砂浆的相互作用。块材会受到横向拉力作用，而砂浆则处于三向受压状态，其抗压强度将有所提高。

由于块材的抗弯、抗拉及抗剪强度远低于其抗压强度，因此，砌体受压时，往往在远小于块材抗压强度时就出现裂缝，导致砌体破坏。所以，砌体的抗压强度总是远低于块材的抗压强度。

6．答：(1)块材的强度、尺寸和形状的影响。增加块材厚度的同时，其截面面积和抵抗矩相应加大，提高了块材的抗弯、抗剪、抗拉的能力，砌体强度也增大。块材的形状规则与否也直接影响砌体的抗压强度。因为块材表面不平整，也使砌体灰缝厚薄不均，从而降低砌体的抗压强度。

(2)砂浆物理力学性能的影响。除砂浆的强度直接影响砌体的抗压强度外，砂浆等级过低将加大块材和砂浆的横向差异，从而降低砌体强度，和易性好的砂浆较易铺砌成饱满、均匀、密实的灰缝，可以减小块材内的复杂应力，使砌体强度提高。

(3)砌筑质量的影响。砌筑质量的标志之一是灰缝的质量，包括灰缝的均匀性和饱满程度。另外，灰缝厚薄对砌体抗压强度的影响也不能忽视，灰缝过厚过薄都难以均匀密实，灰缝过厚还将增加砌体的横向变形。

7．答：圬工结构设计计算的原则是圬工结构的作用效应小于或等于抗力效应。

8．答：(1)砌体(包括砌体与混凝土组合)受压构件的承载力的计算，按下列公式计算：

$$\gamma_0 N_d \leqslant \varphi A f_{cd}$$

(2)混凝土受压构件承载力计算。

1)单向偏心受压。矩形截面的单向偏心受压承载力可按下列公式计算：

$$\gamma_0 N_d \leqslant \varphi f_{cd} A_c = \varphi f_{cd} b(h-2e)$$

2)双向偏心受压。矩形截面的双向偏心受压承载力可按下列公式计算：

$$\gamma_0 N_d \leqslant \varphi f_{cd} [(h-2e_y)(b-2e_x)]$$

(3)偏心距 $e$ 超过限值时构件承载力的计算。

单向偏心：

$$\gamma_0 N_d \leqslant \varphi \frac{Af_{tmd}}{\frac{Ae}{W}-1}$$

双向偏心：

$$\gamma_0 N_d \leqslant \varphi \frac{Af_{tmd}}{\left(\frac{Ae_x}{W_y}+\frac{Ae_y}{W_x}-1\right)}$$

9. 答：用影响系数 $\varphi$ 来考虑构件轴向力的偏心距 $e$ 和长细比 $\beta$ 对受压构件承载力的影响。砌体偏心受压构件承载力的影响系数 $\varphi$，按下列公式计算：

$$\varphi=\frac{1}{\frac{1}{\varphi_x}+\frac{1}{\varphi_y}-1} \quad \varphi_x=\frac{1-\left(\frac{e_x}{x}\right)^m}{1+\left(\frac{e_x}{i_y}\right)^2}\times\frac{1}{1+\alpha\lambda_x(\lambda_x-3)\left[1+1.33\left(\frac{e_x}{i_y}\right)^2\right]}$$

$$\varphi_y=\frac{1-\left(\frac{e_y}{y}\right)^m}{1+\left(\frac{e_y}{i_x}\right)^2}\times\frac{1}{1+\alpha\lambda_y(\lambda_y-3)\left[1+1.33\left(\frac{e_y}{i_x}\right)^2\right]}$$

10. 答：(1)砌块在使用前必须浇水湿润，表面如有泥土、水锈，应清洗干净。

(2)砌筑基础的第一层砌块时，如基底为岩层或混凝土基础，应先将基底表面清洗、湿润，再坐浆砌筑；如基底为土质，可直接坐浆砌筑。

(3)砌体应分层砌筑，砌体较长时可分段分层砌筑，但两相邻工作段的砌筑差一般不宜超过 1.2 m，分段位置尽量设在沉降缝或伸缩缝处，各段水平砌缝应一致。

(4)各砌层应先砌外圈定位行列，然后砌筑里层，外圈砌块应与里层砌块交错连成一体。

(5)各砌层的砌块应安放稳固，砌块间应砂浆饱满，粘结牢固，不得直接贴靠或脱空。砌筑时，底浆应铺满，竖缝砂浆应先在已砌石块侧面铺放一部分，石块放好后填满捣实。用小石子混凝土塞竖缝时，应用扁铁捣实。

(6)砌筑上层块时，应避免振动下层砌块。砌筑工作中断后恢复砌筑时，已砌筑的砌层表面应加以清扫和湿润。

11. 答：砌石顺序为先角石，再镶面，后填腹。填腹石的分层厚度应与镶面相同，圆端、尖端及转角形砌体的砌石顺序，应自顶点开始，按丁顺相间排列，安砌四周的镶面石。

### 五、计算题

1. 解：轴向力偏心距：$e_x=0$，$e_y=0$。

由片石和砂浆强度等级，查表得到 $f_{cd}=0.55$ MPa，结构重要性系数 $\gamma_0=1.0$。

矩形截面回转半径：$i_x=h/\sqrt{12}=650/\sqrt{12}=188$ (mm)；

$$i_y=b/\sqrt{12}=450/\sqrt{12}=130 \text{(mm)}。$$

该柱两端一端固定，另一端为不移动铰，查表可知，$l_0=0.7l=7\,000$ mm，长细比修正系数 $\gamma_\beta=1.3$。

构件在 $x$ 方向的长细比：$\lambda_x=\frac{\gamma_\beta l_0}{3.5 i_y}=\frac{1.3\times7\,000}{3.5\times130}=20$；

构件在 $y$ 方向的长细比：$\lambda_y=\frac{\gamma_\beta l_0}{3.5 i_x}=\frac{1.3\times7\,000}{3.5\times188}=13.83$。

砂浆强度等级大于或等于 M5，$\alpha=0.002$；对矩形截面，截面形状系数 $m=8.0$。
$x$ 方向受压构件承载力影响系数：
$$\varphi_x = \frac{1-(e_x/x)^m}{1+(e_x/i_y)^2} \times \frac{1}{1+\alpha\lambda_x(\lambda_x-3)[1+1.33(e_x/i_y)^2]}$$
$$= \frac{1}{1+0.002\times20\times(20-3)} = 0.595$$

$y$ 方向受压构件承载力影响系数：
$$\varphi_y = \frac{1-(e_y/y)^m}{1+(e_y/i_x)^2} \times \frac{1}{1+\alpha\lambda_y(\lambda_y-3)[1+1.33(e_y/i_x)^2]}$$
$$= \frac{1}{1+0.002\times13.83\times(13.83-3)} = 0.769$$

受压构件承载力影响系数：
$$\varphi = \frac{1}{\frac{1}{\varphi_x}+\frac{1}{\varphi_y}-1} = \frac{1}{\frac{1}{0.595}+\frac{1}{0.769}-1} = 0.505$$

偏心受压柱的承载力：
$$N_u = \varphi A f_{cd} = 0.505\times450\times650\times0.55/1.0 = 81.21(\text{kN}) < N_d = 190\text{ kN}$$
不满足承载力要求。

2. 解：轴向力偏心距：$e_x=0$，$e_y=0$。
由粗料石和砂浆强度等级，查表得到 $f_{cd}=3.45$ MPa，结构重要性系数 $\gamma_0=1.0$。
矩形截面回转半径：$i_x = h/\sqrt{12} = 600/\sqrt{12} = 173.21(\text{mm})$；
$$i_y = b/\sqrt{12} = 400/\sqrt{12} = 115.47(\text{mm})。$$
该柱两端均为不移动铰，查表可知，$l_0=1.0l=5\,000$ mm，长细比修正系数 $\gamma_\beta=1.3$。
构件在 $x$ 方向的长细比：$\lambda_x = \frac{\gamma_\beta l_0}{3.5 i_y} = \frac{1.3\times5\,000}{3.5\times115.47} = 16.08$。

构件在 $y$ 方向的长细比：$\lambda_y = \frac{\gamma_\beta l_0}{3.5 i_x} = \frac{1.3\times5\,000}{3.5\times173.21} = 10.72$。

砂浆强度等级大于或等于 M5，$\alpha=0.002$；对矩形截面，截面形状系数 $m=8.0$。
$x$ 方向受压构件承载力影响系数：
$$\varphi_x = \frac{1-(e_x/x)^m}{1+(e_x/i_y)^2} \times \frac{1}{1+\alpha\lambda_x(\lambda_x-3)[1+1.33(e_x/i_y)^2]}$$
$$= \frac{1}{1+0.002\times16.08\times(16.08-3)} = 0.704$$

$y$ 方向受压构件承载力影响系数：
$$\varphi_y = \frac{1-(e_y/y)^m}{1+(e_y/i_x)^2} \times \frac{1}{1+\alpha\lambda_y(\lambda_y-3)[1+1.33(e_y/i_x)^2]}$$
$$= \frac{1}{1+0.002\times10.72\times(10.72-3)} = 0.858$$

受压构件承载力影响系数：
$$\varphi = \frac{1}{\frac{1}{\varphi_x}+\frac{1}{\varphi_y}-1} = \frac{1}{\frac{1}{0.704}+\frac{1}{0.858}-1} = 0.631$$

偏心受压柱的承载力：
$$N_u = \varphi A f_{cd} = 0.631 \times 400 \times 600 \times 3.45/1.0$$
$$= 522.468(kN) > N_d = 500 \text{ kN}$$

满足承载力要求。

3. 解：轴向力偏心距：$e_x = 0$，$e_x = \dfrac{M_{d(y)}}{N_d} = \dfrac{75}{450} = 0.167(m) = 167 \text{ mm}$。

查表得，容许偏心距 $[e] = 0.5s = 0.5 \times \dfrac{680}{2} = 170(mm) > e_y = 167 \text{ mm}$，满足偏心距限值要求。

由混凝土预制块和砂浆强度等级，查表得到 $f_{cd} = 5.06 \text{ MPa}$，结构安全等级为一级，则结构重要性系数 $\gamma_0 = 1.1$。

矩形截面回转半径：$i_x = h/\sqrt{12} = 680/\sqrt{12} = 196.299(mm)$；
$$i_y = b/\sqrt{12} = 500/\sqrt{12} = 144.338(mm)。$$

该受压构件两端为固结，查表可知，$l_0 = 0.5l = 6\,000 \text{ mm}$，长细比修正系数 $\gamma_\beta = 1.0$。

构件在 $x$ 方向的长细比：$\lambda_x = \dfrac{\gamma_\beta l_0}{3.5 i_y} = \dfrac{1.0 \times 6\,000}{3.5 \times 144.38} = 11.87$。

构件在 $y$ 方向的长细比：$\lambda_y = \dfrac{\gamma_\beta l_0}{3.5 i_x} = \dfrac{1.0 \times 6\,000}{3.5 \times 196.299} = 8.733$。

砂浆强度等级大于 M5，$\alpha = 0.002$；对矩形截面，截面形状系数 $m = 8.0$。

$x$ 方向受压构件承载力影响系数：
$$\varphi_x = \dfrac{1-(e_x/x)^m}{1+(e_x/i_y)^2} \times \dfrac{1}{1+\alpha\lambda_x(\lambda_x-3)[1+1.33(e_x/i_y)^2]}$$
$$= \dfrac{1}{1+0.002 \times 11.87 \times (11.87-3)} = 0.826$$

$y$ 方向受压构件承载力影响系数：
$$\varphi_y = \dfrac{1-(e_y/y)^m}{1+(e_y/i_x)^2} \times \dfrac{1}{1+\alpha\lambda_y(\lambda_y-3)[1+1.33(e_y/i_x)^2]}$$
$$= \dfrac{1-\left(\dfrac{167}{680/2}\right)^8}{1+(167/196.299)^2} \times \dfrac{1}{1+0.002 \times 8.733 \times (8.733-3) \times [1+1.33 \times (167/196.299)^2]}$$
$$= 0.483$$

受压构件承载力影响系数：
$$\varphi = \dfrac{1}{\dfrac{1}{\varphi_x} + \dfrac{1}{\varphi_y} - 1} = \dfrac{1}{\dfrac{1}{0.826} + \dfrac{1}{0.483} - 1} = 0.438$$

偏心受压柱的承载力：
$$N_u = \varphi A f_{cd} = 0.438 \times 500 \times 680 \times 5.06/1.1 = 685.032(kN) > N_d = 450 \text{ kN}$$

满足承载力要求。

4. 解：轴向力偏心距：$e_x = 0$，$e_y = \dfrac{M_{d(y)}}{N_d} = \dfrac{200.861}{1\,472.40} = 0.136(m) = 136 \text{ mm}$。

查表得，容许偏心距$[e]=0.6s=0.6\times 0.4=240(\mathrm{mm})>e_y=136$ mm，满足偏心距限值要求。

由块石和砂浆强度等级，查表得到$f_{cd}=4.22$ MPa，结构安全等级为二级，则结构重要性系数$\gamma_0=1.0$。

矩形截面回转半径：$i_x=h/\sqrt{12}=800/\sqrt{12}=230.9(\mathrm{mm})$。

拱圈截面强度验算，当按《桥规》(JTG 3362—2018)计算时，不计长细比对受压构件的影响，即令$\lambda_x$、$\lambda_y$小于3取为3，这样，$e_x=0$，$\varphi_x=1.0$。

砂浆强度等级大于M5，$\alpha=0.002$；对矩形截面，截面形状系数$m=8.0$。

$y$方向受压构件承载力影响系数：

$$\varphi_y=\frac{1-(e_y/y)^m}{1+(e_y/i_x)^2}\times\frac{1}{1+\alpha\lambda_y(\lambda_y-3)[1+1.33(e_y/i_x)^2]}$$

$$=\frac{1-\left(\frac{136}{800/2}\right)^8}{1+(136/230.9)^2}=0.742$$

受压构件承载力影响系数：

$$\varphi=\frac{1}{\dfrac{1}{\varphi_x}+\dfrac{1}{\varphi_y}-1}=\frac{1}{\dfrac{1}{1}+\dfrac{1}{0.742}-1}=0.742$$

偏心受压柱的承载力：

$$N_u=\varphi A f_{cd}=0.742\times 800\times 1\,000\times 4.22/1.0=2\,504.992(\mathrm{kN})>N_d=1\,472.4\text{ kN}$$

满足承载力要求。

5. 解：由表查得$f_{vd}=0.073$ MPa，安全等级为二级，$\gamma_0=1.0$。

拱脚截面的抗剪承载力为

$$V_u=Af_{vd}+\frac{1}{1.4}\mu_f N_k=0.8\times 10^3\times 0.073+0.7\times 1\,219.62/1.4$$

$$=651.52(\mathrm{kN})>\gamma_0 V_d=121.439\text{ kN}$$

满足承载力要求。

# 圬工结构项目示例

## 石拱桥施工浅析

石拱桥是一种古老的桥型，也是一种充满生机的桥型。石拱桥因其具有外形美观、结构简单、施工方便、承载力大、造价低、养护费用少、使用寿命长等优点而在公路桥梁中被广泛采用。

虽然石拱桥本身施工比较简单，但其施工方案(包括拱架形式、拱圈砌筑顺序、拱上建筑施工顺序、落架方法及顺序等)对结构的安全和内力、变形等影响较大，对大跨径拱桥尤其明显。要做出最优的施工方案，必须以结构分析为基础，因此，首先需要制订出合理的施工方案，然后通过结构分析进行优化，最终得出施工的指令性方案。石拱桥施工的主要工序步骤：施工准备→基坑开挖→基础及墩台施工→拱架施工→拱圈施工→拱桥上部施工→拱架拆卸。

## 一、基坑开挖

基坑开挖的一般程序：基坑放线→改河及排水→基坑开挖及坑壁加固→基底清理。

(1)基坑放线是确定基坑开挖范围的工作。其方法是先根据基底平面尺寸，考虑基坑开挖要求的宽度，以及由基坑土质确定的坑壁坡度，计算出基坑开挖的长度和宽度。再根据桥墩、桥台中心桩和轴线，用皮尺和花杆放线，即可确定基坑开挖的边线。

(2)改河及排水是确保基坑施工的重要工序。通常基坑开挖选择在枯水季节施工。改河排水常采用以下两种方法：①当河沟水流较小时，可将河沟或渠道位置适当改移，先在干涸的河道上施工架桥，待桥梁建成后，再改移河道将水流接通；②当河面较宽，水流较大时，可考虑用土坝或草袋围堰，构筑成导流堤，把水导向河沟一侧，基坑施工后，再改移导流堤施工另一侧基坑。

(3)基坑开挖及坑壁加固是同时交叉作业的两个工序。当坑壁土质较好，渗水较少时，可采取无支撑施工。为确保安全，当坑深大于 5 m 时，坑壁上应设有 0.5~1 m 的护坡道。

(4)基底清理是挖基的最后一道工序。基坑挖至设计高度后，如是岩石基底，应将表面风化层除去，冲洗干净，并将表面凿毛；如是土质基底，应经基底承载力检测，符合设计要求后方可进行下一道工序。

## 二、基础及墩台施工

石拱桥的基础及墩台由浆砌块和片石构成，其施工要点可归纳为 5 个"掌握好"：

(1)掌握好砌筑顺序。砌筑时应大致按水平面分层自下而上进行，每层应从四周向中间方向砌筑，并注意外露面的平整美观。

(2)掌握好砌体表面坡度。砌筑过程中应根据已立好的样架经常挂线检查，逐层校对，确保墩台的设计坡度和表面的平整。

(3)掌握好桥台转角、桥墩圆头的砌筑。用于桥台转角和桥墩圆头的石料应挑选上下面大致平行、形状大致为方形的石料，并应进行上钻加工，桥台转角石(又叫作角子石)应按桥台总高度和石料尺寸基本确定每一层砌筑的高度，合理配料，以便控制砌筑总高度的尺寸。

(4)掌握好施工砌缝工艺。砌缝应形成不规则的"花缝"，上下左右应错开，避免竖缝上下垂直贯通。

(5)掌握好拱脚的砌筑工艺。拱脚是承受拱圈推力的重要部分，砌筑要领包括严格控制设计高度、正确安砌五角石、掌握控制拱斜面、严禁砌缝呈水平。

## 三、拱架施工

拱架是支撑拱圈砌筑的临时构造物，对确保拱圈形状以及施工安全十分重要。拱架有木拱架、钢拱架和土牛拱胎，这里只介绍钢拱架的施工。

(1)拱架搭设。主拱圈施工在搭设的拱架上进行,根据拱桥的拱圈自重和相关的施工荷载,按施工要求,以经济合理、安全可靠为首选方案。拱架搭设前,先将所在河床位置的地面整平后,沿支架纵横方向以一定间距(一般为 1 m)采用手锤将加有铸铁桩尖的钢管打入河床内,以连续锤击无进展为止。再横向靠地面用钢管加扣件将已打入地下的管头连接起来作为支架基础。为保证稳定和砌拱时具有足够的承载力,可在部分排架的横杆下浇筑一定厚度的混凝土。之后在支架基础上搭设横、纵间距为 1 m,上下步距为 1 m 的钢管满堂支架。对于大跨度的石拱桥,为保证排架的稳定性,应设置有足够的斜撑、剪刀撑和风缆绳。

(2)支架预压。各种支架安装完成并铺设底模后,应通过预压检查各种工况下支架构件的应力、应变与理论值的差异;支架变形是否在容许范围之内,并实测支架各控制点处的挠度;通过预压消除支架构建各部位之间的间隙和非弹性形变,消除支架基础的非弹性形变。

支架预压荷载一般按理论值荷载的 50%、80%、100% 和 120% 进行逐步加载,加载时在拱顶、拱脚、拱跨 1/4 和基础顶面等处设置测点进行观测,预压在加载 50% 和 120% 理论荷载后停止加载,进行 12 m 的支架沉降、变位的连续观测。再加上 120% 理论荷载后,连续观测 48 h 的支架沉降、变位,在其均小于 1 mm 时,则认为地基沉降基本稳定。

预压结束后,整理预压中的原始数据,计算出支架的弹性和非弹性变形量,为修正拱圈底模提供数据,对其进行调整,以便砌筑出的拱圈更符合设计要求。

### 四、拱圈施工

拱圈是拱桥的主要受力部分,其施工应严格按照施工技术程序进行。施工前应按跨径大小选用如下施工方法:

(1)施工前的准备工作。拱圈砌筑前,要做的准备工作如下:

1)砌筑时的常用工具的准备。由于拱圈须捣实灰缝和填塞空隙,除使用一般的砌筑工具外,还需增加长插片、长插刀、挡灰板、长插针、撬棍、木夯、木槌等工具。

2)拱石的清理、编号、排列。粗料石要按设计进行纸上配料,再经过实地放样制出样板,然后按样板开出拱石。拱圈一般不等厚,拱石型号很多,每号拱石又常有上、中、下之分,因此,运至现场后,需进行清点,并编号使之有顺序地排列,用铅油将编号标在石面上。

3)石料的清凿和检查。粗料石,均应在安防砌筑前用样板套过,一般可比样板稍小,但偏心不应超过 5 mm,并不得有扭曲情况。一般拱石可用样板正套或反套,但镶面石的外漏部分必须有一半正套,另一半反套。除镶面石及两侧接砌边墙部分拱石的拱背必须修凿整齐外,其余拱石的拱背部分,厚度符合要求即可,即可以保持原来的粗糙面,不加清凿。

4)在拱模上摊放拱石及灰缝大样。拱圈安砌前在拱模上将每层拱石,包括灰缝的位置用墨线画在模板上,以防拱圈合龙封顶时封顶石放不下去或灰缝过大。放线时,可在桥上游和下游顺拱圈模板量出两端起拱线间的长度,然后分中定出实际拱顶线,因拱架有预留高度,所以实际长度比计算稍大,其差数平均摊入各灰缝内。长度量出后,即可从实际拱顶线向两边按每排拱石尺寸和灰缝宽度画出各排拱石线,并将拱石的层次、号数用红铅油写明。

5)注意立缝的控制。拱圈的立缝须成辐射状,从圆心放射出的辐射线应一致,因此每块拱石均呈上大下小的形状。为掌握砌缝的正确位置和方向,砌筑时须用三角形辐射尺控制。

各种跨径和弧形的三角尺形状不同,在同一拱圈内,拱弧也可能不同。因此,三角形辐射尺上应标明所适用的拱形和排号,不能用错。

6)砌筑时注意错缝的规定。粗料石排与排间石块在底面上错缝须错开10 cm以上。拱圈较厚时,每排拱石可能有数层石块,此种情况下,排与排向相邻层砌缝也要错开10 cm以上。

(2)拱圈的砌筑。修建拱圈,最为重要的是要保证在整个施工过程中拱架受力均匀,变形最小,使拱圈的质量符合实际要求。为此,必须选择适当的砌筑方法。施工方法的选择一般根据跨径大小、构造形式等分别采用。

跨径在10 m以下的拱圈,通常可按拱的全宽和全厚,由两侧拱脚同时对称地向拱顶砌筑。但应注意,尽量争取尽可能快的速度,使在拱顶合龙时,石拱桥拱石砌缝中的砂浆尚未凝结。

跨径在10~15 m的拱圈,最好在拱脚预留缝,由拱脚向拱顶按全宽、全厚进行砌筑。为防止拱架的拱顶部分上翘,可在拱顶区段预先压重。压重时,一般自拱脚向上砌到1/3高左右,就在拱顶$L/3$范围内预压占总数20%的拱石。待拱圈砌缝的砂浆达到设计强度70%后,再将拱圈预留空缝用砂浆填塞。

大、中跨径的拱桥,一般采用分段施工或分环(分层)与分段相结合的施工方法。分段施工使拱架变形比较均匀,并可避免拱圈的反复变形。分段的位置与拱架的受力和结构形式有关,一般应设置在拱架挠曲线有转折及拱圈弯矩比较大的地方,如拱顶、拱脚及拱架的节点处。对于石拱桥,分段间应预留0.03~0.04 m的空缝后设置木撑架,混凝土拱圈则应在分段间设混凝土挡板(端模板),待拱圈砌筑后再用砂浆(或埋入石块、浇筑混凝土)灌缝。拱顶处封拱必须在所有空缝填塞,并达到设计强度后才能进行。另外,还需注意封拱(合龙)时的大气温度是否符合设计要求。如果设计无明确要求时,应该在气温较低时,如凌晨时进行。

当跨径大,拱圈厚度较大且由多层拱石或预制混凝土块等组成时,可将拱圈全厚分层,即分环施工。按分段施工法修建好一环合龙成拱,待砂浆或混凝土强度达到设计要求后,再浇筑或砌筑上面一环。这样,第一环拱圈就能起拱的作用,与拱架共同承受第二环拱圈结构的重力。以后各环节均按照上述工序进行。分层施工,大大减小了拱架的设计荷载,合龙快,施工安全系数高,也节省了拱架。

### 五、拱桥上部施工

拱桥上部施工,应在拱圈合龙、混凝土或砂浆达到设计强度的30%后才能进行。一般来说,对于石拱桥应不少于合龙后3天。拱上建筑施工,应避免使主拱圈产生过大的不均匀变形。实腹式拱上建筑,应由拱脚向拱顶对称砌筑。在侧墙砌筑好后,再填筑拱腹填料,进行修建桥面结构等后续工程。空腹式拱桥一般是在腹拱墩砌筑完后,随即卸落拱架,之后再对称均衡地砌筑拱圈,以免使主拱圈产生不均匀下沉,导致腹拱圈开裂。在多孔连续拱桥中,当桥墩不是按施工单向受力墩设计时,仍应注意相邻孔间的对称均衡施工,避免使桥墩承受过大的单向推力。在裸拱圈上修建拱上结构的多孔连拱时,更应注意相邻孔间的对称均衡施工,以免影响拱圈的质量和安全。

### 六、拱架拆卸

为使拱架承受的荷载逐渐、平稳地转移给拱圈,卸架应严格按照规定的工序进行。

(1)卸架常用设备有简易木楔、木马、组合木楔、砂筒等。砂筒由顶心木和金属筒组成,卸架时将泄砂孔的塞子拔出,将筒中砂逐步掏出,顶心木缓缓下降,拱架随之卸下。砂筒是一种应用较广、安全可靠的设备。

(2)卸架的技术要求如下:

1)卸架时间。对于跨径为 20 m 及以下的拱桥,应自拱顶合龙后 15~20 天进行;对于跨径大于 20 m 的拱桥,应自合龙后 30 天进行;当温度低于 15 ℃时,应适当延长。

2)多孔拱桥卸架应考虑相邻孔推力的影响,应在相邻孔拱圈合龙,并达到上述时间后,才能进行卸架。

3)卸架不能在裸拱情况下进行,实腹式拱桥应在侧墙完工后护拱,砌筑完毕后方可卸架。

4)卸架应分步进行、逐渐均匀降落,每次下降均由拱顶向拱脚对称进行,逐排完成,第一次完成后,又从拱顶开始第二次下降,直至拱架与拱圈完全脱离为止。

# 《结构设计原理(第3版)》模拟试题

## 《结构设计原理(第3版)》模拟试题　A 卷

### 一、填空题(20分,每空1分)

1. 工程上常用的冷加工钢筋的方法有(　　)和(　　)。
2. 《桥规》(JTG 3362—2018)规定用(　　)来表示混凝土的强度等级。
3. 桥梁的预拱度,其值等于(　　)与(　　)计算的长期挠度值之和。
4. 钢筋混凝土受弯构件斜截面破坏形态主要有(　　)、(　　)、(　　)三种。
5. 根据所配置箍筋形式的不同,钢筋混凝土受压构件有两种形式,即(　　)和(　　)。
6. 《桥规》(JTG 3362—2018)规定,满足(　　)时不需进行斜截面强度计算,仅按(　　)配置箍筋。
7. 进行受弯构件斜截面抗剪配筋设计时,计算用的最大剪力取值取用距支座中心处(　　)截面的数值,其中混凝土与箍筋共同承担(　　),弯起钢筋承担(　　)。
8. 双筋矩形截面受弯构件正截面强度计算公式的适用条件是(　　)和(　　)。
9. 在钢筋混凝土受弯构件中,钢筋按其作用和布置方式不同分为(　　)、(　　)、(　　)、架立钢筋和纵向防裂钢筋。

### 二、选择题(10分,每题2分)

1. 混凝土各种强度标准值之间的关系是(　　)。
   A. $f_{ck} > f_{cu,k} > f_t$　　　　　　　　B. $f_{cu,k} > f_t > f_{ck}$
   C. $f_{cu,k} > f_{ck} > f_t$　　　　　　　　D. $f_t > f_{ck} > f_{cu,k}$

2. 为减小混凝土徐变对结构的影响,以下措施正确的是(　　)。
   A. 提早对结构施加荷载　　　　　　B. 采用高等级水泥,增加水泥用量
   C. 加大水胶比　　　　　　　　　　D. 提高混凝土的密实度和养护湿度

3. 低碳钢标准试件在一次拉伸试验中,应力由零增加到比例极限,弹性模量很大,变形很小,则此阶段为(　　)阶段。
   A. 弹性　　　　　　　　　　　　　B. 弹塑性
   C. 塑性　　　　　　　　　　　　　D. 强化

4. 钢筋混凝土梁的主钢筋的保护层厚度是指( )。
   A. 箍筋外表面至梁表面的距离　　　　B. 主筋外表面至梁表面的距离
   C. 箍筋外表面至梁中心的距离　　　　D. 主筋截面形心至梁表面的距离

5. 单筋矩形开裂截面换算截面惯性矩是( )。

   A. $I_{cr} = \frac{1}{3}bx_0^3 + \alpha_{Es}A_s(h_0-x_0)^2$

   B. $I_{cr} = \frac{b_f'x^3}{3} - \frac{(b_f'-b)(x-h_f')^3}{3} + \alpha_{Es}A_s(h_0-x_0)^2$

   C. $I_{cr} = \frac{1}{2}bx_0^3 + \alpha_{Es}A_s(h_0-x_0)^2$

   D. $I_{cr} = \frac{1}{4}bx_0^3 + \alpha_{Es}A_s(h_0-x_0)^2$

### 三、判断题(10分，每题2分)

1. 在轴心受压的混凝土柱中配置钢筋协助混凝土承受压力，能提高混凝土柱的承载能力和变形能力。( )
2. 《公路工程结构可靠度设计统一标准》将公路桥梁的设计基准期统一取为50年。( )
3. 任何作用的出现只要对结构或构件产生有利影响时，该作用就应参与组合。( )
4. 纵向水平防裂钢筋是当梁高大于1 000 mm时设置，并且应该设为上疏下密。( )
5. 小偏心受压构件，其正截面承载力主要取决于受拉钢筋。( )

### 四、名词解释(9分，每题3分)

1. 永久作用
2. 预应力度
3. 剪跨比

### 五、问答题(28分)

1. 对于预应力混凝土构件，应计算哪些预应力损失？并说明各损失会出现在先张法还是后张法中。(9分)
2. 钢筋与混凝土共同工作的原因是什么？(4分)
3. 某双筋矩形截面梁，其截面尺寸 $b \times h = 500 \text{ mm} \times 1\,200 \text{ mm}$，受拉钢筋为HRB400级13⏀25，受压钢筋为4⏀25，钢筋的外径为28.4 mm，试绘图标出各主钢筋的最佳位置，并校核净距 $s_n$。(8分)
4. 什么时候会发生大偏心受压破坏？其破坏形态如何？(7分)

### 六、计算题(23分)

1. 矩形截面梁截面尺寸为 $b \times h = 250 \text{ mm} \times 550 \text{ mm}$，环境类别为Ⅰ级，安全等级为一级，弯矩设计值 $M_d = 100 \text{ kN} \cdot \text{m}$，混凝土强度等级为C30，$f_{cd} = 13.8 \text{ MPa}$，$\xi_b = 0.53$，$f_{td} = 1.39 \text{ N/mm}^2$，钢筋采用HPB400级钢筋，$f_{sd} = 330 \text{ MPa}$，圆钢筋、螺纹钢筋截面面积、质量见下表。试配置纵向受拉钢筋。(11分)

| 直径/mm | 在下列钢筋根数时的截面面积/mm² | | | | | | | | | 螺纹钢筋/mm | |
|---|---|---|---|---|---|---|---|---|---|---|---|
| | 1 | 2 | 3 | 4 | 5 | 6 | 7 | 8 | 9 | 直径 | 外径 |
| 10 | 78.5 | 157 | 236 | 314 | 393 | 471 | 550 | 628 | 707 | 10 | 11.6 |
| 12 | 113.1 | 226 | 339 | 452 | 566 | 679 | 792 | 905 | 1 018 | 12 | 13.9 |
| 14 | 153.9 | 308 | 462 | 616 | 770 | 924 | 1 078 | 1 232 | 1 385 | 14 | 16.2 |
| 16 | 201.1 | 402 | 603 | 804 | 1 005 | 1 206 | 1 407 | 1 608 | 1 810 | 16 | 18.4 |
| 18 | 254.5 | 509 | 763 | 1 018 | 1 272 | 1 527 | 1 781 | 2 036 | 2 290 | 18 | 20.5 |
| 20 | 314.2 | 628 | 942 | 1 256 | 1 570 | 1 884 | 2 200 | 2 513 | 2 827 | 20 | 22.7 |
| 22 | 380.1 | 760 | 1 140 | 1 520 | 1 900 | 2 281 | 2 661 | 3 041 | 3 421 | 22 | 25.1 |
| 24 | 452.4 | 905 | 1 356 | 1 810 | 2 262 | 2 714 | 3 167 | 3 619 | 4 071 | 24 | |
| 25 | 490.9 | 982 | 1 473 | 1 964 | 2 454 | 2 945 | 3 436 | 3 927 | 4 418 | 25 | 28.4 |
| 26 | 530.9 | 1 062 | 1 593 | 2 124 | 2 655 | 3 186 | 3 717 | 4 247 | 4 778 | 26 | |
| 28 | 615.7 | 1 232 | 1 847 | 2 463 | 3 079 | 3 695 | 4 310 | 4 926 | 5 542 | 28 | 31.6 |
| 30 | 706.9 | 1 413 | 2 121 | 2 827 | 3 524 | 4 241 | 4 948 | 5 655 | 6 362 | 30 | |
| 32 | 804.3 | 1 609 | 2 413 | 3 217 | 4 021 | 4 826 | 5 630 | 6 434 | 7 238 | 32 | 35.8 |
| 34 | 907.9 | 1 816 | 2 724 | 3 632 | 4 540 | 5 448 | 6 355 | 7 263 | 8 171 | 34 | |
| 36 | 1 017.9 | 2 036 | 3 054 | 4 072 | 5 089 | 6 107 | 7 125 | 8 143 | 9 161 | 36 | 40.2 |

2. 某一现浇的轴心受压柱,柱高为 10 m,两端均为固定端,采用 C30 混凝土,$f_{cd}$ = 13.8 MPa,HRB400 级钢筋(纵向主筋),$f'_{sd}$ = 330 MPa,$\gamma_0$ = 1.0,作用的轴向压力 $N_d$ = 1 400 kN,有关数值见下表。求截面尺寸及纵向受拉钢筋面积。(12 分)

| $L_0/b$ | 12 | 14 | 16 | 18 | 20 |
|---|---|---|---|---|---|
| $\varphi$ | 0.95 | 0.92 | 0.87 | 0.81 | 0.75 |

# 《结构设计原理(第3版)》模拟试题 B卷

## 一、填空题(20分,每空1分)

1. 正常使用极限状态需进行三个方面验算,即( )、( )和( )。
2. 若在进行单筋矩形受弯构件计算时,计算出 $x > \xi_b h_0$,则此梁为( ),需要( ),重新设计计算。
3. 在斜截面抗剪承载力的计算公式中,采用的混凝土强度是( )。

4. 螺旋箍筋柱的承载力由（　　）、（　　）和（　　）三个部分的承载力组成。
5. 预应力度 λ 是（　　）与（　　）的比值。
6. 作用代表值就是为结构设计而给定的量值，一般可分为（　　）、（　　）和（　　）。
7. 测定混凝土轴心抗拉强度的方法有两类：一类是（　　）；另一类是（　　）。
8. 由作用效应引起的裂缝总是要产生的，习惯上称为（　　）。
9. 为了减少预应力钢筋与管道壁之间的摩擦损失，可采用以下两种措施：对构件进行（　　）；对较长构件，可采用（　　）的方法。
10. 大偏心受压构件，其正截面承载力主要由（　　）控制。

## 二、选择题(10 分，每题 2 分)

1. 在《桥规》(JTG 3362—2018)中，所提到的混凝土强度等级是指（　　）。
   A. 混凝土的轴心抗压强度　　　　　B. 混凝土的立方体强度
   C. 混凝土的抗拉强度　　　　　　　D. 复合应力下的混凝土强度
2. 由不同强度的混凝土的 $\sigma$-$\varepsilon$ 关系曲线比较可知，下列说法错误的是（　　）。
   A. 混凝土强度等级高，其峰值应变 $\varepsilon_0$ 增加不多
   B. 上升段曲线相似
   C. 强度等级低，下降段平缓，应力下降慢
   D. 等级高的混凝土，受压时的延性比等级低的混凝土好
3. 全预应力混凝土构件在使用条件下，构件截面混凝土（　　）。
   A. 不出现拉应力　　　　　　　　　B. 允许出现拉应力
   C. 不出现压应力　　　　　　　　　D. 以上说法均不对
4. 下列裂缝是正常裂缝的是（　　）。
   A. 由基础不均匀沉降引起钢筋混凝土结构的裂缝
   B. 由弯矩效应引起的裂缝
   C. 由钢筋锈蚀引起的裂缝
   D. 由混凝土收缩或温度变化引起的裂缝
5. 条件相同的有腹筋梁，发生斜压、剪压和斜拉三种破坏形态时，梁的斜截面抗剪承载能力的大致关系是（　　）。
   A. 斜压破坏的承载力＞剪压破坏的承载力＞斜拉破坏的承载力
   B. 剪压破坏的承载力＞斜压破坏的承载力＞斜拉破坏的承载力
   C. 剪压破坏的承载力＞斜压破坏的承载力＜斜拉破坏的承载力
   D. 剪压破坏的承载力＞斜压破坏的承载力＝斜拉破坏的承载力

## 三、判断题(10 分，每题 2 分)

1. 墩柱式墩(台)中的盖梁属于受压构件。（　　）
2. 《桥规》(JTG 3362—2018)规定，单筋矩形截面受弯纵筋的最小配筋率 $\rho \geqslant \rho_{\min} = (45 f_{td}/f_{sd})\%$，且不小于 0.2%。（　　）
3. 双筋截面一般不会出现超筋破坏情况，故可不必验算最大配筋率。（　　）
4. 预应力混凝土结构可以避免构件裂缝的过早出现。（　　）

5. 矩形偏心受压构件的纵向钢筋,当 $A_s \neq A_s'$ 时,称为非对称布筋;当 $A_s = A_s'$ 时,称为对称布筋。( )

## 四、名词解释(9分,每题3分)

1. 疲劳强度
2. 预拱度
3. 正常使用极限状态

## 五、问答题(31分)

1. 两类T形截面判别条件是什么?并说明各适用于判别截面的选择及强度复核。(8分)
2. 什么叫作先张法?什么叫作后张法?它们都是依靠什么来保持和传递预应力的?(8分)
3. 混凝土的浇筑方法有几种?各适用于什么情况?(7分)
4. 简述普通钢筋混凝土梁内钢筋种类及作用。(8分)

## 六、计算题(共20分)

1. 预制钢筋混凝土简支T形梁,截面高度 $h=1.3$ m,翼板有效宽度 $b_f'=1.60$ m,肋宽 $b=200$ mm,翼板厚度 $h_f'=120$ mm,混凝土强度等级 C30,钢筋的强度等级为 HRB400 级,$f_{cd}=13.8$ MPa,$f_{sd}'=330$ MPa,环境类别为Ⅰ类,安全等级为二级,弯矩设计值 $M_d=2\,600$ kN·m,受拉钢筋选用 8⊈32+4⊈16,截面面积 $A_s=7\,238$ mm²,圈钢筋、螺纹钢筋截面面积、质量见下表。试验算截面承载力是否满足要求。(13分)。

| 直径/mm | 在下列钢筋根数时的截面面积/mm² | | | | | | | | | 螺纹钢筋/mm | |
| --- | --- | --- | --- | --- | --- | --- | --- | --- | --- | --- | --- |
| | 1 | 2 | 3 | 4 | 5 | 6 | 7 | 8 | 9 | 直径 | 外径 |
| 10 | 78.5 | 157 | 236 | 314 | 393 | 471 | 550 | 628 | 707 | 10 | 11.6 |
| 12 | 113.1 | 226 | 339 | 452 | 566 | 679 | 792 | 905 | 1 018 | 12 | 13.9 |
| 14 | 153.9 | 308 | 462 | 616 | 770 | 924 | 1 078 | 1 232 | 1 385 | 14 | 16.2 |
| 16 | 201.1 | 402 | 603 | 804 | 1 005 | 1 206 | 1 407 | 1 608 | 1 810 | 16 | 18.4 |
| 18 | 254.5 | 509 | 763 | 1 018 | 1 272 | 1 527 | 1 781 | 2 036 | 2 290 | 18 | 20.5 |
| 20 | 314.2 | 628 | 942 | 1 256 | 1 570 | 1 884 | 2 200 | 2 513 | 2 827 | 20 | 22.7 |
| 22 | 380.1 | 760 | 1 140 | 1 520 | 1 900 | 2 281 | 2 661 | 3 041 | 3 421 | 22 | 25.1 |
| 24 | 452.4 | 905 | 1 356 | 1 810 | 2 262 | 2 714 | 3 167 | 3 619 | 4 071 | 24 | |
| 25 | 490.9 | 982 | 1 473 | 1 964 | 2 454 | 2 945 | 3 436 | 3 927 | 4 418 | 25 | 28.4 |
| 26 | 530.9 | 1 062 | 1 593 | 2 124 | 2 655 | 3 186 | 3 717 | 4 247 | 4 778 | 26 | |
| 28 | 615.7 | 1 232 | 1 847 | 2 463 | 3 079 | 3 695 | 4 310 | 4 926 | 5 542 | 28 | 31.6 |
| 30 | 706.9 | 1 413 | 2 121 | 2 827 | 3 524 | 4 241 | 4 948 | 5 655 | 6 362 | 30 | |

续表

| 直径/mm | 在下列钢筋根数时的截面面积/mm² | | | | | | | | | 螺纹钢筋/mm | |
|---|---|---|---|---|---|---|---|---|---|---|---|
| | 1 | 2 | 3 | 4 | 5 | 6 | 7 | 8 | 9 | 直径 | 外径 |
| 32 | 804.3 | 1 609 | 2 413 | 3 217 | 4 021 | 4 826 | 5 630 | 6 434 | 7 238 | 32 | 35.8 |
| 34 | 907.9 | 1 816 | 2 724 | 3 632 | 4 540 | 5 448 | 6 355 | 7 263 | 8 171 | 34 | |
| 36 | 1 017.9 | 2 036 | 3 054 | 4 072 | 5 089 | 6 107 | 7 125 | 8 143 | 9 161 | 36 | 40.2 |

2. 有一现浇的钢筋混凝土轴心受压柱,柱高为 5 m,底端固定,顶端铰接。承受的轴力组合设计值 $N_d = 1\ 380$ kN,结构重要性系数 $\gamma_0 = 1.0$。拟采用 C30 混凝土, $f_{cd} = 13.8$ MPa, HPB400 级钢筋, $f'_{sd} = 330$ MPa,有关数值见下表。求截面尺寸及纵向受拉钢筋面积。(7 分)

| $L_0/b$ | 12 | 14 | 16 | 18 | 20 |
|---|---|---|---|---|---|
| $\varphi$ | 0.95 | 0.92 | 0.87 | 0.81 | 0.75 |

# 《结构设计原理(第 3 版)》模拟试题　C 卷

## 一、填空题(20 分,每空 1 分)

1. 《公路工程水泥及水泥混凝土试验规程》规定,以边长为(　　)mm 的立方体,在(20±2)℃的温度和相对湿度在 95% 以上的潮湿空气中养护(　　)天,依照标准方法测得的具有(　　)保证率的抗压强度(以 MPa 计)作为混凝土的强度等级,并用符号(　　)表示。

2. 普通混凝土是由(　　)、(　　)和(　　)用水拌和硬化后形成的人工石材,是多相复合材料。

3. 在钢筋混凝土结构中,我国目前通常用的普通钢筋按化学成分的不同,分为(　　)和(　　)两类。

4. 普通热轧带肋钢筋的强度等级由 HRB 和(　　)强度特征值构成,如 HRB400。

5. 反映钢筋的塑性性能的基本指标是钢筋的(　　)和(　　)。

6. 公路桥梁设计采用的作用可分为(　　)、(　　)、(　　)和地震作用四类。

7. 根据国内工程习惯,对以钢材为配筋的加筋混凝土结构系列,采用按其预应力度分成(　　)、(　　)和(　　)三种结构。

8. 在混凝土轴心受压的应力-应变曲线上,过原点作该曲线的(　　),其(　　)即混凝土的原点模量。

## 二、选择题(10 分,每题 2 分)

1. 对 T 形截面斜截面进行抗剪承载力计算时,所用的基本公式中的 $b$ 是指(　　)。

　　A. 翼板的宽度　　　　　　　　　　B. 计算截面处梁的高度

　　C. 计算截面处梁肋的宽度　　　　　D. 计算截面处翼板的高度

2. 在钢筋混凝土结构中,有关换算截面错误的是( )。
   A. 换算截面换算原则是换算前后合力的大小不变
   B. 换算截面换算原则是换算前后合力作用点的位置不变
   C. 虚拟混凝土块仍居于钢筋的重心处,即应变相同
   D. 虚拟混凝土与钢筋承担的应力相同
3. 普通箍筋的矩形轴心受压构件承载力计算时用到 $L_0/b$,其中 $b$( )。
   A. 一定是矩形截面的宽度          B. 是矩形截面短边长度
   C. 一定是矩形截面的长度          D. 是矩形截面长边长度
4. 下列作用中属于永久作用的是( )。
   A. 混凝土收缩及徐变作用          B. 汽车引起的土侧压力
   C. 温度作用                      D. 汽车荷载
5. 计算基本组合的荷载效应时,永久荷载的分项系数 $\gamma_G$ 取 1.2 的情况是( )。
   A. 其效应对结构有利时            B. 任何情况下
   C. 其效应对结构不利时            D. 验算抗倾覆和滑移时

### 三、判断题(10分,每题2分)

1. 一般采用限制截面最小尺寸的方法防止发生斜压破坏。( )
2. 混凝土轴心抗拉强度试验所采用的试件的尺寸为 100 mm×100 mm×500 mm。( )
3. 钢筋伸长率越大,钢筋的塑性性能越差,破坏时有明显的拉断预兆。( )
4. 为了防止承受拉力的光圆钢筋在混凝土中滑动,需要把钢筋两端做成半圆弯钩。( )
5. 超过了正常使用极限状态,结构或构件就破坏了。( )

### 四、名词解释(9分,每题3分)

1. 配筋率
2. 承载能力极限状态
3. 换算截面

### 五、问答题(26分)

1. 梁沿斜截面受剪破坏的主要形态有哪几种?其各自的破坏特征是什么?(7分)
2. 写出纵向受力钢筋合力作用点至受拉边缘距离 $a_s$ 的计算公式,并说明公式中参数的含义。(9分)
3. 简述钢筋冷加工的方法。(5分)
4. 先张法和后张法的不同点是什么?(5分)

### 六、计算题(共25分)

1. 矩形截面梁截面尺寸为 $b×h=250\ mm×500\ mm$,承受的弯矩设计值 $M_d=160\ kN·m$,纵向受拉钢筋采用 HRB400 级($f_{sd}=330\ MPa$),混凝土强度等级为 C30($f_{cd}=13.8\ MPa$, $f_{td}=1.39\ MPa$),环境类别是 I 类, $\xi_b=0.53$, $\gamma_0=1.0$。试求纵向受拉钢筋截面面积 $A_s$。(12分)
2. 一钢筋混凝土 T 形截面梁, $b_f'=500\ mm$, $h_f'=100\ mm$, $b=200\ mm$, $h=500\ mm$,

混凝土强度等级为 C30（$f_{cd}=13.8$ MPa，$f_{td}=1.39$ MPa），选用 HRB400 级（$f_{sd}=330$ MPa），$\xi_b=0.53$，$\gamma_0=1.0$，环境类别是 Ⅰ 类，截面所承受的弯矩设计值 $M_d=280$ kN·m。试求纵向受拉钢筋截面面积 $A_s$。(13 分)

# 《结构设计原理(第 3 版)》模拟试题　A 卷答案

## 一、填空题

1. 冷拉　　冷拔
2. 立方强度
3. 结构自重　　1/2 可变作用频遇值
4. 斜压破坏　　剪压破坏　　斜拉破坏
5. 普通箍筋柱　　螺旋箍筋柱
6. $\gamma_0 V_d \leqslant 0.50 \times 10^{-3} \alpha_2 f_{td} b h_0$　　构造要求
7. $h/2$　　60%　　40%
8. $x \leqslant \xi_b h_0$　　$x \geqslant 2a_s'$
9. 主钢筋　　弯起钢筋　　箍筋

## 二、选择题

1. C　　2. D　　3. A　　4. B　　5. A

## 三、判断题

1. √　　2. ×　　3. ×　　4. √　　5. ×

## 四、名词解释

1. 永久作用：是指在设计基准期内始终存在且其量值变化与平均值相比可以忽略不计的作用，或其变化是单调的并趋于某个限值的作用。

2. 预应力度：由预应力大小确定的消压弯矩与按频遇值效应组合计算的弯矩值的比值。

3. 剪跨比：剪跨与截面有效高度的比值。

## 五、问答题

1. 答：(1)预应力钢筋与管道壁之间的摩擦引起的应力损失，存在于后张法中。

(2)锚具变形、钢筋回缩和拼装构件的接缝压引起的应力损失，先张法和后张法中都存在。

(3)混凝土加热养护时，预应力钢筋与台座之间的温度引起的应力损失，存在于先张法中。

(4)混凝土的弹性压缩引起的应力损失，先张法和后张法中都存在。

(5)钢筋松弛引起的应力损失，先张法和后张法中都存在。

(6)混凝土收缩和徐变引起的预应力钢筋应力损失，先张法和后张法中都存在。

2. 答：(1)混凝土和钢筋之间具有良好的粘结力。

(2)钢筋和混凝土的温度线膨胀系数也较为接近，因此，当温度变化时，不致产生较大的温度应力而破坏两者之间的粘结力。

(3)混凝土包裹在钢筋的外围,可以防止钢筋的锈蚀。

3. 答:先假设一排最多能布 $n$ 根。

由 $30 \times 2 + 28.4 \times n + (n-1) \times 30 \leqslant 500$

解得 $n \leqslant 8.05$(根)

根据钢筋布置原则,选择受拉主筋分两层布置,下层7根,上层6根(图略)。

受压主筋布置一层:

$$s_n = \frac{500 - 28.4 \times 7 - 2 \times 30}{6} = 40.2(\text{mm}) > 30 \text{ mm}$$

$$s_n' = \frac{500 - 28.4 \times 4 - 2 \times 30}{3} = 108.8(\text{mm}) > 30 \text{ mm}$$

4. 答:在相对偏心距较大,且钢筋配置得不太多时,会发生这种破坏形态。

短柱受力后,截面靠近偏心压力一侧的钢筋受压,另一侧的钢筋受拉。随着作用的增大,受拉区混凝土出现横向裂缝,裂缝的展开使受拉钢筋的应力增长较快,首先达到屈服,中性轴向受压边移动,受压区混凝土压应变迅速增大。最后,受压区钢筋屈服,混凝土达到极限压应变而破碎。

### 六、计算题

1. 解:已知 $f_{cd} = 13.8 \text{ N/mm}^2$,$f_{sd} = 330 \text{ N/mm}^2$,$f_{td} = 1.39 \text{ N/mm}^2$,$\xi_b = 0.53$。

(1)采用绑扎钢筋骨架,假设 $a_s = 40 \text{ mm}$,则 $h_0 = 550 - 40 = 510 \text{ (mm)}$。

(2)由公式 $\gamma_0 M_d \leqslant M_u = f_{cd} b x \left( h_0 - \dfrac{x}{2} \right)$ 可得:

$$\begin{aligned} x &= h_0 - \sqrt{h_0^2 - \frac{2\gamma_0 M_d}{f_{cd} b}} \\ &= 510 - \sqrt{510^2 - \frac{2 \times 1.1 \times 100 \times 10^6}{13.8 \times 250}} \\ &= 66.91(\text{mm}) < \xi_b h_0 = 0.53 \times 510 = 270.3(\text{mm})。\end{aligned}$$

(3)受拉钢筋截面面积:

$$A_s = \frac{f_{cd}}{f_{sd}} b x = \frac{13.8 \times 250 \times 66.9}{330} = 699.41(\text{mm}^2)$$

选用 2⌀22,$A_s = 760 \text{ mm}^2$。

(4)按构造要求布置钢筋。

布一排钢筋所需的最小截面宽:

$$b_{\min} = 2 \times 30 + 2 \times 25.1 + 30 = 140.2(\text{mm}) \leqslant 250 \text{ mm}$$

钢筋可按一排布置,$a_s = 30 + 25.1/2 = 42.55(\text{mm})$。

梁的实际有效高度:$h_0 = 550 - \left(30 + \dfrac{25.1}{2}\right) = 507.45(\text{mm})$。

实际配筋率:

$$\rho = \frac{A_s}{b h_0} = \frac{760}{250 \times 507.45} = 0.6\% > 0.2\%$$

$$\rho_{\min} = 45 f_{td}/f_{sd} = 45 \times \frac{1.39}{330} = 0.190\%$$

符合要求。

2. 解：混凝土抗压强度设计值 $f_{cd}=13.8$ MPa，纵向钢筋的抗压强度设计值 $f'_{sd}=330$ MPa。

轴心压力计算值 $N_u=\gamma_0 N_d=1.0\times1\,400=1\,400$(kN)，假定 $\rho'=\dfrac{A'_s}{A}=1\%$，$\varphi=1.0$，由于是现浇的钢筋混凝土轴心受压柱，柱高为 10 m，两端均固定，所以 $l_0=0.5\times10=5$(m)。

则由公式 $\gamma_0 N_d \leqslant 0.9\varphi(f_{cd}A+f'_{sd}A'_s)$，可得：

$$A=\frac{\gamma_0 N_d}{0.9\varphi(f_{cd}+\rho' f'_{sd})}=\frac{1\,400\times10^3}{0.9\times1.0\times(13.8+0.01\times330)}=90\,968\,(\text{mm}^2)$$

采用长方形，则 $b\times h=300$ mm$\times350$ mm。

长细比：

$$\lambda=\frac{l_0}{b}=\frac{5\times10^3}{300}=16.67$$

查表可得到稳定系数 $\varphi=0.850$，故所需要的纵向钢筋面积：

$$A'_s=\frac{1}{f'_{sd}}\left(\frac{\gamma_0 N_d}{0.9\varphi}-f_{cd}A\right)=\frac{1}{330}\times\left[\frac{1.0\times1\,400\times10^3}{0.9\times0.850}-13.8\times(350\times300)\right]=1\,154.7\,(\text{mm}^2)$$

## 《结构设计原理(第3版)》模拟试题 B卷答案

### 一、填空题

1. 抗裂(应力) 裂缝 挠度
2. 超筋梁 增大截面尺寸
3. 立方体抗压强度
4. 核心混凝土 纵向钢筋 螺旋箍筋
5. $M_0$ $M_s$
6. 作用标准值 准永久值 频遇值
7. 直接测试法 间接测试法
8. 正常裂缝
9. 超张拉 两端张拉
10. 受拉钢筋

### 二、选择题

1. B 2. D 3. A 4. B 5. A

### 三、判断题

1. × 2. √ 3. × 4. √ 5. √

### 四、名词解释

1. 疲劳强度：是指能使棱柱体试件承受 200 万次以上反复荷载而发生破坏的应力值。
2. 预拱度：人为设置的拱度，其值按结构自重和 1/2 可变作用频预值计算的长期挠度值之和采用。

3. 正常使用极限状态：是指对应于结构或构件达到正常使用或耐久性能的某项规定值。

## 五、问答题

1. 答：第一类 T 形截面：$\gamma_0 M_d \leqslant f_{cd} b'_f h'_f (h_0 - h'_f/2)$，适用于截面选择。

$f_{sd} A_s \leqslant f_{cd} b'_f h'_f$，适合承载力复核。

第二类 T 形截面：$\gamma_0 M_d \geqslant f_{cd} b'_f h'_f (h_0 - h'_f/2)$，适用于截面选择。

$f_{sd} A_s \geqslant f_{cd} b'_f h'_f$，适合承载力复核。

2. 答：先张法，即先张拉钢筋，后浇筑构件混凝土的方法。先在张拉台座上，按设计规定的拉力张拉筋束，并用锚具临时锚固，再浇筑构件混凝土，待混凝土达到要求强度后，放张，让筋束的回缩力通过与混凝土之间的粘结作用传递给混凝土，使混凝土获得预应力。

后张法，是先浇筑构件混凝土，待混凝土结硬后，再张拉筋束的方法。先浇筑构件混凝土，并在其中预留孔道（或设套管），待混凝土达到要求强度后，将筋束穿入预留孔道内，将千斤顶支撑于混凝土构件端部，张拉筋束，使构件也同时受到反力压缩，即用特制的锚具将筋束锚固于混凝土构件上。

后张法是依靠工作锚具来传递和保持预加应力的，先张法则是依靠粘结力来传递并保持预加应力的。

3. 答：(1) 跨径不大的简支梁桥，可在钢筋全部扎好以后，将梁与桥面板沿一跨全部长度用水平分层法浇筑，或者用斜层法从梁的两端对称地向跨中浇筑，在跨中合龙。

(2) 较大跨径的桥梁，可用水平分层法或用斜层法先浇筑纵横梁，然后沿桥的全宽浇筑桥面板混凝土。

(3) 当桥面较宽且混凝土数量较大时，可分成若干条纵向单元分别浇筑，每个单元的纵横梁也应沿其全长采用水平分层法或斜层法浇筑。

4. 答：钢筋混凝土梁内钢筋骨架主要包括主钢筋（纵向受力钢筋）、弯起钢筋（或斜钢筋）、箍筋、架立钢筋及纵向水平防裂钢筋等。

(1) 主钢筋：受拉主钢筋承受拉应力，受压主钢筋则承受压应力。

(2) 弯起钢筋（或斜钢筋）：为满足斜截面抗剪强度而设置。

(3) 箍筋：除了满足斜截面抗剪强度外，另外用它来固定主钢筋的位置而使梁内各种钢筋构成钢筋骨架。

(4) 架立钢筋：主要为构造上或施工上的要求而设置。

(5) 纵向水平防裂钢筋：抵抗温度应力及混凝土收缩应力，同时与箍筋共同构成网格骨架以利于应力的扩散。

## 六、计算题

1. 解：在已设计的受拉钢筋中，8⌀32 的面积为 6 434 mm²，4⌀16 的面积为 804 mm²，$f_{sd} = 330$ MPa，由此可求得 $a_s$：

$$a_s = \frac{\sum f_{sdi} A_{si} a_{si}}{\sum f_{sdi} A_{si}} = \frac{6434 \times (35 + 2 \times 35.8) + 804 \times (35 + 4 \times 35.8 + 18.4)}{6\,434 + 804} = 117 \text{(mm)}$$

$$h_0 = h - a_s = 1\,300 - 117 = 1183 \text{(mm)}$$

$$\rho = \frac{A_s}{bh_0} = \frac{7\,238}{200 \times 1\,183} = 3.06\% \geqslant \rho_{\min} = 0.2\%$$

由于 $f_{cd} b_f' h_f' = 13.8 \times 1\,600 \times 120 = 2.649\,6 \times 10^6 (\text{N}) = 2\,649.6 \text{ kN}$

$$f_{sd} A_s = 7\,238 \times 330 = 2.388\,5 \times 10^6 (\text{N}) = 2\,388.5 \text{ kN}$$

$f_{cd} b_f' h_f' > f_{sd} A_s$，为第一类 T 形截面。

$$x = \frac{f_{sd} A_s}{f_{cd} b_f'} = \frac{330 \times 7\,238}{13.8 \times 1\,600} = 108.17 (\text{mm}) < h_f' = 120 (\text{mm})$$

$$M_u = f_{cd} b_f' x \left(h_0 - \frac{x}{2}\right)$$

$$= 13.8 \times 1\,600 \times 108.17 \times \left(1\,183 - \frac{108.17}{2}\right) = 2\,695.66 \times 10^6 (\text{N} \cdot \text{mm})$$

$$= 2\,695.66 \text{ kN} \cdot \text{m} > \gamma_0 M_d = 2\,600 \text{ kN} \cdot \text{m}$$

截面满足要求。

2. 解：混凝土抗压强度设计值 $f_{cd} = 13.8$ MPa，纵向钢筋的抗压强度设计值 $f_{sd}' = 330$ MPa，轴心压力计算值 $N_u = \gamma_0 N_d = 1.0 \times 1\,380 = 1\,380 (\text{kN})$，假定 $\rho' = \frac{A_s'}{A} = 1\%$，$\varphi = 1.0$，由于是现浇的钢筋混凝土轴心受压柱，柱高 5 m，底端固定，顶端铰接，所以 $l_0 = 0.7 \times 5 = 3.5 (\text{m})$。

由公式 $\gamma_0 N_d \leqslant 0.9 \varphi (f_{cd} A + f_{sd}' A_s')$，可得：

$$A = \frac{\gamma_0 N_d}{0.9 \varphi (f_{cd} + \rho' f_{sd}')} = \frac{1\,380 \times 10^3}{0.9 \times 1.0 \times (13.8 + 0.01 \times 330)} = 89\,669 (\text{mm}^2)$$

采用正方形，则 $b = h \sqrt{89\,669} = 299$ mm。

取 $b \times h = 300 \text{ mm} \times 300$ mm，则长细比 $\lambda = \frac{l_0}{b} = \frac{3.5 \times 10^3}{300} = 11.67$，查表可得到稳定系数 $\varphi = 0.955$。

故所需要的纵向钢筋面积为

$$A_s' = \frac{1}{f_{sd}'} \left(\frac{\gamma_0 N_d}{0.9 \varphi} - f_{cd} A\right) = \frac{1}{330} \times \left[\frac{1.0 \times 1\,380 \times 10^3}{0.9 \times 0.955} - 13.8 \times (300 \times 300)\right]$$

$$= 1\,102 (\text{mm}^2)$$

现选用纵向钢筋为 6⌀16，$A_s' = 1\,206 \text{ mm}^2$。

截面配筋率：$\rho' = \frac{A_s'}{A} = \frac{1\,206}{300 \times 300} = 1.34\% > \rho_{\min}' (= 0.5\%)$，且小于 $\rho_{\max}' = 5\%$；

截面一侧的纵筋配筋率：$\rho' = \frac{402}{300 \times 300} = 0.45 > 0.2\%$。

## 《结构设计原理(第 3 版)》模拟试题　C 卷答案

一、填空题

1. 150　　28　　95%　　$f_{cu,k}$
2. 水泥　　砂　　石材料(碎石)

3. 碳素结构钢　　普通低合金钢
4. 屈服
5. 伸长率　　冷弯性能
6. 永久作用　　可变作用　　偶然作用
7. 钢筋混凝土结构　　全预应力混凝土结构　　部分预应力混凝土结构
8. 切线　　斜率

## 二、选择题
1. C　　2. D　　3. B　　4. A　　5. C

## 三、判断题
1. √　　2. √　　3. ×　　4. √　　5. ×

## 四、名词解释
1. 配筋率：是指纵向受力钢筋截面面积与正截面有效面积的比值。

2. 承载能力极限状态：是指结构或构件达到最大承载能力或者达到不适于继续承载的变形状态。

3. 换算截面：是指用虚拟的混凝土块等效代替钢筋，两种材料组成的组合截面就变成单一材料的截面。

## 五、问答题
1. 答：有三种形态：斜压破坏、剪压破坏和斜拉破坏。

(1)斜压破坏：随着作用(荷载)的增加，梁腹被一系列平行的斜裂缝分隔成许多倾斜的受压柱体，这些柱体最后在弯矩和剪力的复合作用下被压碎。

(2)剪压破坏：若构件内腹筋用量适当，当作用增加到一定程度后，构件上早已出现的垂直裂缝和细微的倾斜裂缝发展形成一根主要的斜裂缝，称为"临界斜裂缝"。作用继续增加，斜裂缝向上伸展，直到与临界斜裂缝相交的箍筋达到屈服强度，同时，减压区的混凝土在剪应力与压应力共同作用下达到极限强度而破坏。

(3)斜拉破坏：破坏的特点是斜裂缝一出现，就很快形成临界斜裂缝，并迅速延伸到集中荷载作用处，使梁斜向被拉断而破坏。

2. 答：$a_s = \dfrac{\sum f_{sdi} A_{si} a_{si}}{\sum f_{sdi} A_{si}}$

式中　$A_{si}$——纵向受力钢筋截面面积($A_{si}$为第$i$种纵向受力钢筋截面面积)；

　　　$a_s$——纵向受力钢筋合力作用点至截面受拉边缘的距离($a_{si}$为第$i$种纵向受力钢筋合力作用点至截面受拉边缘的距离)；

　　　$f_{sdi}$——第$i$种纵向受力钢筋抗拉强度的设计值。

3. 答：机械冷加工可分为冷拉和冷拔，通过冷拉或冷拔的冷加工方法可以提高热轧钢筋的强度。

冷拔是将钢筋(盘条)用强力拔过比它本身直径还小的硬质合金拔丝模，这是钢筋同时受到纵向拉力和横向压力的作用以提高其强度的一种加工方法。钢筋经多次冷拔后，截面变小而长度增长，强度比原来提高了很多，但塑性降低，硬度提高，冷拔后钢丝的抗压强度也获得提高。

冷拉钢筋是先将钢筋在常温下拉伸超过屈服强度达到强化阶段，然后卸载并经过一定时间的时效硬化而得到的钢筋。

4. 答：(1)概念不同，先张法先张拉钢筋，后浇筑混凝土；后张法先浇筑混凝土，后张拉钢筋。

(2)先张法适用于中小跨径，后张法适用于中大跨径；先张法适用于配直线筋，后张既可以配直线筋，又可以配曲线筋。

(3)后张法依靠工作锚具来传递和保持预加应力，先张法则依靠粘结力来传递并保持预加应力。

(4)先张法锚具可以回收，后张法锚具不可以回收。

(5)需要的施工设备不同。

### 六、计算题

1. 解：用基本公式求解。

$$x = h_0 - \sqrt{h_0^2 - \frac{2\gamma_0 \cdot M_d}{f_{cd} \cdot b}}$$

$$= 460 - \sqrt{460^2 - \frac{2 \times 1 \times 160 \times 10^6}{13.8 \times 250}}$$

$$= 115.26(\text{mm}) < \xi_b \cdot h_0 = 0.53 \times 460 = 243.8(\text{mm})$$

$$A_s = \frac{f_{cd} \times b \times x}{f_{sd}} = \frac{13.8 \times 250 \times 115.26}{330} = 1\,205(\text{mm}^2)$$

查钢筋截面面积表，选用 4$\Phi$20($A_s = 1\,256$ mm²)。

配筋截面所需的最小宽度 $b_{\min} = 4 \times 22.7 + 5 \times 30 = 240.8(\text{mm}) < b = 250$ mm，一排能布下。

实际 $a_s = 30 + 11.35 = 41.35(\text{mm})$，与假设的 $a_s = 40$ mm 非常接近。

验算最小配筋率：

$$\rho = \frac{A_s}{b \times h_0} = \frac{1\,256}{250 \times 460} = 1.1\% > \max\left(\rho_{\min} = \frac{45 f_{td}}{f_{sd}} = \frac{45 \times 1.39}{330} = 0.190\%,\ 0.20\%\right)$$

满足要求。

2. 解：设受拉钢筋设置两排，$a_s = 60$ mm，于是 $h_0 = 500 - 60 = 440(\text{mm})$。

(1)判断 T 形截面类型。

$$f_{cd} \times b'_f \times h'_f \left(h_0 - \frac{h'_f}{2}\right) = 13.8 \times 500 \times 100 \times \left(440 - \frac{100}{2}\right)$$

$$= 269.1 \times 10^6 (\text{N} \cdot \text{mm}) = 269.1 \text{ kN} \cdot \text{m} < \gamma_0 M_d = 280 \text{ kN} \cdot \text{m}$$

所以属于第二类 T 形截面。

(2)计算受压区高度 $x$。

由 $\gamma_0 M_d = f_{cd} \times b \times x \times \left(h_0 - \frac{x}{2}\right) + f_{cd} \times (b'_f - b) \times h'_f \times \left(h_0 - \frac{h'_f}{2}\right)$。

$280 \times 10^6 = 13.8 \times 200 \times x \times \left(440 - \frac{x}{2}\right) + 13.8 \times (500 - 200) \times 100 \times \left(440 - \frac{100}{2}\right)$。

$x^2-880+85\ 898.55=0$。

$$x=\frac{880\pm\sqrt{880^2-4\times 85\ 898.55}}{2}=111.82(\text{mm})<\xi_b h_0=0.53\times 440=233.2(\text{mm})。$$

满足要求。

(3)计算受拉钢筋面积。

$$f_{cd}\cdot[b\cdot x\cdot +(b'_f-b)\cdot h'_f]=f_{sd}\cdot A_s$$
$$13.8\times[200\times 118.82+(500-200)\times 100]=330\times A_s$$

解得 $A_s=2\ 190\ \text{mm}^2$。

(4)配置受力主筋。查钢筋截面面积表,选用 6±22($A_s=2\ 281\ \text{mm}^2$),布置成两排。

$$a_s=30+25.1=55.1(\text{mm})$$
$$s_n=\frac{200-2\times 30-3\times 25.1}{2}=32(\text{mm})$$

满足要求。

# 参 考 文 献

[1] 中华人民共和国交通运输部. JTG D60—2015 公路桥涵设计通用规范[S]. 北京：人民交通出版社，2015.

[2] 中华人民共和国交通运输部. JTG 3362—2018 公路钢筋混凝土及预应力混凝土桥涵设计规范[S]. 北京：人民交通出版社，2018.

[3] 中华人民共和国交通运输部. JTG D61—2005 公路圬工桥涵设计规范[S]. 北京：人民交通出版社，2016.

[4] 中华人民共和国交通运输部. JTG 3363—2019 公路桥涵地基与基础设计规范[S]. 北京：人民交通出版社，2020.

[5] 中华人民共和国交通运输部. JTG/T F50—2011 公路桥涵施工技术规范[S]. 北京：人民交通出版社，2011.

[6] 孙元桃. 结构设计原理[M]. 4版. 北京：人民交通出版社，2018.

[7] 张树仁，郑绍珪，黄侨，等. 钢筋混凝土及预应力混凝土梁桥结构设计原理[M]. 北京：人民交通出版社，2004.

[8] 黄平明，梅葵花，王蒂. 结构设计原理[M]. 北京：人民交通出版社，2006.

[9] 袁伦一，鲍卫刚. 公路钢筋混凝土及预应力混凝土桥涵设计规范条文应用算例[M]. 北京：人民交通出版社，2005.

[10] 袁伦一，鲍卫刚，李扬海. 公路圬工桥涵设计规范应用算例[M]. 北京：人民交通出版社，2005.

[11] 叶见曙. 结构设计原理[M]. 3版. 北京：人民交通出版社，2014.

[12] 彭大文，李国芬，黄小广. 桥梁工程[M]. 北京：人民交通出版社，2007.

[13] 凌治平，易经武. 基础工程[M]. 北京：人民交通出版社，2007.

[14] 闫志刚. 钢筋混凝土及预应力混凝土简支梁桥结构设计[M]. 北京：机械工业出版社，2009.

[15] 贾艳敏，高力. 结构设计原理[M]. 北京：人民交通出版社，2004.